裂隙岩体的水致劣化机理及水力传导特性研究

LIEXI YANTI DE SHUIZHI LIEHUA JILI JI SHUILI CHUANDAO TEXING YANJIU

谢 妮 周佳庆 等编著

图书在版编目(CIP)数据

裂隙岩体的水致劣化机理及水力传导特性研究/谢妮等编著. —武汉:中国地质大学出版社,2025.3.

ISBN 978-7-5625-5126-3

Ⅰ.①裂… Ⅱ.①谢… Ⅲ.①水化学-影响-裂缝(岩石)-研究 Ⅳ.①P58

中国版本图书馆 CIP 数据核字(2021)第 271938 号

裂隙岩体的水致劣化机理及水力传导特性研究		谢 妮 周佳庆 等编著
责任编辑:杨 念	选题策划:谢媛华	责任校对:何澍语

出版发行:中国地质大学出版社(武汉市洪山区鲁磨路388号)　　邮编:430074
电　　话:(027)67883511　　传　　真:(027)67883580　　E-mail:cbb@cug.edu.cn
经　　销:全国新华书店　　　　　　　　　　　　　　　　　　http://cugp.cug.edu.cn

开本:787毫米×1092毫米 1/16	字数:281千字 印张:11.25
版次:2025年3月第1版	印次:2025年3月第1次印刷
印刷:武汉中远印务有限公司	
ISBN 978-7-5625-5126-3	定价:90.00元

如有印装质量问题请与印刷厂联系调换

前　言

随着我国基础设施建设的快速发展,岩体工程在各类工程项目中扮演着越来越重要的角色。岩体作为一种复杂的多相材料,其力学性能受到多种因素的影响,尤其是水的存在对岩体的变形和破坏具有显著的影响。水对岩体的作用不仅体现在其物理特性上,更通过化学反应、孔隙压力等多种机制影响岩体的力学行为。因此,深入研究裂隙岩体的水致劣化机理及水力传导特性,对于保障工程安全、提高岩体工程的稳定性具有重要的理论意义和实际应用价值。

近年来,国内外学者在岩体水力传导特性及其与水化学作用的关系方面开展了大量研究,取得了一系列重要成果。然而,现有研究仍存在一些不足,尤其是在微观结构与宏观力学性能之间的关系、裂隙几何特征对渗流规律的影响等方面尚需进一步探讨。为此,本书将以裂隙岩体为研究对象,系统分析水对裂隙岩体的劣化效应,探讨裂隙岩体在不同水文条件下的力学性能变化,旨在为岩体工程的设计与施工提供科学依据。

本书研究的重点包括:①通过细观力学方法建立裂隙岩体的损伤模型,揭示水对岩体力学性能的影响机制;②探讨裂隙几何结构特征与渗流规律之间的关系,分析不同法向应力和剪切位移对裂隙渗流特性的影响;③基于实验与数值模拟相结合的方法,深入研究非达西渗流现象及其成因机制。通过上述研究,期望为岩体工程的安全性评估和优化设计提供理论支持与实践指导。

本书前言由谢妮执笔,第一章由谢妮和周佳庆共同执笔,第二章、第三章、第四章、第五章由谢妮和杨金保共同执笔,第六章、第七章由周佳庆执笔。全书由谢妮统稿并审定。

本书依托于国家自然科学基金重大项目"动水驱动型滑坡启滑机制与判据"(项目编号:42090054),国家自然科学基金项目"水化学作用下饱和脆性砂岩蠕变损伤机理与细观力学模型"(项目编号:41877265)和"基于细观力学的饱和脆性砂岩各向异性损伤机理与本构模型研究"(项目编号:50778138)。项目执行过程中得到了中国地质大学(武汉)工程学院领导和老师们的大力支持,在此对以上单位和个人一并表示感谢!

希望本书能激励更多的年轻学者深入开展相关研究,共同探讨水、岩相互作用的无穷奥秘,为学科发展和工程实践作出贡献!

谢　妮
2025 年 1 月

目 录

第1章 绪 论	(1)
第2章 孔隙流体与岩石之间的物理化学作用机制	(3)
第3章 孔隙流体对脆性岩石裂纹扩展的影响	(5)
3.1 引言	(5)
3.2 研究对象与试验方法	(6)
3.3 试验结果	(10)
3.4 讨论	(16)
3.5 小结	(20)
第4章 孔隙流体对脆性岩石声学参数的影响	(21)
4.1 引言	(21)
4.2 研究对象与实验方法	(22)
4.3 试验结果	(25)
4.4 讨论	(34)
4.5 小结	(41)
第5章 饱和脆性砂岩的细观损伤模型	(43)
5.1 脆性岩石材料的力学性能	(43)
5.2 孔隙介质力学研究概述	(46)
5.3 含微裂纹脆性岩石细观力学损伤模型基础:线弹性情况	(52)
5.4 脆性岩石基于细观力学的弹塑性损伤模型	(61)
5.5 基于细观力学的饱和脆性岩石水力耦合本构模型	(81)
5.6 小结	(97)
第6章 岩石裂隙几何结构特征与渗流宏细观规律	(99)
6.1 岩石裂隙几何结构信息采集与定量表征	(99)
6.2 不同荷载条件下岩石裂隙渗流宏观规律	(111)
6.3 岩石裂隙非达西渗流的细观成因机制	(123)
第7章 岩石裂隙渗流表征模型与流态划分方法	(132)
7.1 岩石裂隙宏观渗流控制方程	(132)
7.2 岩石裂隙渗流参数取值模型	(135)
7.3 岩石裂隙水流流态划分方法	(139)
主要参考文献	(155)
附 录	(172)

第1章 绪 论

我国岩体工程建设规模居世界第一,工程岩体的变形破坏是导致灾难性事故发生的根源。而岩体作为一种典型的多相材料,其变形破坏不仅受控于外部荷载,更受到所处水环境劣化作用的影响。如研究表明,共造成74人死亡,8人受伤的重庆武隆鸡尾山滑坡的成因与长期以来酸雨对滑带页岩的劣化作用密不可分(Zhang and McSaveney,2018)。又如我国的世界文化遗产四大石窟——敦煌石窟、云冈石窟、龙门石窟、大足石刻,位于砂岩地层中的分别为敦煌石窟、云冈石窟和大足石刻,在酸雨等环境腐蚀的长期作用下,部分石窟的关键岩体(水平顶板及立柱等)已处于临界状态,存在失稳的可能,成为石窟建筑群面临的主要变形破坏问题之一(王芝银等,2006;中国文物遗产研究院,2017)。此外,在核废物地质处置、二氧化碳地质封存、深埋长大引水隧洞群开挖、坝基及涉水岩质边坡等工程中,普遍涉及在裂隙岩体中水或其他流体的动态渗流与应力共同作用下围岩如何保持长期稳定性的关键科学问题。

为深入探讨水(泛指纯水及工程岩体中可能赋存的各种水溶液环境)对裂隙岩体的劣化效应,为裂隙岩体的变形破坏机理提供新的见解,本书从静态和动态两方面系统地研究了裂隙岩体中水的作用。首先,岩体具有多尺度性,水对岩体宏观力学性能的劣化从本质上来说是从微细观尺度上水和岩石矿物间的物理化学作用开始的。如何从多尺度的角度,揭示水化学作用下岩体细观结构损伤与宏观力学性能响应之间的规律?如何基于普适的物理、数学和力学定律客观地描述损伤演化规律,建立岩体本构模型?这些是本书研究的关于静态水作用下岩体力学性能的主要内容。其次,当岩体中的裂隙水为动态时,裂隙岩体的水力传导性能成为影响岩体物理力学性质最重要的参数之一。在漫长的地质作用过程中,天然岩体受到复杂的应力条件、水文环境以及工程活动等因素影响,内部普遍发育着大量不同尺度的宏细观裂隙。通常完整岩块的透水性相当微弱,因而岩石裂隙成为裂隙岩体地下水运动的主要通道。真实岩石裂隙表面形貌起伏不平,开度分布不均,其介质结构具有极强的非均质性,此外,赋存于一定地质环境中的岩石裂隙,还承受着法向荷载、剪切荷载等多种形式的应力作用,导致其空隙结构处于动态演化状态。岩石裂隙几何结构特征对其内部宏细观渗流规律起着控制性作用,具体而言,岩石裂隙粗糙形貌和非均匀空隙分布,使得其间的流体运动形式十分复杂;在较大流速条件下产生的涡旋区、回流区等流动结构,使得岩石裂隙内水流流态往往呈现出显著的非线性渗流现象。

由水流惯性效应导致的非达西渗流是岩石裂隙非线性渗流中最为常见的一种类型。在岩石裂隙非达西渗流问题研究中,存在两个关键性的科学问题,即非达西渗流参数化表征和非达西渗流流态判别。在工程实践和理论分析中,广泛采用福西海默(Forchheimer)方程作为非达西渗流的本构方程,其线性项系数表征了介质的固有传导特性,在渗流分析中通过理论模型或估算公式较容易得到，而非线性项系数则表征了介质的惯性效应，其值的获取需要分析测得的介质压力-流量曲线，这在很多情况下难以实现且获取成本较高。因此，有必要开展 Forchheimer 方程系数参数化的研究。与此同时，在实际工程渗流分析中，过高估计岩石裂隙渗流的非达西效应将增加求解问题的成本，而过低估计又会增大工程设计和运行的风险，因此正确合理地判别和评估岩石裂隙的非达西渗流效应具有十分重要的意义。此外，岩石裂隙介质非达西渗流在现场尺度下的模拟研究，仍然是尚未解决的关键性难题，极大地阻碍了相关研究在工程尺度中的应用。

综上所述，本书首先通过细观试验方法获取了水-力耦合作用下岩体的损伤演化规律和细观破坏模式，进而揭示了水-力-化学多场耦合作用下岩体从微细观结构损伤到宏观力学性能劣化的渐进式破坏机理。其次运用基于细观力学的均匀化理论和不可逆热力学理论，开展了基于细观力学的脆性岩石力学性能和水力耦合性能的研究，主要考虑了与微裂纹相关的力学机制（如微裂纹的张开与闭合转换、闭合微裂纹的摩擦滑移及摩擦滑移引起的体积膨胀等），以及这些机制对材料宏观非线性力学性能产生的影响。最后揭示了岩石裂隙非达西渗流的细观成因机制，介绍了岩石裂隙渗流参数取值模型，以及岩石裂隙水流流态判别的 3 种典型方法。

第2章 孔隙流体与岩石之间的物理化学作用机制

岩石是天然矿物的集合体，其内部缺陷包括晶粒之间的张口孔隙、结晶相之间的三结点空隙、晶界空隙和开口微裂纹（Kranz，1983）。为方便起见，本书将以上所有岩石颗粒间的间隙统称为孔隙。当岩石内部孔隙中存在水或其他流体时，孔隙流体与岩石之间会发生一系列物理化学作用，导致岩石的力学性能发生改变。

大量的试验结果表明，孔隙水的存在会降低几乎所有类型岩石的强度。究其原因，主要可以从两方面考虑。首先，从孔隙介质力学的角度来看，孔隙水压力可以降低岩石的有效应力，最终以力学方式降低岩石强度。孔隙水压力的作用效果与岩石内部孔隙结构特征息息相关。一般情况下，当孔隙体积、孔隙连通性和孔喉尺寸较大时，孔隙压力效应更为显著，反之亦然。对于孔隙比不大且连通性不好的岩石，其孔隙压力的增加受到抑制（Zang et al.，1996）。因此对这类岩石而言，孔隙压力的力学效应并不是控制岩石强度弱化的主要机制。Dyke 和 Dobereiner（1991）以及 Hawkins 和 McConnell（1992）通过总结大量岩石在干燥和饱水条件下的强度对比得出结论，孔隙压力效应在与水有关的导致岩石强度降低的可能机制中只是次要的，还有其他导致岩石强度弱化的机制，即水与岩石之间的物理化学反应，包括但不限于：①Rehbinder效应；②晶间压力溶解（pressure solution）；③应力腐蚀（stress corossion）。上述 3 个过程均可通过降低岩石内部微裂纹的表面自由能使其加速扩展，从而使岩石在较低应力下发生破坏（Hawkins and McConnell，1992；Baud et al.，2000；Wasantha and Ranjith，2014）。

Rehbinder 及其同事在一系列论文中记录了当金属表面（特别是单晶表面）与表面活性液体接触后，其强度会显著降低，并将水对多晶固体的弱化归因于晶格之间表面活性液体的吸附，这一现象称为 Rehbinder 效应（Rehbinder，1928）。后续研究表明，导致金属单晶强度降低的 Rehbinder 效应对岩石矿物同样有效，如方解石、岩盐、石膏、云母等。因此，Rehbinder 效应同样适用于解释多晶岩石的水弱化机理，如大理石（Rutter，1974）、石灰岩（Rutter，1974；Eslami et al.，2010）和碳酸盐岩（Ciantia et al.，2015）。作为一种降低晶体表面能的机制，Rehbinder 效应随着晶粒尺寸的增大而减小，与单位体积的晶粒表面积成正比；粒径较小的岩石因与水接触面积的增大而表现出更大的弱化（Rutter，1974）。

晶间压力溶解描述了在晶粒接触处由于正应力集中引起的固体物质的局部溶解及后续的运输和沉淀过程。它被证实是碳酸盐岩的水岩相互作用中非常重要的机制（Rutter，1972；Zubtsov et al.，2004；Pietruszczak et al.，2006），因为室温下方解石在碳酸盐水中具有高溶解度（Eslami et al.，2010）。此外，Pietruszczak 等（2006）注意到室温下白垩会发生非常快的颗粒接触溶解。在压力的作用下，晶间溶解进一步加强，能有效地促进裂纹的扩展，导致岩石微观结构的破坏。因此,对于碳酸盐岩而言,晶间压力溶解是水岩作用的重要机制;对于其他岩石,由于矿物的溶解度有限,压力溶解作用的效果并不明显。方解石、白云石含量较高的部分钙质胶结砂岩,在水的作用下,岩石中起胶结作用的碳酸盐矿物也会发生压力溶解,造成裂纹的增加和岩石强度的降低。

水促进岩石裂纹扩展的另一种机制是应力腐蚀。应力腐蚀描述了在化学活性孔隙流体与裂纹尖端发生形变的原子键之间优先发生的水解反应。例如,当孔隙水中含有二氧化硅时,裂纹尖端附近承受着主要应力的原子桥键硅氧键(Si—O)会被较弱的硅—氢氧键(Si—OH—HO—Si)所代替,即发生羟(基)化作用,从而使裂纹在较低应力下扩展(Hadizadeh and Law,1991)。需要注意的是,大多数硅酸盐岩应力腐蚀的试验结果是在长时间和低应变速率($10^{-9} \sim 10^{-7} \mathrm{s}^{-1}$)的条件下得到的(Brantut et al.,2012,2013)。当砂岩由石英颗粒和硅质胶结物组成时,其短期强度在有水和干燥的情况下几乎一样(Hadizadeh and Law,1991;Reviron et al.,2009),水通过应力腐蚀导致的强度弱化只有在应变率低于 $10^{-6} \mathrm{s}^{-1}$ 时才开始出现(Hadizadeh and Law,1991)。

事实上,作为水岩作用的重要机制,应力腐蚀和压力溶解都是与时间相关的一个动态过程。在外部应力不变时,孔隙水可以通过应力腐蚀或者压力溶解,促进岩石内部微裂纹的扩展,这一过程也称为亚临界裂纹扩展。大量的试验证明,在上地壳环境下控制亚临界裂纹扩展的主要机制是应力腐蚀导致的已有微裂纹的扩展(Heap et al.,2011;Brantut et al.,2013);而在温度升高(超过50℃)和应变速率进一步减缓($10^{-13} \sim 10^{-9} \mathrm{s}^{-1}$)的情况下,压溶现象将取代应力腐蚀成为亚临界裂纹扩展的主要机制。

关于孔隙水对岩石强度弱化效应的研究已持续多年并取得了丰富的成果,但水致岩石弱化的机理,尤其是微细观层面的机制,还远未被完全理解(Bell,1978;Rutter and Mainprice,1978;Dyke and Dobereiner,1991;Hadizadeh and Law,1991;Hawkins and McConnell,1992;Kasim and Shakoor,1996;Zang et al.,1996;Bell and Culshaw,1998;Baud et al.,2000;Lin et al.,2005;Vásárhelyi and Ván,2006;Shakoor and Barefield,2009;Wasantha and Ranjith,2014a)。水和岩石之间的相互作用受岩石的矿物成分、粒度、孔隙体积和大小以及微观结构特征的影响。不同类型的岩石起主导作用的水岩作用机制各不相同,很难用统一的理论去解释,因此需要进一步的深入研究(Demarco et al.,2007;Wasantha and Ranjith,2014a)。

本书将以砂岩为例,基于室内试验结果介绍孔隙流体对脆性砂岩加载过程中声学特征的影响,以及孔隙流体对脆性砂岩裂纹扩展的影响,分析以上水岩作用机制引起的岩石损伤演化机理。

第3章 孔隙流体对脆性岩石裂纹扩展的影响

本章以川渝地区红层砂岩为例,通过开展不同化学溶液浸泡后砂岩的三点弯曲试验(semi-circular bend test,SCB测试)及对裂纹扩展进行同步高速摄像机拍摄,结合扫描电镜(SEM)、CT等微细观测试手段,探究孔隙流体的物理化学作用对脆性砂岩裂纹扩展的影响。

3.1 引言

工程岩体在长期服役过程中,不仅承受着各种荷载,而且受到孔隙流体的物理化学作用;后者通过化学反应选择性地溶解成岩矿物,破坏岩石的微观结构,引起岩石力学性能的劣化。这一过程通常涉及核废料和二氧化碳的地质储存(Kim et al.,2011;Trippetta et al.,2013)、地下矿山开挖(Diederichs and Kaiser,1999)以及水库滑坡等(Chen and Huang,2011)。

本章以重庆大足石刻砂岩试样为研究对象,探讨水和酸溶液与岩石的化学反应及其对岩石力学性能的影响。针对大足石刻168号洞室水平顶板的临界状态,进行半圆形弯曲试验,研究酸雨引起的拉应力和化学侵蚀共同作用下的裂缝扩展。作为一种典型的脆性岩石,微裂纹的衍生、扩展和成核是导致重庆大足石刻砂岩力学性能劣化的主要原因。在三点弯曲试验中,断裂韧性控制单裂纹扩展的概念也有助于理解在局部拉伸应力下由多裂纹扩展控制的脆性破坏微观力学(Brantut et al.,2013;Kataoka et al.,2015)。

流体与岩石的反应是复杂的。首先,从流体力学耦合的角度来看,孔隙水压力可以降低岩石的有效应力,最终以力学的方式降低岩石的强度。其次,表面活性液体可通过Rehbinder效应(Rehbinder and Lichtman,1957)降低岩石中单晶的机械强度,通过颗粒间压力溶液促进蠕变压实,或通过应力腐蚀机制增强亚临界开裂(Atkinson and Meredith,1981,1987a,1987b;Zubtsov et al.,2004;Zhang and Speirs,2005;Heap et al.,2011;Brantut et al.,2013)。对于不同的岩石,流体和岩石之间的主要物理化学反应可能因其不同的矿物组成而不同,例如,硅酸盐岩的应力腐蚀是典型的(Mallet et al.,2015a,2015b),而压力溶解过程对于遇到水的碳酸盐岩也可能是必不可少的(Brantut et al.,2014)。然而,无论岩石和间隙流体之间发生何种机制,其结果通常均反映为岩石力学性能(强度和变形)的劣化(损伤),几乎所有类型岩石的实验室试验结果均是如此(Lajtai et al.,1987;Hadizadeh and Law,1991;Baud et al.,2000;Feng and Ding,2007;Grgic and Amitrano,2009;Heap et al.,2009)。

特别是当孔隙流体具有化学活性时，它不仅显著降低了比断裂能，从而降低了砂岩的断裂韧度，而且还影响了微裂纹行为(Baud et al.,2000;Grgic and Giraud,2014)。双扭试验表明，在合成石英和玻璃中(Wiederhorn and Johnson,1972;Atkinson and Meredith,1981)，裂纹扩展速率随着孔隙流体化学活性的增加而增加(Wiederhorn et al.,1982;Mallet et al.,2015a)。研究还表明，水饱和岩石中的裂纹扩展速率比室内干燥岩石中的裂纹扩展速率大 2～3 个数量级(Waza et al.,1980)，并且随着安山岩和花岗岩中相对湿度的增加，裂纹扩展速率急剧增加(Nara et al.,2012)。双扭试验的这些结果与在相对较低的扩展速率下亚临界裂纹的扩展有关。

岩石中裂纹的萌生和扩展一直是岩石力学领域中的一个重要研究方向(Hoek and Bieniawski,1965;Mughieda and Alzo′ubi,2004;Bahat et al.,2005;Li et al.,2005)。除了亚临界裂纹外，动态裂纹的出现还可以揭示更多关于断裂物理和断裂材料性能的信息。然而，这种破裂过程发生在不到 1s 的时间内，动态裂纹以几分米/秒的速度快速扩展。借助高速摄像机，可以直接拍摄岩石中的动态裂纹，并捕捉岩石中裂纹萌生、扩展和合并的整个过程(Wong and Einstein,2009)。Xing 等(2017)简要回顾了高速摄像单独或结合数字光学测量技术在地质力学实验中的应用。最近，Kramarov 等(2020)将 SCB 测试和数字图像相结合，以测量全场位移并量化断裂过程区。除了裂纹扩展速率外，高速摄像机拍摄的图像还可以提供裂纹路径和有关裂纹形态的信息，这也反映了水/酸侵蚀后岩石的微观结构特性。

以重庆大足石刻砂岩为研究对象，本章从微观和宏观两个方面研究间隙流体对岩石的"破坏"方式与程度。首先研究了水/酸侵蚀砂岩试样的强度弱化，利用高速摄像机对其进行了断裂韧度测试，对试样破坏断裂面进行了显微结构观察，并对砂岩浸泡液进行了长达 120d 的化学分析；在此基础上提出了水/酸侵蚀对重庆大足石刻砂岩断裂韧性和开裂行为的影响。

3.2 研究对象与试验方法

3.2.1 川渝红层砂岩的岩性特征

本试验所有岩石试样均取自重庆地区的同一砂岩块体，该砂岩块体所在的巨厚层状地层中建造了大量的历史石刻。光学显微镜下薄片观察[图 3-1(a)]表明，它由砂屑(体积约 95%)和胶结物(体积约 5%)组成。砂屑成分复杂，主要包括石英(50%±)、岩屑(27%±)、长石(15%±)，其次是少量磁铁矿(2%±)、云母和辉石(1%±)。晶粒形状以次棱角状为主，磨圆度较差，大部分粒径小于 0.5mm，属中粒砂，少数粒径在 0.5～0.8mm 之间。X 射线粉晶衍射(XRD)结果进一步显示，分布在砂屑之间的胶结物主要由泥质矿物(绿泥石和伊利石)和方解石组成[图 3-1(b)]。

第3章 孔隙流体对脆性岩石裂纹扩展的影响

(a) 显微镜下照片(双偏光下)

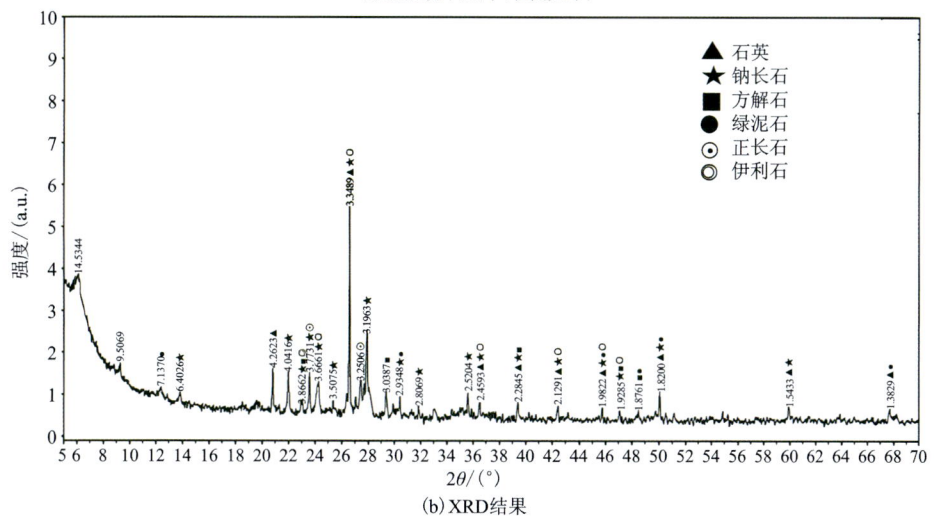

(b) XRD 结果

图 3-1　重庆大足石刻砂岩试样的显微镜下照片和 XRD 结果

3.2.2　试样制备

按照国际岩石力学与岩石工程学会(International Society for Rock Mechanics and Rock Engineering,ISRM)的建议,将 SCB 测试试样切割成带有切口的半圆柱,试样切割方法与 Forbes Inskip 等 2018 年发表的学术论文中所述的方法相同(Kuruppu et al.,2014)。试样由直径 100mm 的岩芯制成,岩芯长轴方向垂直于层理。将每个岩芯切成标称厚度为 50mm 的圆盘,并将其磨平至平行高差在 0.02mm 以内。随后,使用金刚石锯将每个厚 50mm 的圆盘切割成两半,形成两个准半圆形试样,并通过手动研磨将中心锯切割面磨平。切割和研磨过程中的材料损失会导致两个试样略小于完全半圆形。最后,在新打磨表面的中心锯出一个垂直于该表面的直切口。切口的标准深度 a 设置为 23mm,即 $a/R=0.46$(R 为试样减缩半径),该值在 Kuruppu 等(2014)建议的 0.4~0.6 范围内。同样,由于研磨过程中的材料损失,测量的切口深度小于名义值,表 3-1 总结了所有试样的缩减半径 R 和修改后的切口深度 a。图 3-2 为三点弯曲试验试样几何形状和加载点示意图,图中两个底辊之间的跨距 s 设置为 70mm 的固定值,使 $s/2R=0.71$,该值在 Kuruppu 等(2014)建议的 0.5~0.8 范围内。

表 3-1　三点弯曲试验试样尺寸

参数	国际岩石力学与岩石工程学会(ISRM)建议	本书
缩减半径 R/mm	大于 5 倍粒径或 38mm	49
厚度 B/mm	大于 $0.8R$ 或 30mm	50
切口深度(裂纹长度)(a)/mm	$0.4 \leqslant a/R \leqslant 0.6$	22
跨距 s/mm	$0.5 \leqslant s/2R \leqslant 0.8$	70

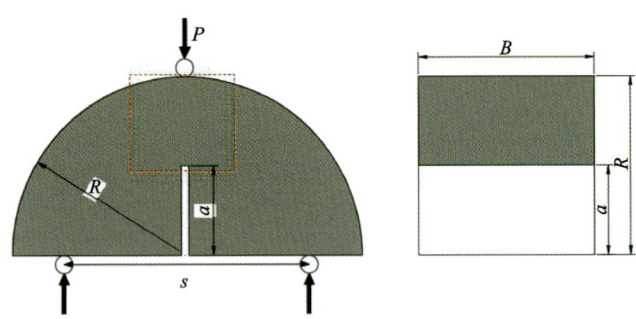

图 3-2　三点弯曲试验试样几何形状和加载点示意图
(红色虚线组成的矩形代表高速相机拍摄的区域)

所有试样在 105℃的烘箱中干燥 24h 后冷却至室温,然后分为 4 组。第一组试样保持干燥作为对照组;第二组试样在蒸馏水中真空饱和并浸泡 120d;第三组试样在 pH=3 的 $0.1\text{mol/L Na}_2\text{SO}_4$ 缓冲溶液(pH 值保持不变)中真空饱和并浸泡 37d;第四组试样在初始 pH=5 的 $0.1\text{mol/L Na}_2\text{SO}_4$ 溶液中真空饱和并浸泡 120d。每组制备 4~5 个试样。表 3-2 列出了试样分组、试验条件和断裂韧度。

表 3-2　试样分组、试验条件和断裂韧度

试样编号	试验条件	B/mm	R/mm	a/mm	$P_{\max}$/N	K_{IC}/(MPa·m$^{1/2}$)
D-1	第一组:干燥	50.69	49.30	22.36	2 645.92	0.728
D-2		51.14	49.26	23.80	2 641.51	0.795
D-3		49.80	49.15	24.08	2 539.29	0.805
D-4		47.27	49.24	23.65	2 856.34	0.922
D-5		49.80	48.96	22.05	2 834.09	0.795
W-1	第二组:在蒸馏水中真空饱和并浸泡 120d	51.43	49.24	22.32	1 307.96	0.355
W-2		48.32	49.22	21.60	1 479.93	0.409
W-3		48.66	48.78	19.65	1 693.42	0.422
W-4		48.57	49.37	20.55	1 478.64	0.377
W-5		48.89	49.19	23.95	1 641.40	0.524

续表 3-2

试样编号	试验条件	B/mm	R/mm	a/mm	P_{max}/N	K_{IC}/(MPa·m$^{1/2}$)
AT-1	第三组:在 pH=3 的缓冲溶液中真空饱和并浸泡 37d	49.31	48.30	22.76	1 776.63	0.552
AT-2		50.64	49.33	22.73	1 879.99	0.529
AT-3		49.86	48.39	21.17	1 784.74	0.490
AT-4		49.96	49.07	23.15	1 840.06	0.549
AF-1	第四组:在初始 pH=5 的溶液中真空饱和并浸泡 120d	52.12	49.04	21.56	1 983.80	0.513
AF-2		50.62	49.36	22.48	2 183.77	0.604
AF-3		51.08	49.27	22.39	2315.17	0.635
AF-4		52.08	49.22	21.48	2 023.23	0.514

注:P_{max} 为最大载荷;K_{IC} 为断裂韧度。

第二组和第四组试样在浸泡 120d 的过程中,每 5d 测试 1 次浸泡溶液的 pH 值。该过程旨在模拟酸雨对岩石的侵蚀过程,因 1986—2014 年间,重庆酸雨的平均 pH 值约为 5(Zhang et al.,2018)。降雨后,岩石与酸发生反应,酸雨的 pH 值随时间变化,此次试验中 pH 值的变化可为研究酸雨与岩石反应的时间提供参考。

王伟等(2017)的研究表明,砂岩试样在酸溶液中浸泡 30d 后,质量大幅下降,随后趋于稳定。因此,第三组试样在 pH=3 的缓冲溶液中的浸泡时间设置为 37d,因为大部分腐蚀都发生在这段时间。在浸泡过程中,浸泡液的 pH 值始终保持为 3,用来模拟对重庆大足石刻砂岩的极强酸蚀试验,并为检验 pH=5 酸雨的侵蚀程度提供参考。

3.2.3 试验方法

三点弯曲试验在 INSTRON 5969 通用试验系统上进行。该仪器最大加载荷载为 50kN,加载速率由加载头的位移速率控制为 0.002mm/s。在加载过程中,裂纹扩展由高速摄像机 FASTCAM SA5 拍摄,其分辨率为百万像素(1024×1000 像素),7500 帧/s。拍摄区域如图 3-2 红色虚线矩形所示,实验装置如图 3-3 所示。

高速摄像机的内存有限,仅能存储几秒钟内拍摄的图片,存储的时长取决于图片的分辨率,即分辨率越高,存储时长越短,反之亦然。对于每个试样,需要稍微调整透镜焦点以获得

图 3-3　INSTRON 5969 加载系统及高速摄像机装置图

最佳分辨率。因此,所有试样的有效拍摄时间都是不同的。表3-3总结了每个试样像素的拍摄区域和相应精度。

表3-3 试样拍摄区域和相应的图像像素

试样编号	拍摄区域的宽度和高度/mm	像素大小/mm
W-2、W-3、W-4、W-5	14.56×32.77	0.037 9
AF-1、AF-2、AF-3		
AF-4	18.67×27.53	0.029 2
W-1		
D-1、D-2、D-3、D-4、D-5		
AT-1、AT-3、AT-4	51.88×29.18	0.027 0
AT-2	59.40×33.41	0.030 9

SCB测试试验一开始,摄像机就打开了,但只有在摄像机关闭前2~3s拍摄的照片才会存储在摄像机中,而在此时之前拍摄的照片会自动删除。由于不同的试样从裂纹萌生到破坏的过程所需时间不同,因此存储的图像包含了整个过程的不同阶段。为了确保大部分开裂过程都能被摄像机捕捉到,停止的时间变得非常重要。在测试之前,我们进行了两个样本测试,以确定停止摄像机的合适时间。结果表明,当可见压裂开始时,失败发生在数百微秒之内,这大约是一个人点击停止按钮的反应时间。因此,在本试验中,只要可视压裂开始,就可以通过点击"关闭"按钮来手动控制摄像头。

3.3 试验结果

3.3.1 浸泡液的pH值

在SCB测试试验前,将第二组与第四组试样分别饱和并浸入蒸馏水和初始pH=5的Na_2SO_4溶液中120d。在此阶段,对两种浸泡液的pH值进行连续测量,pH值的变化如图3-4所示。

在这两种试验条件下,浸泡液pH值随着时间的推移逐渐升高,到120d时两种浸泡液均呈弱碱性。试验开始时,两种条件下pH值的上升速率都很高,在试验后期逐渐减小并趋于稳定。这表明砂岩与周围溶液之间的化学作用模式相似,即在浸没初期反应速率相

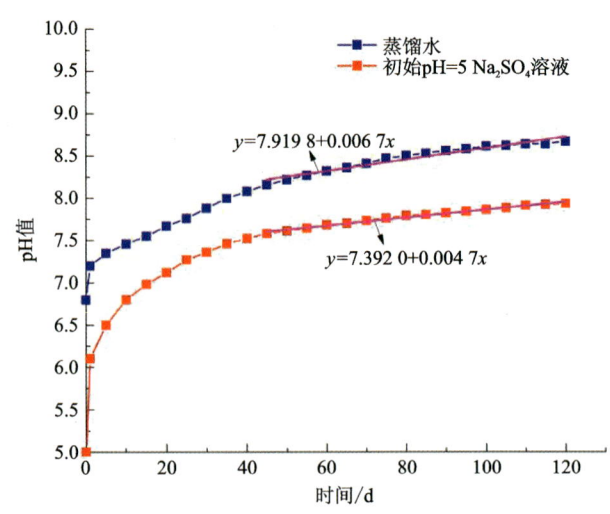

图3-4 两种浸泡液pH值随时间的变化图

对较快,随后逐渐减慢,直至试验结束。

同时,两种浸泡液 pH 值的变化规律也存在明显差异。在初始阶段,Na_2SO_4 溶液的 pH 值上升速率大于蒸馏水。但经过近 45d 后,Na_2SO_4 溶液的 pH 值上升速率明显减慢,平均值为 0.004 7/d,而蒸馏水的 pH 值仍有适度增加,平均值为 0.006 7/d(图 3-4)。这一结果表明,后期岩石与蒸馏水的反应速率大于岩石与初始 pH=5 酸溶液的反应速率,可能对砂岩产生更多的侵蚀作用。

3.3.2 断裂韧度

根据 SCB 测试试验中破坏时的最大载荷 P_{max},可通过以下公式计算岩石的断裂韧度 K_{IC}(Kuruppu et al.,2014):

$$K_{IC} = \frac{P_{max} \sqrt{\pi a}}{2RB} Y' \quad (3-1)$$

$$Y' = -1.297 + 9.516\left(\frac{s}{2R}\right) - \left(0.47 + 16.457\left(\frac{s}{2R}\right)\right)\beta + \left(1.071 + 34.401\left(\frac{s}{2R}\right)\right)\beta^2 \quad (3-2)$$

式中:$\beta = a/R$。

表 3-2 总结了单个试样的 K_{IC} 结果,不同组之间的比较如图 3-5 所示。

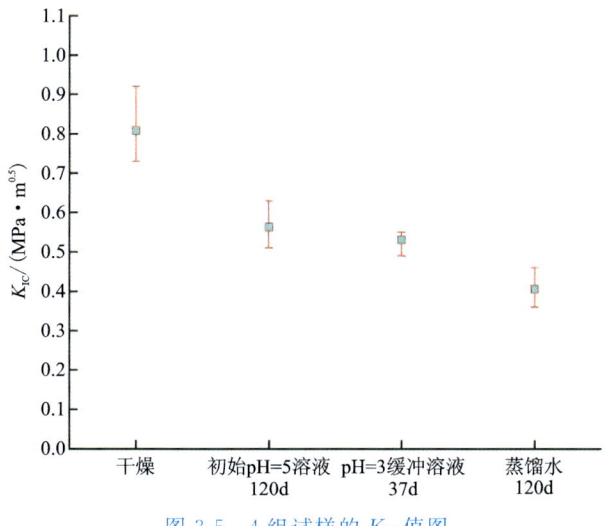

图 3-5 4 组试样的 K_{IC} 值图

由图 3-5 可知,干燥试样的 K_{IC} 值最高,其次是被初始 pH=5 溶液侵蚀 120d 的试样(在此期间浸泡液 pH 值为 5~7.9)和被 pH=3 缓冲溶液腐蚀 37d 的试样,这两组试样的 K_{IC} 值非常接近。被蒸馏水腐蚀 120d 的试样显示出最低的 K_{IC}(在此期间浸泡液 pH 值在 6.8~8.7 之间)。

3.3.3 裂纹扩展速率

SCB 测试试验所用的试样是脆性砂岩,裂纹在 1~2s 的短时间内扩展,很难用普通摄像机记录不同时刻的裂纹扩展路径和裂纹长度。为了清晰地拍摄裂纹扩展过程，使用高速摄像机 FASTCAM SA5（图 3-3）记录不同时间的裂纹形态。从裂纹萌生到向上扩展直至试样宏观被破坏，整个拍摄过程需 2s 左右。如前所述，高速摄像机的内存有限，只能存储摄像机关闭前 2~3s 拍摄的照片。对于一些试样，破裂过程非常快，可捕获到从初始裂纹长度为零到最终裂纹长度到达试样顶端（完全破坏）的整个破裂过程；而对于其他一些试样，由于破裂过程较长，整个裂纹扩展直至破坏过程中拍摄的照片未能全部被摄像机存储，因此会出现初始裂纹长度不为零（而是某个较小值），或是在拍摄期间裂缝未到达试样顶端的情况。由于不同的有效拍摄时间和手动停止摄像机的误差，很难捕捉到所有试样的整个破裂过程。但此次试验结果反映了整个破裂过程的大部分。4 组试样的典型裂纹扩展过程如图 3-6 所示。

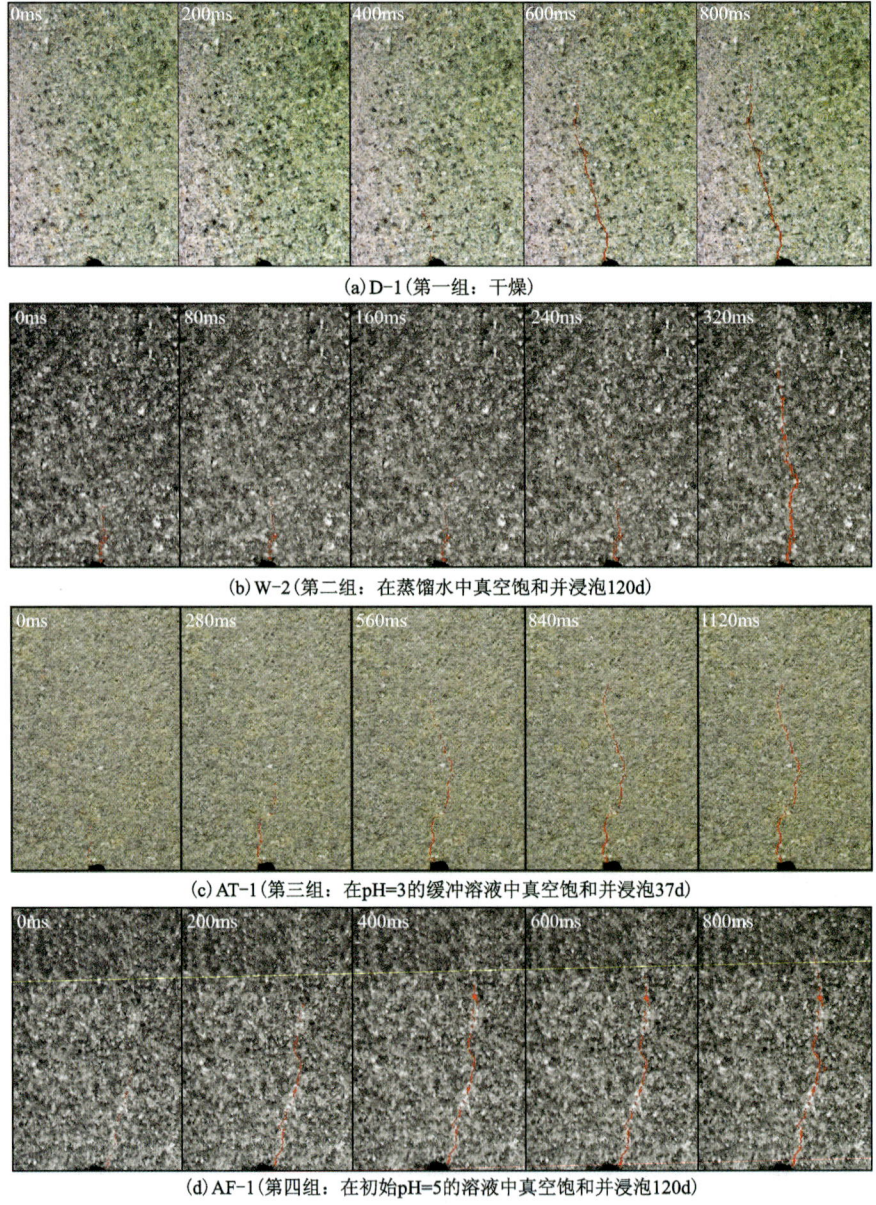

图 3-6　4 组试样的典型裂纹扩展过程

借助高速摄像机的拍摄图像(1024×1000像素),可通过将图像放大到一定程度以清晰地显示图片像素网格,并通过累积像素数量的方式来确定裂纹长度。据此可以获得所有试样每间隔1/7500s的裂纹长度以及特定时间间隔内的裂纹长度扩展过程,如图3-7所示。在这些图中,绘制了裂纹长度随时间的演化曲线。需要注意的是,此研究中只有宽度或孔径大于一个像素的裂纹才能被识别。如果裂纹末端的裂纹孔径小于一个像素,则不计算该部分的裂纹长度。因此,如果裂纹孔径小于表3-3中第三列所列数值时,测量长度可能小于实际裂纹长度。

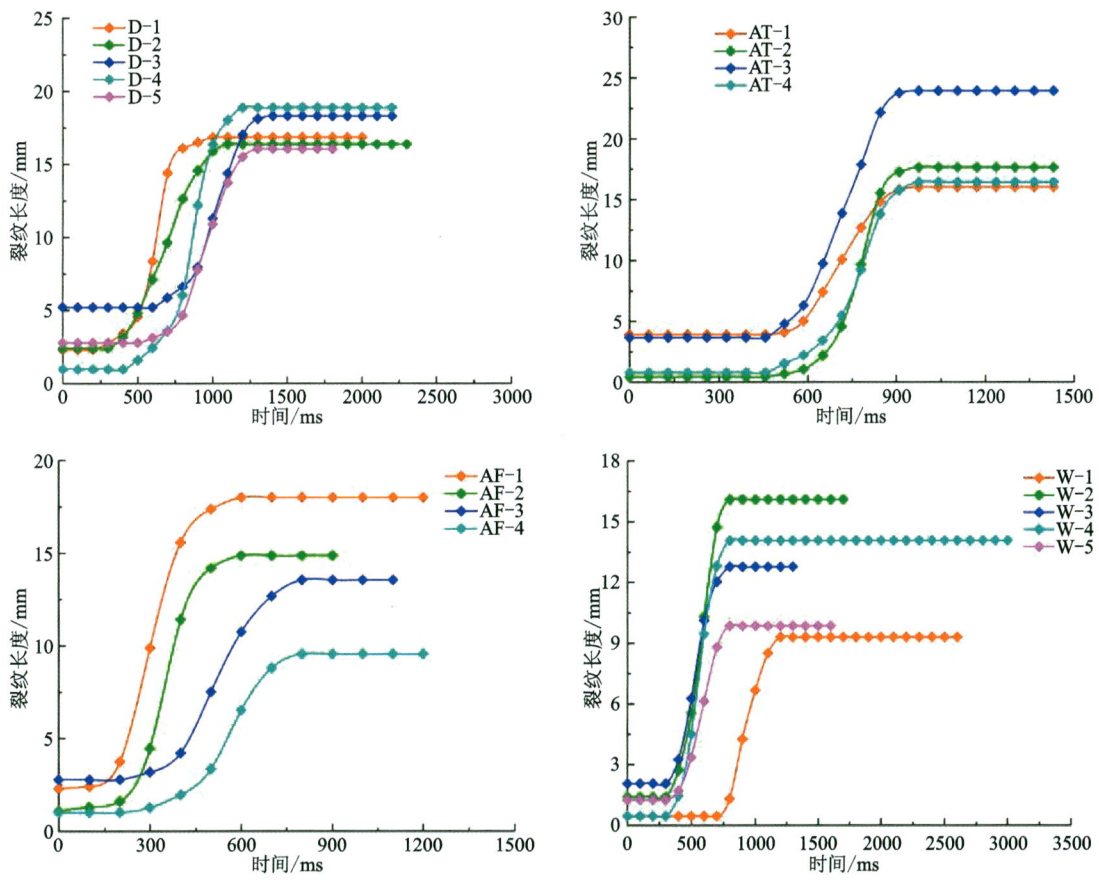

图3-7 4组试样在高速摄像机拍摄过程中裂纹长度的演变

可以看出,裂纹的扩展不是等速的,而是在不同的阶段发生变化。当载荷足够大时,裂纹开始产生,经过300~500ms后,裂纹进入迅速扩展阶段,持续时间大约300ms。通过裂纹扩展释放能量后,裂纹扩展终止,裂纹长度保持不变。然而产生这一结果的另一个可能的原因为,在开裂的第一阶段,由于试样下部的横向变形相对容易,裂纹开度相对较大,整个裂纹均为可测量长度。快速扩展后,可测量的裂纹长度保持不变;然而,裂纹尖端可能仍在前进,但开度小得多,即小于一个像素,因此变得无法测量。目前的数据无法判断哪一个是真实原因,还需要进一步的工作才能更准确地识别裂纹扩展过程。

作为初步分析,计算了"可见"裂纹长度在第一扩展阶段的裂纹扩展速率,即图3-7中各曲线准线性增长部分的斜率,结果如图3-8所示。所有试样的裂纹扩展速率在20~60mm/s之间变化。干燥和蒸馏水饱和试样的裂纹扩展速率没有显著差异,同样两组酸溶液腐蚀试样的裂纹扩展速率也差异不大,但后两组的裂纹扩展速率明显大于前两组。各试样组内单个试样的裂纹扩展速率变化较大,尤其是被蒸馏水和酸溶液侵蚀的试样组,而干燥试样组的裂纹扩展速率变化较小。

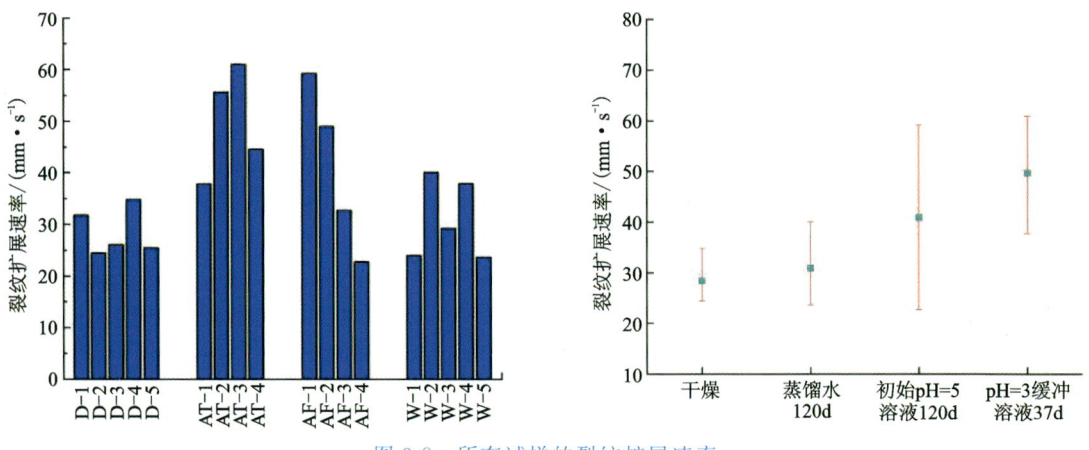

图 3-8　所有试样的裂纹扩展速率

3.3.4　裂纹形态及扩展路径

借助数字图像,对所有试样的裂纹形态进行研究。图 3-9 展示了断裂破坏时所有试样的最终裂纹形态。结果表明,大部分裂纹沿缺口尖端至顶部加载点呈准直线扩展,但在一定数量的试样(如 W-1、W-4、W-5、AF-4 和 AT-4)上可以观察到偏差,即在裂纹萌生的最初阶段,裂纹的扩展偏离了预期的直线,这表明砂岩缺口尖端的强度不均匀。

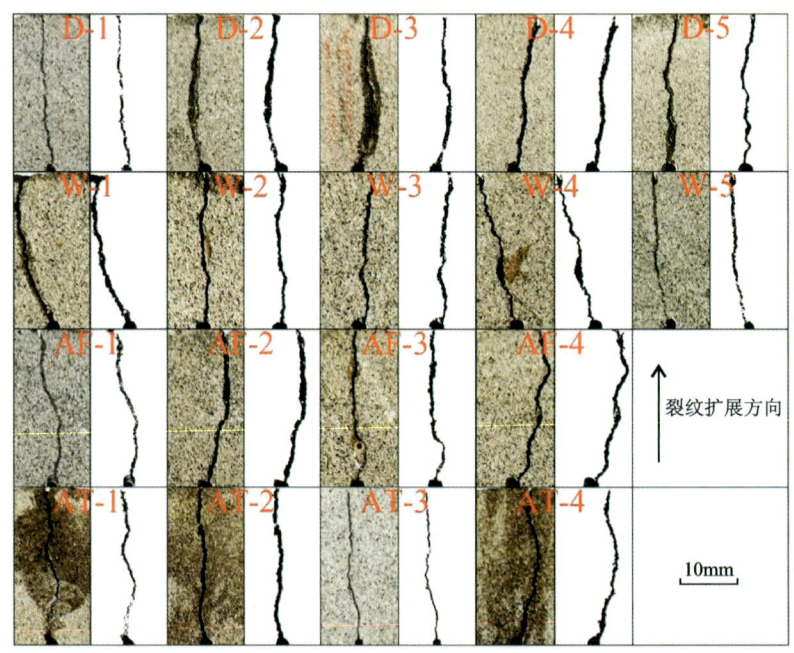

图 3-9　断裂破坏时所有试样的裂纹图像

为了在微观尺度上研究裂纹的扩展路径,在光学显微镜下对裂纹薄切片进行了观察。图 3-10 表明,裂纹为无分叉的拉伸裂纹。此外,大多数裂纹沿晶界发展,很少有裂纹穿过晶粒,特别是在蒸馏水或酸腐蚀后的试样中。这些观察结果与其他文献中单轴或三轴压缩下各种砂岩的结果一致,后者的研究结果也表明湿砂岩中粒间裂纹的数量远高于粒内裂纹的数量(Hawkins and McConnell,1992;Zang et al.,1996;Lin et al.,2005)。

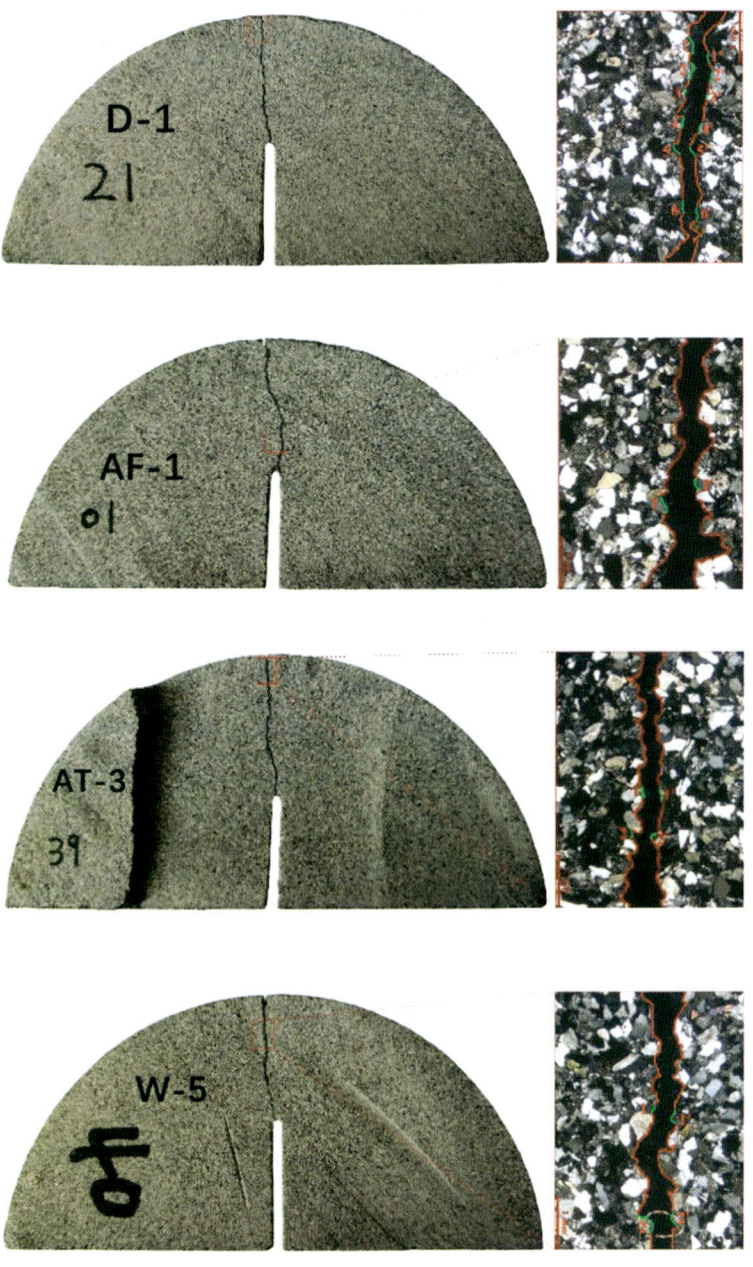

图 3-10 裂缝形态的薄片显微观察
(在放大的图片中,绿线代表晶内裂纹,红线代表晶间裂纹)

3.4 讨论

3.4.1 蒸馏水和酸的腐蚀弱化作用

在本试验中,用pH=5的酸性溶液来模拟局部酸雨;蒸馏水为对照组;pH=3的缓冲溶液作为最强烈的侵蚀液,用于对比确定酸雨的侵蚀程度。

然而,K_{IC}的结果(图3-5)表明,蒸馏水的化学侵蚀及其对强度削弱的影响比酸性溶液的影响更大。这与图3-4中的pH值变化结果一致。45d后,初始pH值为5的微酸溶液的pH值缓慢增加(0.004 7/d),表明岩石和溶液之间的化学反应较弱;而蒸馏水的增加幅度略大(0.006 7/d),这意味着水岩反应的过程正在进行。

此外,当H^+离子浓度增加时,酸溶液的弱化作用也增加。与pH=5的微酸溶液侵蚀试样相比,pH=3缓冲溶液侵蚀试样的K_{IC}值降低(图3-5),即使后者的浸泡时间远小于前者。从图3-4中可以看出,岩石与溶液之间的反应在最初几天是活跃的。因此,尽管浸泡在pH=3的缓冲溶液中的持续时间仅37d,但岩石与溶液之间的化学反应较为强烈,特别是在H^+及pH值保持恒定的有离子补充的缓冲溶液中。同时可以看出,在短时间内高浓度的H^+对砂岩的弱化效应与长时间内低浓度H^+的弱化效应是相当的。

pH=3缓冲溶液的弱化作用仍低于蒸馏水,其原因一方面是前者反应时间短;另一方面则与蒸馏水的矿化活性更强有关。Mallet等(2015a)的研究表明,人工合成的硅化玻璃在去离子水中浸泡2d后即发生明显的矿物侵蚀。本试验的结果同样表明蒸馏水对砂岩的侵蚀性比微酸溶液更为强烈。岩石与周围水环境溶液之间的反应取决于两者之间的化学平衡。当水中矿化成分与砂岩成分平衡时,则该溶液对砂岩而言是非活性水,且不会发生化学侵蚀(Mallet et al.,2015a,2015b)。在这一前提下,蒸馏水由于其中几乎没有离子和矿物质,因此具有很强的侵蚀性(Kozisek,2005),并能强烈侵蚀砂岩中的矿物。而在酸性溶液中,由于其中已经存在一些离子,因此溶液与岩石之间的离子不平衡较小,对矿物的侵蚀性较小。

3.4.2 化学侵蚀对裂纹扩展路径的影响

在均质材料中,裂纹沿垂直于拉应力的方向扩展。而对于砂岩,颗粒的强度通常大于胶结物的强度,裂缝往往在薄弱的胶结物段优先扩展。特别是存在间隙水或酸溶液的情况下,颗粒间裂纹相较于颗粒内裂纹优先发展的差异会加剧,这在本书的研究(图3-10)以及对各种砂岩的其他研究(Hawkins and McConnell,1992;Zang et al.,1996;Lin et al.,2005)中均有所体现。

水/酸溶液与重庆大足石刻砂岩之间可能发生的化学反应主要是胶结物中方解石的溶解和长石颗粒的侵蚀,其反应方程式如下。

方解石:
$$CaCO_3 + CO_2 + H_2O \longrightarrow Ca^{2+} + 2HCO_3^-$$

长石：
$$2H^+ + 2K[AlSi_3O_8] + H_2O \longrightarrow 2K^+ + Al_2[Si_2O_5][OH]_4 + 4SiO_2$$

此外，胶结物中的黏土矿物通过吸收和积聚水分进一步削弱岩石结构，从而降低裂纹的表面能并促进裂隙扩展（Hawkins and McConnell，1992；Bell and Culshaw，1998；Lin et al.，2005；Mallet et al.，2015a）。与胶结物的溶解类似，长石的侵蚀开始于晶粒的外表面，导致晶界薄弱。因此，水溶液和酸溶液的影响主要与胶结及晶界的弱化有关，从而导致晶粒接触减弱和裂纹扩展增强。

裂纹长度在一定程度上反映了裂纹扩展路径的曲折性。胶结弱化可导致晶界周围更曲折的开裂路径和相应的更长的裂纹长度。根据图3-9中试样断裂失效后最终的数字图像，可以确定所有试样的裂纹长度，如图3-11所示。此试验中，裂纹长度是通过计算数字图像的像素来测量的。测量裂纹两侧壁的外轮廓，确定裂纹长度为两者的平均值。测量精度取决于像素的尺寸，大约为0.03mm。从这个意义上说，裂纹侧壁粗糙度大于0.03mm可以计算在裂纹长度的测量中，小于0.03mm则不能。

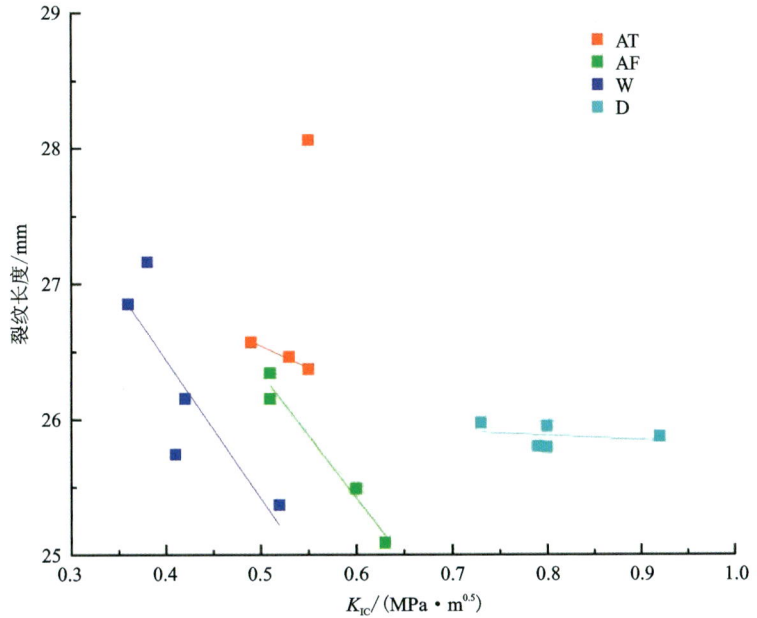

D. 干燥；W. 在蒸馏水中真空饱和并浸泡120d；AT. 在pH=3的缓冲溶液中真空饱和并浸泡37d；AF. 在初始pH=5的溶液中真空饱和并浸泡120d。

图3-11 4组试样最终裂纹长度与K_{IC}的关系

裂纹长度的测量结果显示，干燥试样组各试样的裂纹长度变化不明显，而其余3组试样的裂纹长度差异较大（图3-11）。与之类似的，裂纹扩展速率的计算结果也是干燥组试样的结果离散度较小，而其余组试样的结果离散度较大。这些结果表明，水或酸侵蚀对胶结和晶界的影响放大了同组试样之间微观结构的初始差异，导致这两组试样与干燥试样相比具有更复杂的开裂路径和更大的开裂速率。

此外，这3组试样（W组、AT组和AF组）的裂纹长度与强度呈负相关关系；长裂纹长度通常对应着低K_{IC}。这表明，当裂纹沿晶界扩展导致裂纹长度较长时，试样的强度由胶结强度反映,且相对较低;而当裂纹长度较短时,意味着该裂纹同时贯穿了胶结层和砂岩晶粒,而晶粒的开裂需要更高的应力水平,因此对应的试样具有更高的强度。

3.4.3 化学侵蚀对裂纹扩展速率的影响

在线性弹性断裂力学中,裂纹扩展速率与裂纹尖端的局部应力张量有关,一般形式为(Charles,1958)

$$v = v_0 K_1^n \exp\left(-\frac{H}{RT}\right) \tag{3-3}$$

式中:v 为裂纹扩展速率(m/s);v_0 和 n 为常数;H 为活化焓(kJ/kg);R 为通用气体常数;T 为热力学温度(K);K_1 为 I 型应力强度因子(MPa·m$^{1/2}$)。

尽管式(3-3)针对的是亚临界裂纹扩展,但式(3-3)中的两个参数 n 和 v_0 也可通过恒定应力速率试验确定,如 ASTM 标准[*Standard Test Method of Determination of Slow Crack Growth Parameters of Advanced Ceramics by Constant Stress-Rate Flexural Testing at Ambient Temperature*(ASTM C1368-06)]所述。此外,Ko 和 Kemeny(2013)也利用恒定应力速率试验获得了砂岩的两个亚临界裂纹扩展参数,并发现其结果与传统试验方法(双扭转试验)获得的结果相当。

在此次 SCB 测试试验中,加载速率也是准恒定的,从荷载-时间曲线(图 3-12)可以看出。因此,以类似于 Ko 和 Kemeny(2013)的方式拟合 SCB 测试试验数据,获得了亚临界裂纹扩展参数。然而,结果显示裂纹扩展速率和断裂韧度之间没有固定的规律,因此,这里只给出原始的试验结果,没有进一步进行拟合,如图 3-13 所示。

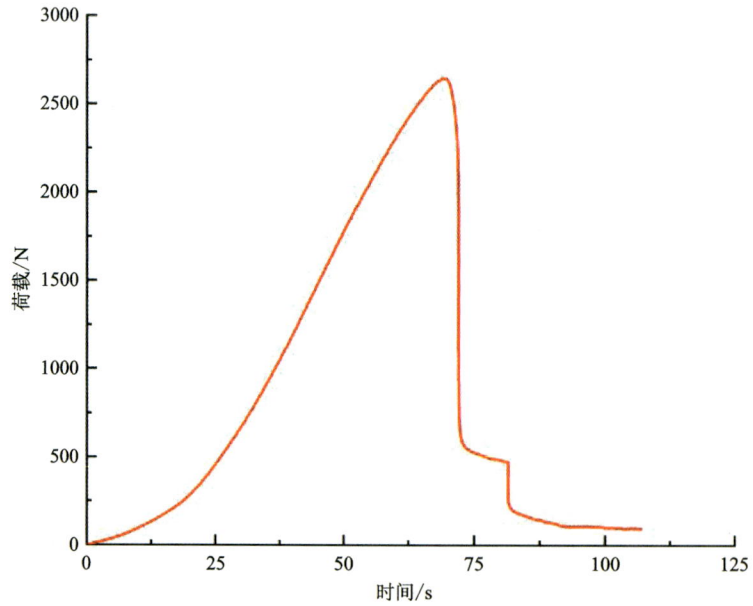

图 3-12 三点弯曲试验中试样 D-1 的典型荷载-时间曲线

在此次 SCB 测试试验中,裂纹扩展时荷载已非常接近峰值,因此断裂韧度 K_{IC} 可视为裂纹尖端的应力强度因子。同一组试样应具有相似的力学性能，并显示裂纹扩展速率与 K_{IC} 之间存在某种函数关系，如式(3-1)。然而，如图 3-13 所示，本次试验中这种相关性是不明确的。在 K_{IC} 为 $0.5\sim0.6\mathrm{MPa}\cdot\mathrm{m}^{1/2}$ 的狭窄范围内，酸溶液腐蚀试样的裂纹速率变化范围为 $20\sim60\mathrm{mm/s}$。其中一个原因是，本试验中确定的裂纹扩展速率不是总的扩展速率，而是"可见"裂纹长度的第一扩展阶段的最大扩展速率。式(3-3)中的关系可能与整体裂纹扩展速率更相关。此外，正如 Atkinson 和 Meredith(1981)所观察到的，当应力接近 K_{IC} 时，水化学作用对裂纹扩展速率(约 10^{-3} m/s)没有明显的影响。本次试验结果显示了类似的情况，但两组酸溶液腐蚀后的试样裂纹扩展速率大于干燥和蒸馏水腐蚀试样的裂纹扩展速率，如图 3-8 所示。在未来的研究中，需要进行更多的试验，包括更多的试样和更大范围的加载速度(如蠕变试验)，以进一步研究化学侵蚀条件下裂纹扩展速率与应力强度因子的关系。

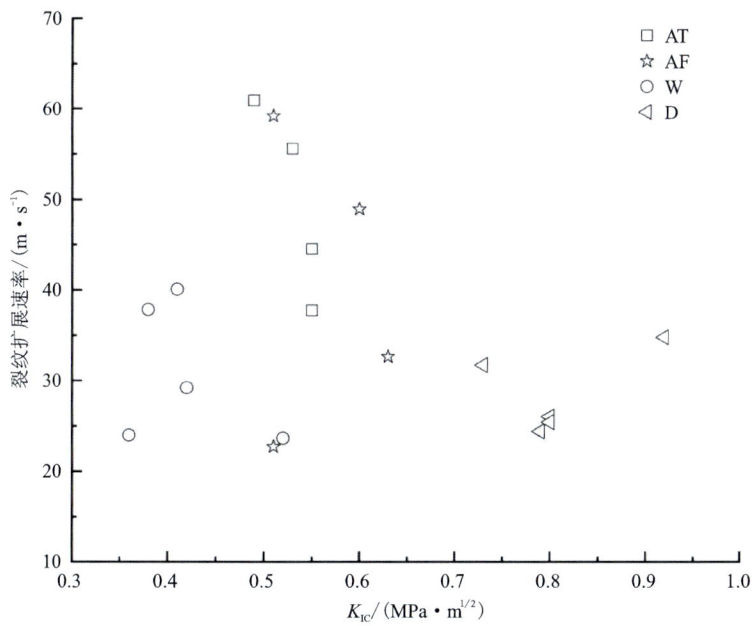

D. 干燥；W. 在蒸馏水中真空饱和并浸泡 120d；AT. 在 pH＝3 的缓冲溶液中真空饱和并浸泡 37d；AF. 在初始 pH＝5 的溶液中真空饱和并浸泡 120d。

图 3-13　K_{IC} 与裂纹扩展速率的关系

从图 3-11 中可以看出，干燥试样的裂纹长度和速率相对均匀，而来自其他组试样的裂纹长度和速率差异较大。这些结果表明，化学溶液对砂岩微观结构的影响会诱发和加剧岩石的不均匀性，导致试样的裂纹路径、扩展速率和形态特征发生很大变化。

此外，应该注意的是，高速摄像机捕捉到的可见裂纹扩展不能反映岩石内部微裂纹的扩展。如图 3-7 所示，裂纹快速扩展前后均有裂纹长度基本保持不变的阶段，表明即使表观裂纹长度保持不变，裂纹尖端周围微裂纹的萌生可能仍在过程中，这可以用断裂过程区的发展来解释(Lim et al.，1994a，1994b；Dong et al.，2017；Kramarov et al.，2020)。断裂过程区的存在导致了试样的非弹性变形，不能用线弹性断裂力学精确描述。本次试验结果再次表明深入了解断裂过程区的发展或更精确地测量裂纹长度的重要性，这在未来进一步的研究中是十分必要的。

3.5　小结

本章的工作旨在提高对中性和酸性条件下的水-岩反应及其对中国西南重庆地区砂岩力学劣化影响的认识,该地区有许多传统的石质文物雕刻在同一地层中。通过 SCB 测试试验研究了重庆大足石刻砂岩在水和酸侵蚀后断裂韧性的弱化,并用高速摄像机拍摄了其在不同水化学条件下的开裂行为。此外,还进行了沿裂缝的显微结构观察,以详细研究裂纹路径;并进行了长达 120d 的砂岩浸泡水化学分析,以揭示水-岩反应的演化过程。根据所有这些试验结果,可以得出以下结论。

(1)与酸溶液相比,蒸馏水对断裂韧性的强度弱化作用更为显著。砂岩浸泡水 pH 值的变化也表明,45d 后,岩石与初始 pH 值为 5 的微酸溶液之间的化学反应比岩石与蒸馏水之间的化学反应弱。此外,两种酸溶液的强度弱化效应和裂纹扩展速率非常接近,即使 pH=3 的缓冲溶液比 pH=5 的微酸溶液的浸泡时间短得多。

(2)根据高速摄像机拍摄的图像,所有试样的裂纹扩展速率在 20~60mm/s 之间变化。裂纹速率与 K_{IC} 之间的关系不明确。干燥组和水饱和组各试样间的数据差异不明显,而两个酸溶液组中的试样数据有显著差异,且后两组的裂纹扩展速率明显大于前两组。由于裂纹长度测量方法的局限性,本研究所测得的裂纹扩展速率并不充分。深入了解断裂过程区的发展对弥补这一缺陷具有重要意义,值得进一步研究。

(3)水/酸溶液与重庆大足石刻砂岩之间可能发生的化学反应主要是胶结物(方解石)的溶解和长石的侵蚀。前者导致脆弱的晶粒接触,后者导致脆弱的晶界。胶结物中的黏土矿物通过吸收和积聚水分进一步削弱岩石结构,促进裂纹扩展。水腐蚀和酸腐蚀的这些影响导致低 K_{IC}、长裂纹长度(即沿晶界的弯曲度更大),以及高裂纹扩展速率。

第4章 孔隙流体对脆性岩石声学参数的影响

本章将以三峡库区钙质胶结砂岩为例,通过开展干燥和饱和砂岩的单轴压缩试验并在加载过程中同步进行波速测试和声发射监测,结合扫描电镜(SEM)、水化学分析等测试手段,探究孔隙流体对脆性岩石加载过程中声学参数的影响,进而推导可能的水致劣化损伤破坏模式。

4.1 引言

大多数地壳岩石是典型的脆性材料,其力学行为在单轴压缩下表现为峰值强度相对较高、峰值应变较小、峰后应力急剧下降,并伴随着局部应变导致的宏观剪切裂隙。此外,实验结果还显示了脆性岩石应力-应变关系的非线性和弹性刚度的退化(Khazraei,1995;Menendez et al.,1996;Baud and Meredith,1997;Eberhardt et al.,1999;David et al.,2001;Klein et al.,2001)。所有这些现象本质上都可归因于加载过程中岩石的损伤演化,而损伤演化的物理本质是微裂纹的萌生、扩展和最终断裂。

特别是当孔隙和裂隙中存在流体时,具有化学活性的流体与岩石矿物之间的相互作用使得损伤演化过程更加复杂。首先,从水-力耦合的角度看,孔隙水压力可以降低岩石的有效应力,最终以力学方式降低岩石强度。其次,表面活性液体可以通过"Rehbinder效应"降低岩石中单晶的力学强度,或通过晶间压力溶解和/或应力腐蚀机制增强亚临界裂纹发展(Atkinson and Meredith,1981,1987a,1987b;Zubtsov et al.,2004;Zhang and Spiers,2005;Heap et al.,2011;Brantut et al.,2013)。对于不同的岩石,流体和岩石之间的主要物理化学反应因其矿物成分的差异而有所不同,例如,硅酸盐岩的应力腐蚀是典型的(Mallet et al.,2015a,2015b),而碳酸盐岩遇水必定会发生压力溶解(Brantut et al.,2014)。然而,无论岩石和间隙流体之间发生了什么,其结果通常都是反映岩石力学性能(强度和变形)的劣化(损伤),几乎所有类型的岩石都是如此(Lajtai et al.,1987;Hadizadeh and Law,1991;Baud et al.,2000;Feng and Ding,2007;Grgic and Amitrano,2009;Heap et al.,2009)。因此,研究间隙流体如何"损害"以及在多大程度上可以"损害"岩石,无论是在微观还是宏观上,都具有重要意义。

在实验室试验中,研究岩石或岩石类材料的损伤演化和微裂纹行为的方法有很多,如超声波穿透、声发射(AE)、扫描电子显微镜(SEM)、CT等(Zang et al.,1996;Fortin et al.,2006,2009;Schubnel et al.,2007;Sarout and Guéguen,2008;Sufian and Russell,2013;Mallet et al.,2015a,2015b;Browning et al.,2017;Passelègue et al.,2018;Yang et al.,

2018)。其中,用 SEM 和 CT 可以对微裂纹直接观察,因此最直观。然而,除非有与加载系统相结合的集成设备,否则实现这两种技术在岩石加载过程中的连续监控是困难的(Zhao,1998;Sufian and Russell,2013)。另外,在许多加载系统中,同时和连续测量声发射或弹性波速与应变/应力的关系是可行的(Zang et al.,1996;Schubnel et al.,2007;Fortin et al.,2009;Browning et al.,2017;Yang et al.,2018)。声发射事件本质上是伴随着岩石内部微裂纹的产生形成的弹性波能量释放,是损伤的外在表现之一。微裂纹的演化还会改变岩石中弹性纵波(P)和剪切波(S)的速度,这也被视为损伤演化的指标(Sayers et al.,1990)。声发射记录还可以通过拾取不同传感器的 P 波开始时间来定位声发射震源(Rück et al.,2017)。因此,加载过程中弹性波速和声发射的联合监测可以全面反映应力引起的损伤(Zang et al.,1996;Fortin et al.,2006;Browning et al.,2017;Passelègue et al.,2018)。

三峡库区的地质灾害是由水库水位从 145m 到 175m 的频繁波动触发的,主要表现为水库库岸滑坡(Yin et al.,2016)。这种现象主要与流体和岩石之间的反应有关,水-岩作用改变了岩石的微观结构,在宏观上劣化了岩石的力学性能(强度、变形)。为此,本书通过单轴压缩下弹性波速与声发射事件联合监测的方法,对三峡库区干燥和饱和砂岩试样的损伤演化进行了连续表征。构成水库岸坡的岩体受到的围压相当小,因此使用单轴压缩试验是合适的。试验测量了加载过程中的波速变化和声发射演变,并将两者的结果进行了比较,以期对损伤演化有一个全面的认识。对破坏后的试样进行了显微结构观察,结合砂岩浸泡水的化学分析,结果表明碳酸盐胶结物在砂岩中发生了溶解和开裂。在此基础上,从微观结构演化的角度提出了三峡库区钙质胶结砂岩的损伤机理。

4.2 研究对象与实验方法

4.2.1 三峡库区砂岩岩性特征

本章以三峡库区宜昌地区的砂岩(TGR 砂岩)为研究对象。该砂岩埋藏于侏罗系中,是一种固结良好的砂岩,其连通孔隙度(由抽气饱和法测定)为 5.9%~7.4%,体积密度为 2.51~2.55g/cm³。X 射线衍射结果表明,其主要矿物成分为石英(48%)、方解石(31%)、蒙脱石(8%)、白云石(7%)、长石(6%)。光学显微镜和 SEM 观察表明,TGR 砂岩的砂屑主要由石英和岩屑(燧石)组成,粒径在 0.1~0.25mm 之间,为碳酸盐(为主)和蒙脱石胶结(图 4-1)。与其他砂岩相比,TGR 砂岩胶结物中方解石含量较高。

所有试样取芯垂直于层面,直径 55mm,长度 100mm,两端磨平并平行,误差在±0.03mm 以内。将试样分为两组,一组在 105℃恒温下干燥,另一组在真空蒸馏水中饱和。试验前,测量所有试样沿长轴方向(垂直层面)和垂直于长轴方向(平行层面)的超声波(P 波)速度,分别用 $v_{P90°}$ 和 $v_{P0°}$ 表示。结果表明,所研究的 TGR 砂岩为准各向同性,与层面平行的 $v_{P0°}$ 略小于 $v_{P90°}$,两者之间的差别约为 10%。TGR 砂岩的各项物理性质列于表 4-1 中。

第4章 孔隙流体对脆性岩石声学参数的影响

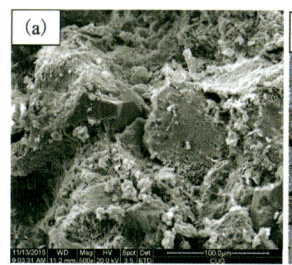
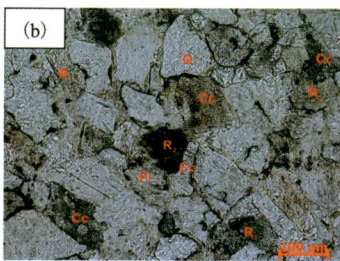
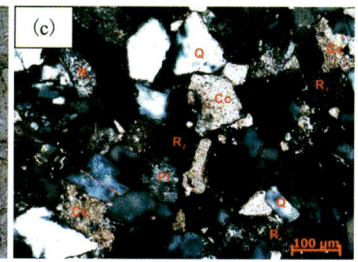

(a)TGR砂岩SEM图像;(b)TGR砂岩薄片在平面偏振光下的图像;(c)TGR砂岩薄片在交叉偏振光下的图像;Q.石英;Cc.方解石;Pl.斜长石;R.岩屑。

图 4-1 TGR 砂岩图像

表 4-1 TGR 砂岩的物理性质

密度/(g·cm^{-3})	2.51～2.55
连通孔隙度/%	5.9～7.4
干燥砂岩垂直层面的平均波速 $v_{P90°}$/(m·s^{-1})	2933
干燥砂岩平行层面的平均波速 $v_{P0°}$/(m·s^{-1})	2900
饱和砂岩垂直层面的平均波速 $v_{P90°}$/(m·s^{-1})	3569
饱和砂岩平行层面的平均波速 $v_{P0°}$/(m·s^{-1})	3233
矿物成分	48%石英、31%方解石、8%蒙脱石、7%长石、6%白云石

4.2.2 试验方法

所有加载试验均在中国地质大学(武汉)岩土力学与工程国家重点实验室多功能伺服控制刚性试验系统(MTS 815.03)上进行。该电液伺服控制岩石试验系统的加载架刚度为 10.5×10^9 N/m,加载过程中只储存少量的弹性能,特别适用于脆性岩石的断裂试验和获得完整的应力-应变曲线,最大加载能力为 4600kN。轴向应变用两个引伸计连续测量,周向应变用链式应变计连续测量。

本次试验所用的声发射系统与 MTS 加载系统集成在一起,包括声波探测器和分析软件。声波探测器由 4 个微型陶瓷压电传感器组成,安装在试样表面,用于连续记录声发射输出。使用美国物理声学公司(PAC)前置放大器将传感器信号放大 40dB,阈值振幅也设置为 40dB。声发射信号存储在 18 通道瞬态记录系统中,采样率为 40MHz。陶瓷压电传感器的谐振频率为 2500kHz,其对应波长约为 1mm。岩石裂纹尺寸通常与岩石粒径的尺寸相同,TGR 砂岩粒径为 0.1～0.25mm,比波长略小 1 个数量级。波长和粒径之间的量级差异与 Ayling 等 (1995)的结果相近,对本研究来说是合理的。

组装好测量的试样如图 4-2 所示,声发射探头(PZT)的位置如图 4-3 所示。当一个 PZT 发出一个弹性脉冲,另一个接收到它时,PZT 也可以用来测量超声波(P 波)的速度。因此,对干燥和饱和砂岩试样进行了单轴压缩试验,并在每个含水条件下进行了两组试验,一组被动记录声发射信号,另一组在整个加载过程中测量纵波速度。表 4-2 为 TGR 砂岩的强度和声学特征。

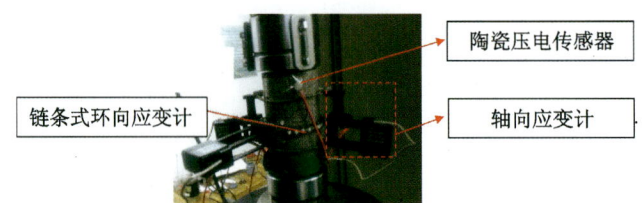

图 4-2 试样测量装置的装配

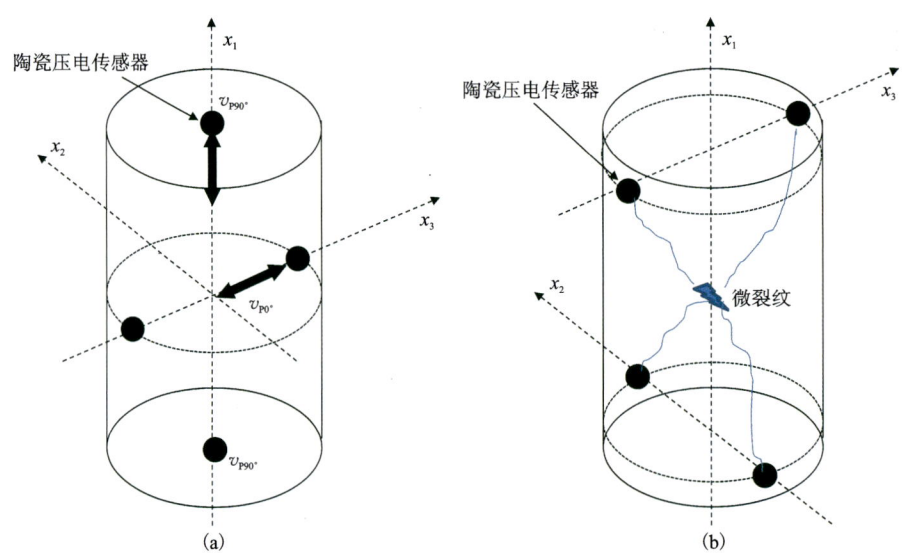

图 4-3 陶瓷压电传感器（PZTs）的位置
（a）用于波速测量；（b）用于声发射监测。

表 4-2 TGR 砂岩的强度和声学特性

试样编号	水分状态	测试内容	峰值强度/MPa	杨氏模量/GPa	泊松比	累积声发射振铃数	声发射能量/($V^2 \cdot \mu s$)	峰值应变能/(N·m)
S07	干燥	单轴压缩和波速(v_P)测量	23.91	—	—	—	—	—
S14	干燥		37.45	—	—			
S15	饱和		20.24	2.67	0.22			
S17	饱和		17.27	2.43	0.24			
S04	干燥	单轴压缩和声发射监测	21.91	2.60	0.24	105 743	84 097	27.57
S06	干燥		24.96	3.46	0.23	338 904	355 721	29.04
S13	干燥		29.33	3.90	0.22	126 765	253 812	31.69
S01	饱和		18.2	2.65	0.28	71 658	89 410	19.45
S05	饱和		22.37	2.93	0.26	84 870	42 368	20.98
S08	饱和		20.97	2.89	0.29	59 387	50 086	20.17

与声发射监测类似,在单轴加载过程中,可以固定陶瓷压电探头在试样侧面用于连续测量垂直于试样轴向的纵波速度($v_{P0°}$)。沿试样轴向波速($v_{P90°}$)的测量需要将 PZT 探头放置在试样的两端,只有在卸载并卸下加载板后才能实现。因此,本实验中 $v_{P90°}$ 的测量是在不同的应力水平下卸载轴向应力后进行的。所有单轴压缩试验均按 MTS 针对脆性材料的建议,以 $10^{-5}\,s^{-1}$ 的恒定应变速率进行,并由环向应变控制。

在进行单轴压缩试验之前,将真空饱和的试样浸入蒸馏水中数周。为了研究这一阶段蒸馏水与岩石之间的反应,将 5 个平行试样浸入室温下的蒸馏水中,并分别在砂岩浸泡前、浸泡 1 个月后、浸泡 5 个月后对蒸馏水中的离子浓度进行化学分析。最后,在单轴压缩试验后,将断裂试样用环氧树脂粘合在一起,沿宏观裂隙制作薄片进行微观结构观察。

4.3 试验结果

4.3.1 力学响应与纵波速度的演化

表 4-2 列出了不同试验条件下试样的峰值强度和声发射数据,表中所列的声发射能量定义为声发射波形下的面积,可通过式(4-1)计算得出(Wasantha et al.,2014b)。

$$E_i = \int_{t_0}^{t_1} V_i(t)^2 dt \tag{4-1}$$

式中:E_i 为能量($V^2 \cdot \mu s$);V_i 为信道 i 的记录电压(V);t_0 为电压瞬态记录的开始时间;t_1 为电压瞬态记录的结束时间。需要注意的是,并非所有的释放能量都能被声发射传感器检测到;式(4-1)计算出的能量是真实释放能量的一部分(Roberts and Talebzadeh,2003;Wasantha et al.,2014b)。

图 4-4 为干燥和饱和 TGR 砂岩在单轴压缩下的典型应力-应变曲线,在这里使用压缩应力和应变为正的惯例。结果表明,两种条件下 TGR 砂岩的应力-应变曲线可分为 4 个阶段:现有裂纹闭合导致的初始压缩阶段、线弹性压缩阶段、裂纹稳定扩展对应的非线性阶段和接近破坏的不稳定裂纹扩展阶段。这 4 个阶段与声发射速率(AE 速率)也有很强的相关性,在后续的图 4-7 中有直观体现。饱和砂岩与干燥砂岩之间的力学行为差异主要表现为饱和砂岩峰值强度较小、弹性模量退化显著和体积压缩应变较大。

通过在不同应力水平下卸载再加载测量了干燥砂岩 S07 和 S14 的波速 $v_{P90°}$ 和 $v_{P0°}$ 直至砂岩破坏。加载过程中两种波速的演变都是根据轴向应力(σ_1)和峰值强度(σ_P)之间的百分比绘制的,后文中称之为应力比,如图 4-5 所示。可以看到,在主应力方向上的 $v_{P90°}$ 随着外加应力的增加先增大,然后在接近试样宏观破坏时开始减小,峰值强度时 $v_{P90°}$ 比加载前减小了 10% 左右。当应力比 σ_1/σ_P 超过 0.6 时,垂直于主应力方向的 $v_{P0°}$ 开始急剧下降,到峰值强度时下降幅度与加载前比达 42%~50%。因此,$v_{P0°}$ 对应力变化更为敏感,$v_{P90°}$ 可被视为最终失效的前兆[另见 Eslami 等(2010)]。本试验结果与其他砂岩(Ayling et al.,1995;Brantut,2015;Browning et al.,2017)和灰岩(Eslami et al.,2010)类似实验的结果是相似的。

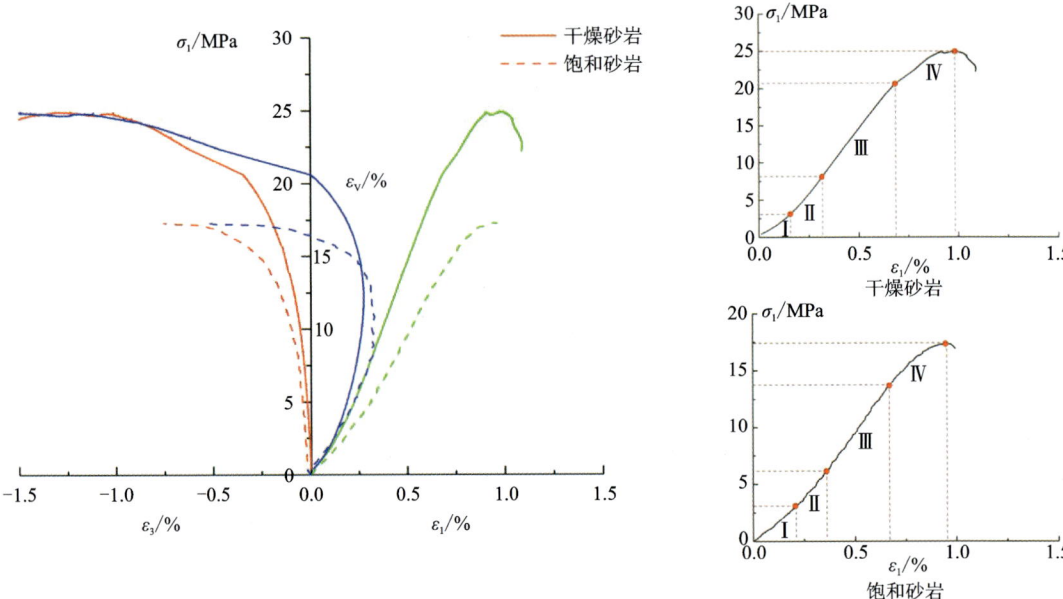

绿色线代表轴向应变(ε_1),红色线代表径向应变(ε_3),蓝色线代表体积应变(ε_v)。

图 4-4 干燥砂岩(S06)和饱和砂岩(S17)在单轴压缩加载过程中 4 个阶段的应力-应变曲线

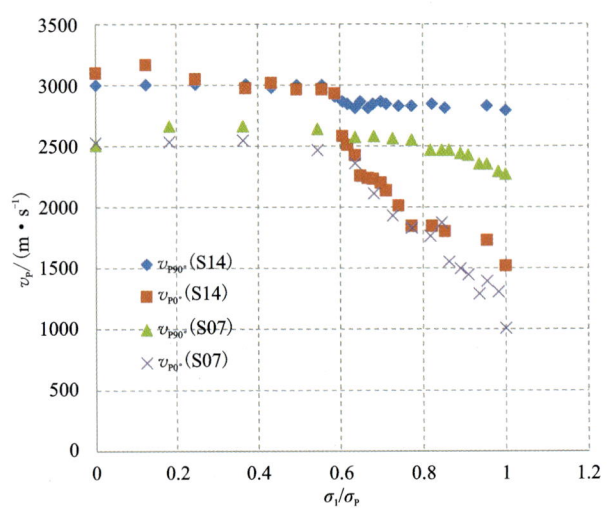

图 4-5 干燥 TGR 砂岩在单轴加载过程中不同应力 (σ_1/σ_P)下 $v_{P0°}$ 和 $v_{P90°}$ 的演化($v_{P90°}$ 是卸载后测量的)

对于饱和砂岩,在整个加载过程中用固定陶瓷压电传感器直接测量 $v_{P0°}$,因为它能更准确地反映损伤变化。这允许在峰值后阶段连续测量 $v_{P0°}$ 而不需要卸载。图 4-6(a)展示了两个饱和砂岩(S15 和 S17)在轴向应力作用下的 $v_{P0°}$ 演化。可以看到这两条曲线几乎平行,显示出相似的损伤演化模式。如果以应力比 σ_1/σ_P 作为 x 轴,波速比 $v_{P0°}/v_{P0°i}$ 作为 y 轴(其中 $v_{P0°i}$ 为加载前的初始波速),则所有点都落在一个小范围内,如图 4-6(b)所示。在应力比 σ_1/σ_P 分别超过 0.72 和 0.8 后,饱和砂岩 S15 和 S17 的 $v_{P0°}$ 开始持续下降直到峰值后阶段。

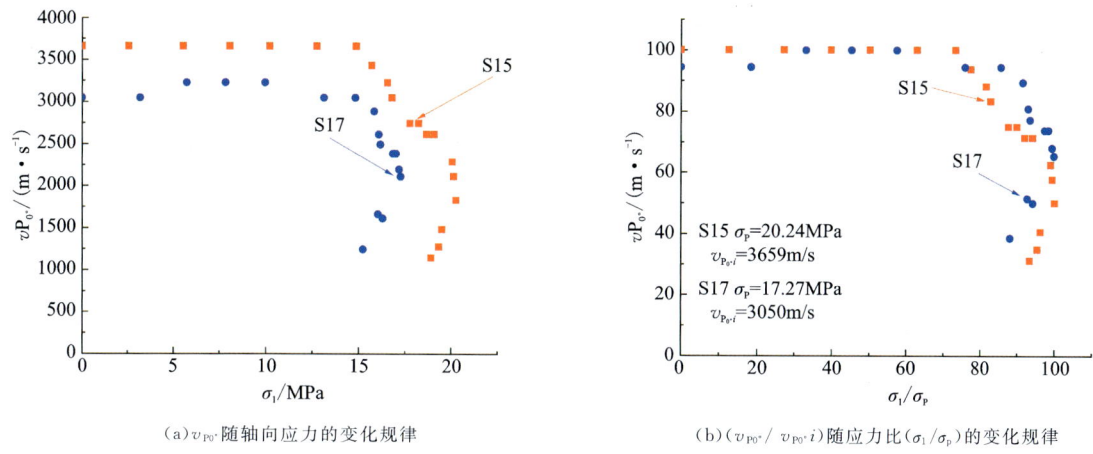

(a) $v_{P_0'}$ 随轴向应力的变化规律 (b) $(v_{P_0'}/v_{P_0'\cdot i})$ 随应力比 (σ_1/σ_P) 的变化规律

图 4-6 单轴加载条件下饱和 TGR 砂岩

4.3.2 声发射试验结果

4.3.2.1 声发射（AE）数量和 b 值

本试验在加载过程中自动记录 AE 事件。表 4-2 总结了所有试样的累积声发射数和声发射能量，图 4-7 给出了干燥砂岩和饱和砂岩的声发射率结果。声发射的演化与微裂纹过程及相应的体积应变密切相关。在图 4-7 中，用 3 个水平箭头分别标记了与体积应变特征值相关的 3 个临界应力水平 C'、C'' 和 C_0，其中 C' 对应于剪胀的开始，即线性体积压缩的终止，亦即总体积仍在压缩但横向已出现膨胀，被选为 AE 的第一次激增对应的应力水平（Wong et al.，1997；Wong and Baud，2012）；C'' 是从压缩到扩容的转折点（总体积压缩的终止，即横向膨胀增量开始超过轴向压缩量）；C_0 表示体积应变第二次等于零的点，即体积先压缩后膨胀直至回到初始状态时的值。

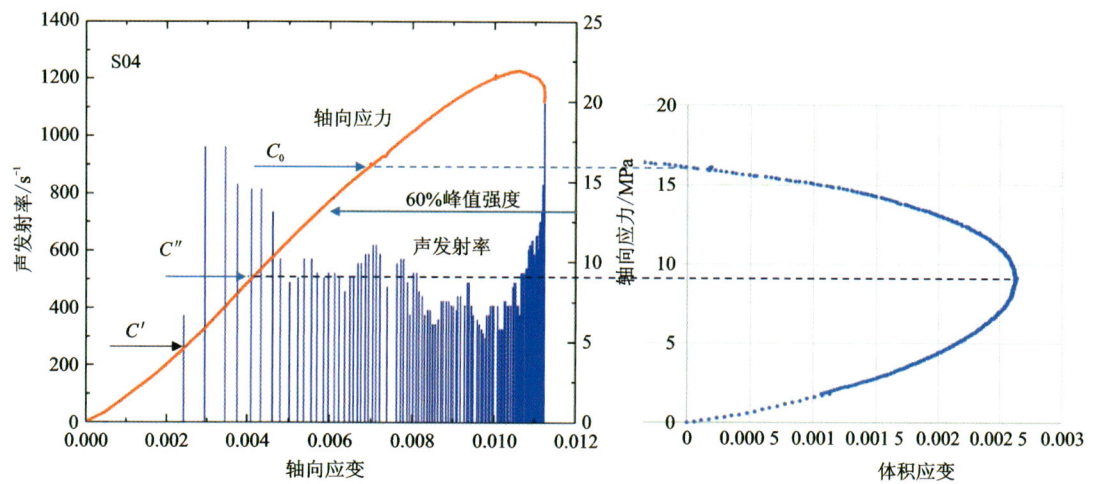

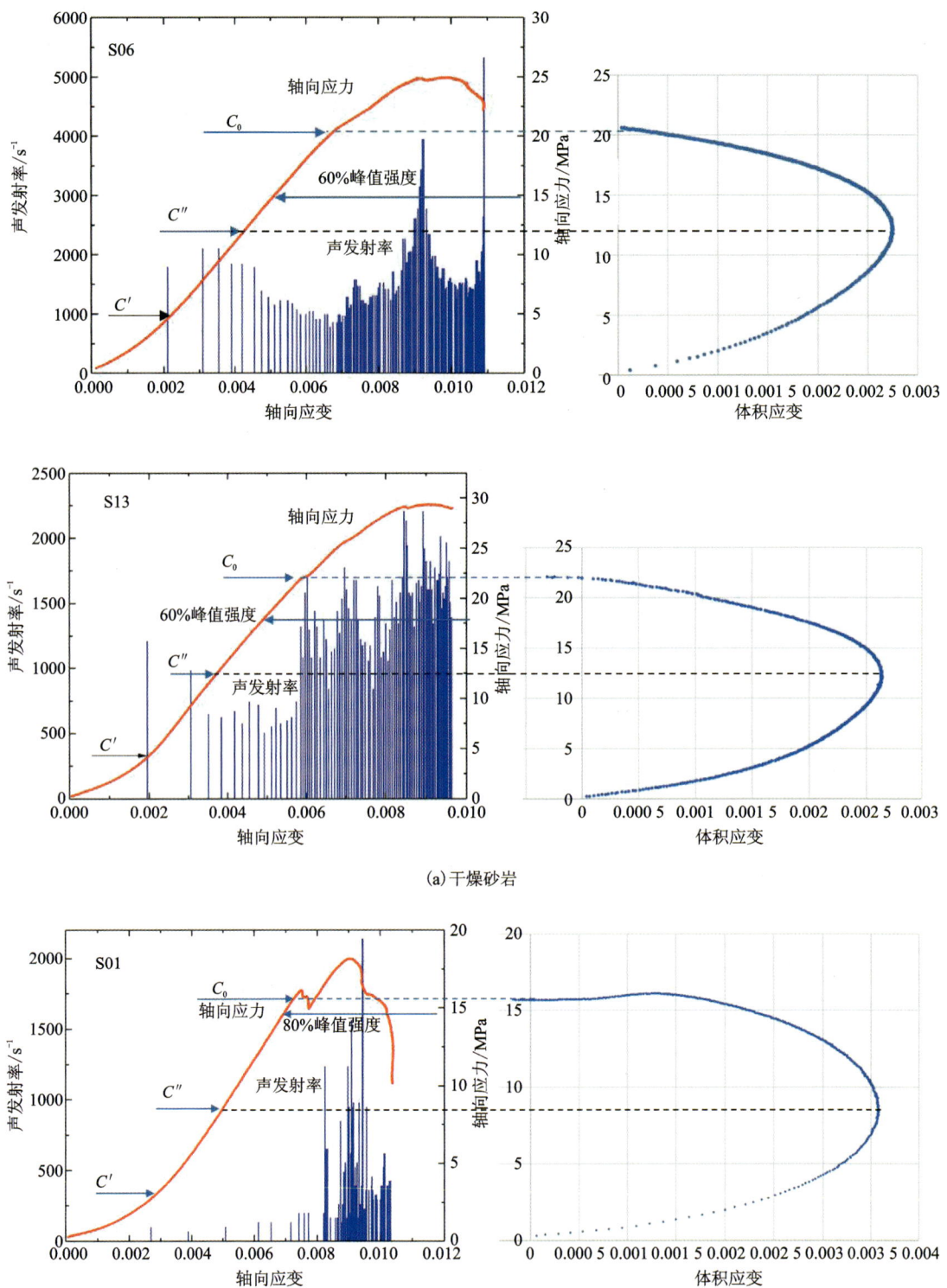

(a) 干燥砂岩

第4章 孔隙流体对脆性岩石声学参数的影响

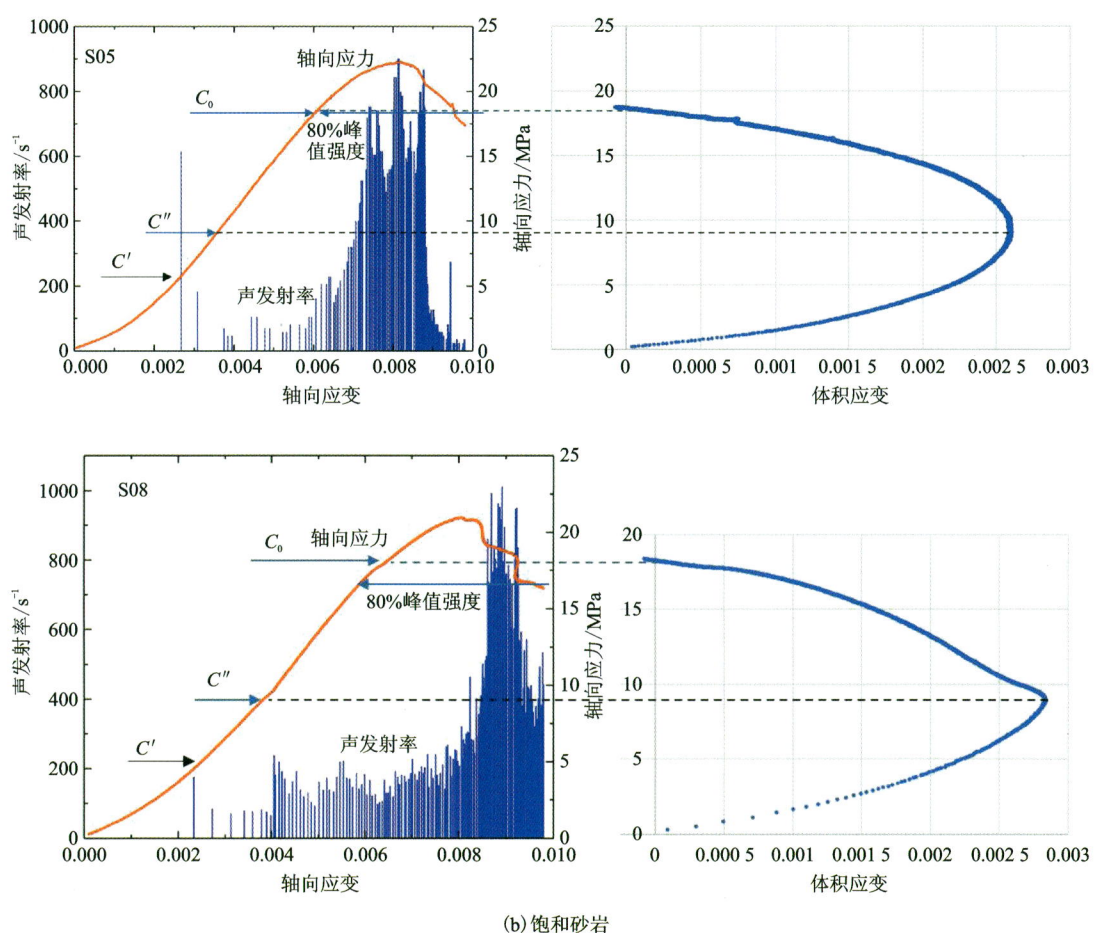

(b) 饱和砂岩

图 4-7 干燥砂岩(a)和饱和砂岩(b)的轴向应力(红色线)及声发射率(蓝色柱)与轴向应变的关系，以及体积应变(蓝色线)与轴向应力之间的关系

当应力水平低于 C' 时，没有记录到声发射，体积压缩量线性增加。在 C' 和 C'' 之间的阶段，横向体积膨胀开始发展，但数量不大，AE 活性仍处于较低水平。当体积膨胀增量超过压缩量，即在 C'' 和 C_0 期间，记录到中等程度的声发射活动，而在 C_0 之后则出现了声发射率加快、声发射活动极强的现象，对应于总膨胀量达到总压缩量。对于不同湿度条件下的所有干燥砂岩和饱和砂岩，都可以发现这种声发射活动模式。

另外，干燥砂岩和饱和砂岩的损伤演化存在差异。首先，干燥砂岩的累积声发射振铃数和声发射能量总量明显大于饱和砂岩，如表 4-2 所示。Zang 等(1996)也记录了类似的结果，完全饱和砂岩记录的累积声发射振铃数较干燥砂岩明显下降。其次，与饱和砂岩相比，干燥砂岩的加速声发射率开始的应力水平(C_0)较低。最后，饱和砂岩在 C_0 前的声发射率比 C_0 之后要小得多，而干燥砂岩的声发射率分布更均匀。

为了分析声发射活动与纵波速度之间的关系，图 4-7 中还标记了另一个应力水平，即干燥砂岩峰值强度的 60% 和饱和砂岩峰值强度的 80%，它们对应于根据 4.3.1 中的结果得出的 v_{P0} 开始降低的应力值。结果表明，对于干燥砂岩，v_P 下降的起始应力水平(60%峰值)在

C'和C_0之间,对应于体积膨胀超过压缩作用的阶段。而对于饱和砂岩,这一应力水平(80%峰值)与C_0相当接近,即饱和砂岩的声发射强度和v_P下降阶段一致。

根据声发射探头记录的平均最大振幅,可按 Gutenberg-Richter 关系式[式(4-2)]得到累积振幅频率分布的负斜率,即b值。

$$\log N = a - bM \tag{4-2}$$

式中:a和b为常数;N为累积 AE 数量;M为 AE 振幅(Zang et al.,1996)。

通过最小二乘法拟合,从大约 1000 个声发射数的窗口计算b值,该窗口以$\Delta M = 0.05 \text{dB}$的增量移动,结果如图 4-8 所示。干燥砂岩和饱和砂岩的b值在峰值强度与宏观破坏之前都经历了显著的下降。但对于饱和砂岩,在第一次下降后b值恢复,之后不久又出现一次急剧下降。而对于干燥砂岩,则没有观察到这种b值的波动。这些结果与 Zang 等(1996)的结果相似,他们同样发现干燥砂岩的b值在岩石破坏前下降,而饱和砂岩的b值在破坏前出现下降和恢复。

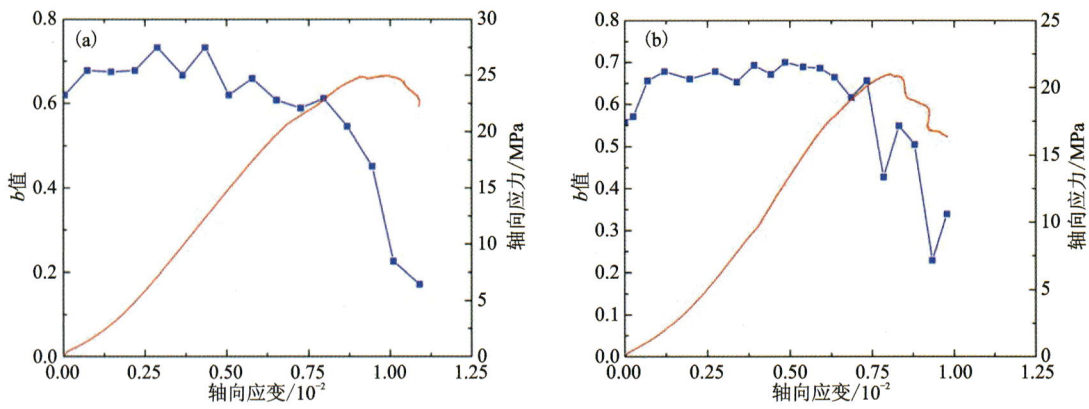

图 4-8 干燥砂岩 S06(a)和饱和砂岩 S08(b)的b值随轴向应变和轴向应力的变化

4.3.2.2 声发射震源定位

根据不同传感器之间的时间延迟,采用高斯迭代算法可确定声发射震源。干燥 TGR 砂岩的震源定位结果如图 4-9 所示,饱和砂岩的结果如图 4-10 所示。

试样加载试验前,按照 AE 测试系统生产商的推荐进行了铅笔芯断裂测试。铅笔芯直径 0.5mm,长度 3mm,保持铅笔芯和岩石顶部之间的夹角为 45°,然后将其瞬间破碎,复制一个人工的声发射源。该 AE 事件将被 4 个声发射探头检测到,并自动定位一个震源中心,在试样的三维图中以一个点表示。如果定位的震源中心在视觉上偏离了铅笔芯断裂时所在的位置,则必须调整相关参数,直到该位置符合精度要求。在对每个试样进行声发射测试之前,重复进行了铅笔芯断裂测试。这样本试验中的位置误差估计最大为 5mm。类似的,Zang 等(1996)报告了有 8 个传感器的定位误差小于 3mm,Schubnel 等(2007)发现有 14 个传感器的定位误差为 2mm。

从图 4-9 可以看出,对于干燥砂岩 S06,随着加载的进行,首先在砂岩上端附近观察到震源聚集。这可能是由砂岩顶部和加载板之间的摩擦造成的。其次随着轴向载荷的增大,另一个震源聚集体出现并形成一个倾斜的平面。该平面的生成始于砂岩中部，并优先沿与水平面成约55°的倾角延伸至两端。再次对于饱和TGR砂岩S08，记录的声发射事件数远远少于干燥砂岩，且震源群非常分散，没有形成任何优先平面或区域，如图4-10所示。这可能与边界效应有关。由于水的润滑作用，砂岩端部和压力板之间的摩擦减少，因此在饱和砂岩中没有观察到接近顶端的快速成核。最后这种端部摩擦的影响难以识别清楚，特别是在有水的情况下。还有其他机制可以导致干燥砂岩和饱和砂岩之间AE活动的差异，这将在4.4.2中进行详细讨论。

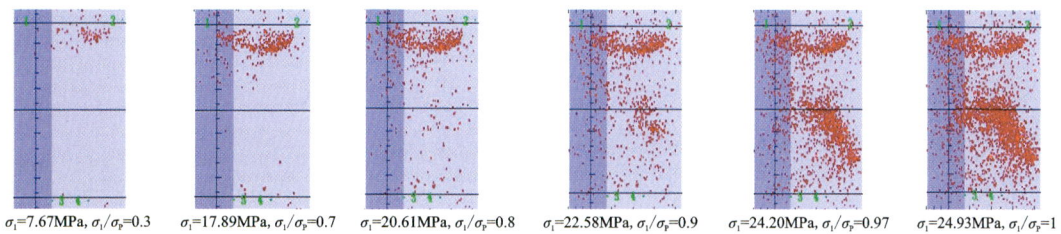

图4-9　干燥砂岩S06声发射震源位置图

（为了表示剪切面的方向，视图方向为沿图4-3中的x_3方向；1、2、3、4指声发射探头的位置）

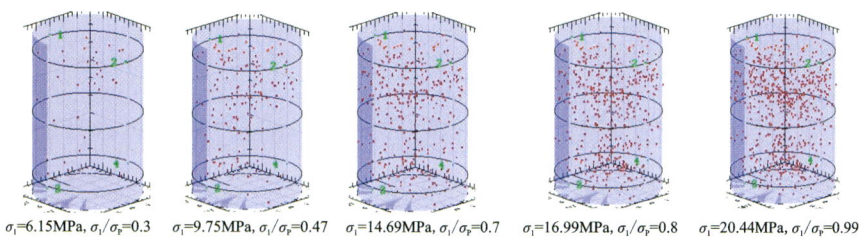

图4-10　饱和砂岩S08声发射震源三维定位图（1、2、3、4是指声发射探头的位置）

S07(干燥砂岩)　S14(干燥砂岩)　S06(干燥砂岩)　　S05(饱和砂岩)　S08(饱和砂岩)　S15(饱和砂岩)

图4-11　破坏后的砂岩图像

4.3.3　矿物溶解和微观结构观察

4.3.3.1　岩样浸泡过程中的水岩反应

分别测定了TGR砂岩浸泡前（蒸馏水）、浸泡1个月后和浸泡5个月后浸泡水中的离子浓度，结果汇总在表4-3中。由表4-3可知，浸泡水中Ca^{2+}和Mg^{2+}浓度均随时间显著增加，说明室温下岩石矿物在蒸馏水中的溶解过程是存在的。正如 Mallet 等(2015a)所揭示的那样,蒸馏水对玻璃的腐蚀性比含矿物质的水更大,因为它不含有任何离子,所以不稳定且可以吸收任何离子成分来达到矿物质化。本研究结果也证实了在蒸馏水中砂岩矿物的化学侵蚀过程。Ca^{2+} 和 Mg^{2+} 的增加应归因于方解石和白云石分别通过以下化学反应发生溶解(Zhang et al.,2007;Eslami et al.,2010)。

方解石:
$$CaCO_3 + CO_2 + H_2O \longrightarrow Ca^{2+} + 2HCO_3^-$$

白云石:
$$CaMg(CO_3)_2 + 2CO_2 + 2H_2O \longrightarrow Ca^{2+} + Mg^{2+} + 4HCO_3^-$$

据此,得到了相关矿物的溶蚀量(表 4-3 中的最后一列)。例如,白云石浸泡 1 个月后,水中的 Mg^{2+} 增加了 2.74mg/L,总水量为 2080mL,因此,Mg^{2+} 的总溶解质量为 5.70mg,一个试样平均为 1.14mg(表 4-3 倒数第二列,对应有 5 个平行试样浸入蒸馏水中)。根据试样质量(平均 416g)和模态组成(白云石为 6%,见表 4-1),初始试样中的白云石总质量为 24.96g,Mg 的总质量为 3.80g,则溶解量按质量百分比为 1.14mg 与 3.80g 的比值,因此为 0.03%。同样,方解石的溶解量可以通过从溶液中 Ca^{2+} 的总质量中减去白云石溶解的 Ca^{2+} 的质量得到;长石的溶解量是通过假设 $K^+ + Na^+$ 只涉及 K^+ 的总质量来估算的。结果汇总见表 4-3。然而,需要注意的是,白云石的溶解在大多数情况下是不一致的,即释放到溶液中的 Ca^{2+}/Mg^{2+} 比与固体中的化学计量并非保持一致(Singurindy et al.,2003;Zhang et al.,2007)。因此,表 4-3 中列出的矿物溶蚀量非常粗糙,在很大程度上可视为溶解过程的定性描述,而不是定量描述。

TGR 砂岩中方解石和白云石的模态组成分别为 31% 和 6%。因此,浸泡水中 Ca^{2+} 浓度大于 Mg^{2+} 浓度。另外,两种阳离子在第一个月的增加速率都大于随后的 4 个月,说明当岩石与周围水中的离子接近平衡时,矿物溶解作用减弱。

表 4-3 不同水样中的主要离子浓度及与之相关的矿物溶蚀量

溶液试样	水中离子浓度/(mg·L^{-1})						一个岩样中的溶解量/mg			矿物溶蚀量/%		
	Ca^{2+}	Mg^{2+}	$K^+ + Na^+$	Cl^-	SO_4^{2-}	HCO_3^-	Ca^{2+}	Mg^{2+}	$K^+ + Na^+$	方解石(Ca^{2+})	白云石(Mg^{2+})	长石($K^+ + Na^+$)
岩样浸泡前的蒸馏水	0.25	0.20	0.92	0.33	2.06	1.22	—	—	—	—	—	—
岩样浸泡1个月后	6.02	2.94	8.64	7.05	9.32	37.31	2.40	1.14	3.22	0.004 7	0.030	0.092
岩样浸泡5个月后	12.02	7.29	1.58	7.03	13.82	47.41	4.90	2.96	0.27	0.009 5	0.078	0.007 8

表 4-3 还表明，$K^+ + Na^+$ 浓度在第一个月增加，但在 5 个月后下降。K^+ 的增加可能与长石的侵蚀有关，即：$2H^+ + 2K[AlSi_3O_8] + H_2O \longrightarrow 2K^+ + Al_2[Si_2O_5][OH]_4 + 4SiO_2$。似乎长石的侵蚀过程在第一个月或更长的时间内进行，但随后终止。后期 $K^+ + Na^+$ 的减少可能是由于 TGR 砂岩中黏土矿物的阳离子吸附所致。

作为补充工作，进一步使用地球化学计算软件 PHREEQC 模拟了 TGR 砂岩在蒸馏水中的矿物溶解过程，表示为不同矿物的饱和指数随时间的变化，如图 4-12 所示。从图 4-12 可知，钾长石的溶解（负饱和指数增加）很快在前 10d 内终止，而方解石和白云石的溶解在 120d 后仍在继续进行。饱和指数增量的斜率表明，白云石的溶解率大于方解石，这与表 4-3 和文献[如 Pokrovsky 等(2005)]的结果一致。

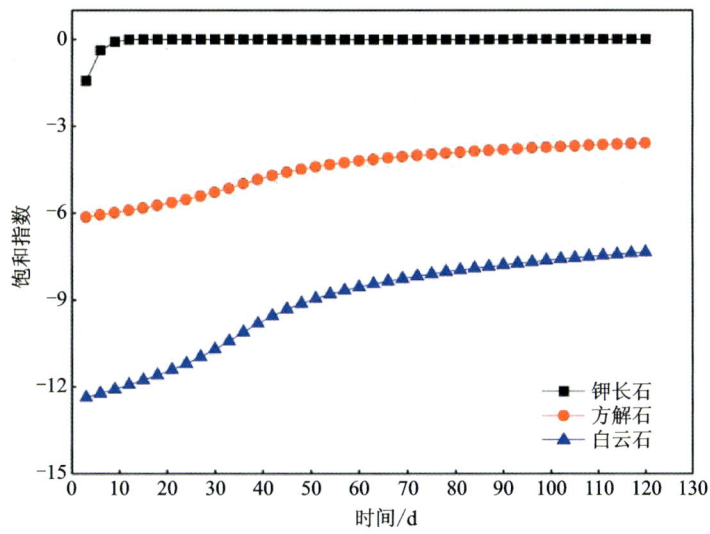

图 4-12　不同矿物饱和指数随时间的变化

4.3.3.2　微观结构观察

砂岩破坏后，将断裂砂岩用环氧树脂胶合在一起，沿断裂面制作薄片，研究砂岩的微观结构特征，如图 4-13 所示。从图 4-13 可以看出，干燥砂岩中的裂纹相对较直且侧壁较为光滑，裂纹同时劈裂了石英颗粒和胶结物[图 4-13(a)]；而在饱和砂岩中，裂纹主要沿着石英颗粒的边界发展，因此显示出较大的弯曲度。在有水存在的情况下，会优先形成粒间裂纹。这一研究结果与 Hawkins 和 McConnell(1992)、Zang 等(1996)和 Lin 等(2005)的研究结果一致，这些研究同样表明，饱和砂岩试样普遍存在粒间裂纹，干燥砂岩试样普遍存在颗粒内裂纹。

此外，在图 4-13(b)中可以观察到，石英颗粒间的弱胶结物出现裂缝[图 4-13b(2)]或高度断裂[图 4-13b(3)]。Zang 等(1996)观察到类似的结果，即在水存在的情况下，完整石英颗粒周围的裂纹强烈发展，而在干燥砂岩中裂纹同时分裂石英和胶结物。干燥砂岩和饱和砂岩之间不同的微裂纹行为本质上与水的影响有关，这将在 4.4 中进一步讨论。

Q. 石英;Cc. 方解石;a(1)和 a(2)干燥砂岩中颗粒和胶结物都有裂缝;b(1)晶内裂纹,弯曲度大;b(2)完好颗粒周围的弱胶结物内裂纹;b(3)饱和砂岩中完好颗粒和开裂方解石(红色椭圆部分)。

图 4-13 破坏后的干燥砂岩(a)和饱和砂岩(b)试样(TGR 砂岩)的光学显微图

4.4 讨论

4.4.1 TGR 砂岩的水致劣化作用

已有大量的研究探讨了水对砂岩力学行为的影响,但这一主题还远未被完全理解(Bell,1978;Rutter and Mainprice,1978;Dyke and Dobereiner,1991;Hadizadeh and Law,1991;Hawkins and McConnell,1992;Kasim and Shakoor,1996;Zang et al.,1996;Bell and Culshaw,1998;Baud et al.,2000;Lin et al.,2005;Vásárhelyi and Ván,2006;Shakoor and Barefield,2009;Wasantha and Ranjith,2014a)。其中一个重要原因是,水和岩石之间的相互作用在很大程度上受砂岩的岩石学特征和微观结构特征的影响,如矿物成分、孔隙体积和大小、粒度等,而这些特征在不同类型的砂岩中差异很大(Demarco et al.,2007;Wasantha and Ranjith,2014a)。

一般来说,水会降低几乎所有类型砂岩的强度,除了由石英颗粒和石英胶结物组成的砂岩[它们在有水的情况下仍与干燥砂岩一样坚固(Hadizadeh and Law,1991;Reviron et al.,2009)]。在大多数研究中,单轴抗压强度(UCS)的降低被认为与黏土矿物的含量呈正相关,并且可以通过黏土矿物的膨胀或软化效应来解释(Hawkins and McConnell,1992;Zang et al.,1996;Demarco et al.,2007)。还有研究推断,水可以降低裂隙的表面自由能,从而增强湿砂岩中的微裂纹发展(Hawkins and McConnell,1992;Bell and Culshaw,1998;Lin et al.,2005;Mallet et al.,2015a)。由于绝大多数砂岩是由黏土矿物胶结而成的,关于水致劣化作用的讨论大多与黏土矿物有关。

TGR砂岩一般由方解石(31%)、蒙脱石(8%)和白云石(6%)胶结的石英颗粒组成,方解石的含量远大于后面两种胶结物。因此,即使考虑到蒙脱石对有水情况下UCS的降低有部分影响,方解石在有水情况下的劣化作用也很重要,而且不可忽视,尽管这一问题在以前的研究中没有得到太多的关注。Hawkins和McConnell(1992)注意到,含有方解石胶结物的砂岩通常比含有硅质胶结物的砂岩更容易受潮,但很难量化这种关系。Zang等(1996)还强调了砂岩的微破裂受弱矿物(方解石)的数量和分布的控制。因此,探讨方解石胶结砂岩的水致劣化效应具有重要意义,研究这一问题对于加深砂岩水敏性的认识具有重要价值。

根据表4-2中记录的干燥砂岩和饱和砂岩的UCS,估计TGR砂岩的水致强度降低高达54%(以单个干燥砂岩和饱和砂岩的UCS之间的最大差异计算),平均值为28%。本书还总结了文献报道的其他方解石胶结砂岩的水致强度降低情况,如表4-4所示。结果表明,饱和砂岩的UCS普遍低于干燥砂岩。随着方解石含量和总胶结物含量的降低,UCS呈单调增加的趋势。然而,方解石含量(或胶结物总量)与水致强度降低之间没有明确的关系。随着方解石含量从31%(TGR砂岩)降低到7.1%(Annan砂岩),胶结物总量从39%(TGR砂岩)降低到15%(Flechtingen砂岩),与水有关的强度降低在28%~41.5%之间,呈非单调变化趋势。似乎高含量的方解石可以降低砂岩的UCS,但由于同样的规则也适用于总胶结物,方解石的作用变得模糊不清。由表4-3可知,方解石的水致劣化效应与黏土矿物的水致劣化效应一样显著。以方解石胶结为主的TGR砂岩和Redcliffe砂岩的强度折减值与黏土矿物胶结砂岩的强度折减值相当(分别为28%和38%),据报道,后者黏土矿物胶结物的含量范围为5%~78%(Hawkins and McConnell,1992;Bell and Culshaw,1998;Baud et al.,2000;Demarco et al.,2007;Wasantha and Ranjith,2014a),最大强度折减值对应于50%的高黏土矿物含量。

表 4-4 碳酸盐胶结砂岩的水致强度降低情况

砂岩类型	干燥砂岩 UCS/MPa	饱和砂岩 UCS/MPa	强度降低/%	矿物成分/%						总胶结物/%
				石英	方解石	黏土矿物	长石	岩屑	赤铁矿	
TGR(本研究)	最大 37.5	最大 22.4	最大 54	48	31	8	6	0	0	39
	最小 21.9	最小 17.3	最小 2							
	平均 27.5	平均 19.8	平均 28							
Redcliffe*	36.1	22.4	38	44.3	26	3.2	1.4	17.2	6.1	35.3

续表 4-4

砂岩类型	干燥砂岩 UCS/MPa	饱和砂岩 UCS/MPa	强度降低/%	矿物成分/%						总胶结物/%
				石英	方解石	黏土矿物	长石	岩屑	赤铁矿	
Penrith (Type E)*	59.7	40.8	31.7	53.1	9.7	6.2	8.1	10.5	10.5	26.4
Annan*	66.3	43.6	34.2	49.8	7.1	6.3	6	19.3	10.2	23.6
Flechtingen**	94	55	41.5	65~75	15	(方解石+伊利石)	—	—	—	15

注：总胶结物为方解石、黏土矿物和赤铁矿的总和。Redcliffe*、Penrith(Type E)*和 Annan* 砂岩的数据来自 Hawkins 和 McConnell(1992)；Flechtingen** 砂岩数据来自 Zang 等(1996)。

砂岩的水致强度降低不仅与矿物组成有关，还与粒度、孔隙特征、颗粒接触等微观结构特征有关，这些因素是今后研究的难点。本研究表明，方解石的水致劣化效应与黏土矿物的水致劣化效应相似，但机理不同，将在后文中讨论。

4.4.2 水对声学特性和损伤演化的影响

4.4.2.1 水分条件对 v_P 演变的影响

为了更好地比较不同饱和条件下砂岩的 P 波速度，对应力和波速均采用了归一化处理，如图 4-14 所示。损伤状态(D)本质上是裂纹发展的物理反映，与应力比 σ_1/σ_P 有关(其中 σ_1 指加载的轴向应力，σ_P 指峰值应力)，$D=0$ 对应加载前的无损伤状态($\sigma_1/\sigma_P=0$)，$D=1$ 对应砂岩破坏时的失效状态($\sigma_1/\sigma_P=1$)。

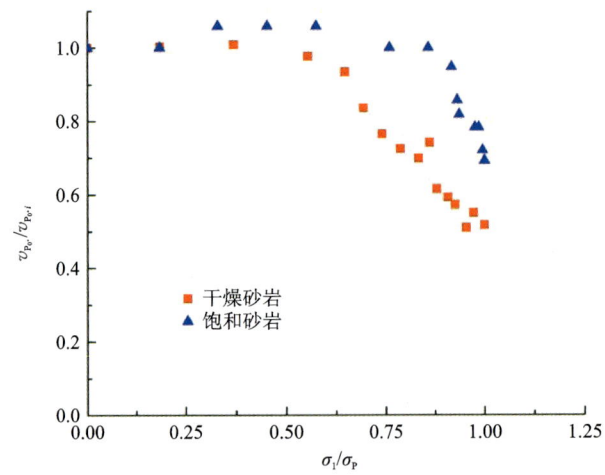

$v_{P0}{}^*$：加载前的初始波速

图 4-14 干燥砂岩(S07)和饱和砂岩(S17)在单轴荷载作用下，归一化 P 波速度 $v_{P0}{}^*/v_{P0}{}^*_i$ 随应力比 σ_1/σ_P 的变化规律

由图 4-14 可以清楚看到，干燥砂岩和饱和砂岩的纵波速度在归一化曲线上的演化趋势相似，即在初始压缩阶段略有增加，随后呈准线性下降。干燥砂岩 v_P 下降的开始对应于 C' 和 C_0 之间接近轴向应力比 $\sigma_1/\sigma_P=0.6$，如图 4-7 所示。而对于饱和砂岩，P 波速度的降低明显滞后，在接近 C_0 的较大应力比（80% 左右）时才开始，且其下降速率远大于干燥砂岩。

造成这种差异的原因可能有如下两个方面。一方面，在实验室测量的波速频率较高，其波速周期远短于孔隙压力通过孔隙中流体流动的扩散时间。因此，它反映了岩石孔隙压力未消散的不排水刚度，其值明显大于在局部孔隙压力平衡时（干燥时）测量的刚度（Guéguen and Kachanov，2011）。另一方面，v_P 的变化可能与不同饱和条件下试样中体积应变的变化有关。先前对各种砂岩的研究（Hawkins and McConnell，1992；Baud et al.，2000）表明，水的存在显著增强了砂岩试样的压实度；干燥砂岩需要比饱和砂岩具有更高的应力水平才能积累相同数量的应变。在单轴压缩试验中，不同饱和条件下 TGR 砂岩以及 Eslami 等（2010）中厄维尔（Euville）鲕状灰岩的应力-应变曲线（图 4-4 和图 4-7），都显示出在更饱和的砂岩中可观察到更大的体积压缩量。这一现象可能与接触晶粒之间的相对运动，包括颗粒旋转和边界滑移，在水存在时更活跃的微观机制有关（Zhu and Wong，1997）。因此，饱和砂岩的波速增加大于干燥砂岩，因为压密后的砂岩更容易被波穿透。当应力足够大，从而产生更多的裂纹时，体积膨胀会减小波速的增加。由于饱和砂岩的压实度更大，它们需要更接近峰值强度的应力，才能产生足够的裂纹和膨胀来降低 v_P，如图 4-14 所示。

4.4.2.2 水分条件对声发射活动的影响

本书测试结果和 Flechtingen 砂岩的测试结果（Zang et al.，1996）都表明，砂岩的声学活动与其含水率有统计上的相关性，即干燥砂岩的记录声发射数大于湿砂岩（AE 数据见表 4-2）。此外，从表 4-2 可以推导出 AE 捕获的能量与外部载荷施加的应变能之间的比值（不考虑单位一致性），这一比值对于干燥砂岩为 3049、12 248、8009，饱和砂岩为 1453、2387、2100，与饱和砂岩相比，干燥砂岩中捕获的声发射能量与应变能的比值更大。

与此同时，在单轴加载过程中，声发射活动的演变在不同湿度条件下的砂岩中也有所不同（图 4-7）。一般来说，干燥砂岩在加载过程中除了声发射数量和声发射率较大外，其声发射活动的分布比湿砂岩更均匀；声发射开始加速对应的应力 C_0 相对于峰值强度而言具有较小的应力比，而饱和砂岩的 C_0 更接近于峰值；并且干燥砂岩在 C' 和 C_0 之间的 AE 活跃度中等阶段记录到了更多的 AE 活动。在整个加载过程中，干燥砂岩的能量释放在峰值之前，开始较早，速度相对均匀。而对于饱和砂岩，C_0 前的 AE 活性比之后的小得多，且大部分能量在 C_0 后的短时间内高速释放，与峰值强度相当接近。

造成这些差异的一个可能原因是，在水存在的情况下波的衰减增加，这导致了 AE 波形的退化和 AE 特性的变化（Zang et al.，1996）。此外，由于本书试验中干燥砂岩和饱和砂岩设置了相同的 AE 阈值，而在有水存在的情况下，由于表面自由能降低，因此在压裂过程中释放的能量较少（David et al.，1999），也可能饱和砂岩中微裂纹释放的能量太小，AE 传感器无法检测到，特别是在 C_0 加载前的峰前阶段，因为 AE 活动的最大差异发生在这个阶段。饱和砂岩中 AE 活性的降低应该是水导致波形衰减和微裂纹开裂能量降低的综合结果。

此外，饱和砂岩的 b 值在峰值强度附近的重复下降（图 4-8），表明能量周期性地释放，可能形成一个以上的大裂隙(Zang et al.,1996);而干燥砂岩的 b 值只下降了一次,表明产生了单一的裂隙。声发射震源的定位结果也与之相对应,即在干燥砂岩中形成了倾斜的剪切断裂面(图4-9);而饱和砂岩中AE震源并没有出现优先聚集的平面或区域(图4-10)。

可将整个加载过程分为两个阶段,一个阶段为纵波速度相对稳定时的能量积累阶段和体积压缩阶段,该阶段声发射活动较少;另一个阶段为纵波速度降低,体积膨胀占优且伴随能量释放的阶段,该阶段声发射活动强烈。本次试验结果表明,饱和TGR砂岩比干燥砂岩具有更长的能量积累阶段,随后能量在第二个阶段被释放,这是由几个裂缝的形成造成的。而对于干燥砂岩,储能阶段较短,能量释放更均匀,优先形成剪切断裂。如果假设TGR砂岩的损伤是由波速的降低和体积膨胀所反映的,那么可以得出这样的结论:水将TGR砂岩的损伤推迟到一个更大的应力比,随后的演化速度也很快。这是由P波速度、AE率、b 值和AE震源定位的结果综合反映的。

4.4.3 可能的水岩作用机制

水致砂岩强度劣化以及干、湿砂岩声学特性的差异,本质上均与水和岩石之间的力学及物理化学反应有关。水的力学效应主要体现在有效应力的概念上。在孔隙水压力的存在下,砂岩强度降低,弹性模量降低(Bell and Culshaw,1998;Baud et al.,2000;Eslami et al.,2010)。另外,水的化学效应包括但不限于Rehbinder效应、晶间压力溶液和应力腐蚀(Rutter and Mainprice,1978;Dyke and Dobereiner,1991;Hadizadeh and Law,1991;Hawkins and McConnell,1992;Zang et al.,1996;Baud et al.,2000;Wasantha and Ranjith,2014a),所有这些过程都能增强亚临界微裂纹扩展。大多数研究成果表明,岩石遇水后通常在较低应力下发生破坏的主要原因之一在于水可以降低裂缝的表面自由能,从而使微裂纹的扩展变得更容易(Hawkins and McConnell,1992;Baud et al.,2000;Wasantha and Ranjith,2014a)。

水岩相互作用的高度复杂性以及不同类型砂岩的矿物学和微观结构特征的差异,使人们无法普遍描述砂岩的水致劣化效应。为了解水岩相互作用过程的特征,需要分别对不同砂岩进行独立的研究。

对于本次试验中的TGR砂岩,干燥砂岩和饱和砂岩之间的强度及损伤演化有显著的差异。一般情况下,当孔隙体积、孔隙连通性和孔隙喉道尺寸相对较高时,孔隙压力效应更明显,反之则相反。TGR砂岩的孔隙率不大,在5.9%～7.4%之间。此外,由于单轴压缩过程中砂岩侧面没有夹套,孔隙压力的积累受到了抑制(Zang et al.,1996),因此可以推断,TGR砂岩孔隙压力的力学效应并不是控制损伤(微裂纹)演化的主要机制。

Rehbinder效应将多晶固体的强度减弱归因于晶格之间表面活性液体的吸附,从而导致单晶(方解石、岩盐、石膏、云母)的强度降低(Rehbinder,1928)。通常适用于多晶岩石,如大理石(Rutter,1974)、石灰岩(Rutter,1974;Eslami et al.,2010)和碳酸盐岩(Ciantia et al.,2015)。作为一种降低晶体表面能的机制,其作用效果随着晶粒尺寸的增加,晶粒单位体积表面积的增加而减小;因此粒度较小的岩石Rehbinder效应导致的强度减弱更显著(Rutter,1974)。TGR砂岩的结构无单晶特征,且晶粒尺寸不小(0.1～0.25mm),因此,对于这种岩石,Rehbinder效应相对较小。

裂纹尖端应力腐蚀导致亚临界裂纹加速扩展是水对岩石损伤演化影响的另一种机制。应力腐蚀描述了间隙流体与裂纹尖端有应变的原子键之间的优先水解反应，使得裂纹在较低应力下发展。普遍认为应力腐蚀是硅酸盐的典型特征。在硅—水体系中，裂纹尖端的强桥连键(Si—O—Si)被较弱的氢键(Si—OH)取代，从而在局部拉应力的作用下，特别是在长期作用条件下，促进裂纹扩展。在TGR砂岩中，应力腐蚀应该是显著的，因为其矿物含量最高的是石英。然而，声发射结果并不支持这一论点，因为在几乎整个单轴压缩试验过程中，饱和砂岩的声发射活性与干燥砂岩相比是中等的(图4-7和图4-10)。Zhang等(2005)也曾遇到过含水情况下方解石骨料压实过程中没有声发射，因此不考虑亚临界裂纹扩展机制。同时，大多数报道硅酸盐应力腐蚀重要性的试验结果是在长期作用条件下和低应变速率($10^{-9} \sim 10^{-7}\,\text{s}^{-1}$)下进行的(Brantut et al.，2012，2013)。另据报道，当砂岩由单一的石英颗粒和石英胶结物组成，在有水的情况下仍然与干燥岩一样坚固(Hadizadeh and Law，1991；Reviron et al.，2009)，并且只有在应变率低于$10^{-6}\,\text{s}^{-1}$时才开始出现水致劣化效应(Hadizadeh and Law，1991)。在本次单轴压缩试验中，应变速率较高，为$10^{-5}\,\text{s}^{-1}$，因此单轴压缩试验的短持续时间可能会阻止应力腐蚀的有效性。对于TGR砂岩，应力腐蚀和亚临界开裂可能不是导致损伤演化的最重要机制。

最后，重点研究了晶间压力溶解对TGR砂岩损伤过程的影响。压力溶解描述了在晶粒接触的正应力集中处引起的固体物质的局部溶解及后续的运输和沉淀过程。它被证实在碳酸盐岩中非常重要(Rutter，1972；Zubtsov et al.，2004；Pietruszczak et al.，2006)，因为室温下方解石以在碳酸盐水中具有高溶解度(Eslami et al.，2010)。此外，Pietruszczak等(2006)注意到白垩也会发生非常快的颗粒接触溶解。而方解石在TGR砂岩的矿物组成中占第二大比例，即31%，因此对于TGR砂岩，压力溶解是单轴压缩试验中的一个重要机制也就不足为奇了。微观结构观察结果进一步证明了这一假设，即饱和砂岩中晶间裂纹占主导地位，而干燥砂岩中的晶内裂纹和晶间裂纹均发育，晶内裂纹占主导地位(图4-11)。Hawkins和McConnell(1992)、Lin等(2005)也给出了类似的结果，即水降低了裂缝的表面自由能，使含黏土矿物砂岩的晶间微裂纹更加发育。对于TGR砂岩，石英颗粒由碳酸盐和蒙脱石胶结，后者含量为8%，远低于方解石含量，因此，虽然黏土矿物的存在在一定程度上促进了TGR砂岩的粒间开裂，但由于方解石在晶粒间的胶结比例高得多，方解石中必然会产生更多的裂纹。Zang等(1996)的显微结构观察提供了一个重要补充(图4-15)，验证了在含水砂岩中，方解石胶结物高度开裂，石英颗粒大部分完好无损；而在干燥砂岩中，粒内裂纹同时分裂颗粒和胶结物。

此外，TGR砂岩浸泡后蒸馏水中Ca^{2+}和Mg^{2+}离子浓度的增加表明，即使在室温下(没有外加压力)，方解石和白云石的溶解也在进行，其腐蚀量为砂岩质量的0.1%~10%。假设砂岩的密度近似等于矿物的密度，那么体积上的腐蚀量应相同。这个腐蚀量值并不算小，因为单轴压缩试验中砂岩的最大压缩体积应变仅在0.3%左右。在单轴压缩条件下，碳酸盐岩的溶解量会在晶粒接触点的应力作用下增大，这一过程称为压力溶解。

基于以上讨论，笔者认为，尽管黏土矿物胶结砂岩和碳酸盐胶结砂岩的水致强度降低具有可比性，但其背后的机理和相应的损伤演化过程是不同的。与黏土矿物的溶胀软化作用不同，含水TGR砂岩的破坏过程与方解石胶结物的溶解和破裂密切相关，方解石胶结物的溶解

 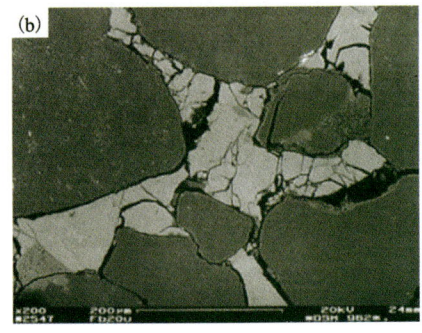

图 4-15　带有晶内裂纹的干燥受压 Flechtingen 砂岩的光学显微图(a)和受压湿岩芯的 SEM 显微图(b),可见高度开裂的方解石胶结物与完整石英颗粒(Zang et al.,1996)

和破裂加剧了砂岩颗粒间的结构破坏,使砂岩在有水的情况下强度降低。

Fortin 等(2006,2009)经研究发现,饱和 Bleurswiller 砂岩在静水压力和三轴压缩试验下的声发射源类型以孔隙坍塌为主,如图 4-16 所示。对于 TGR 砂岩,在微观尺度上也存在类似的孔隙坍塌破坏类型。在加载过程中,方解石在室温下溶解,使石英颗粒落入预先存在的孔隙中,导致不可逆变形。方解石胶结破坏引起的孔隙坍塌可能是饱和砂岩早期损伤演化的主要机制。

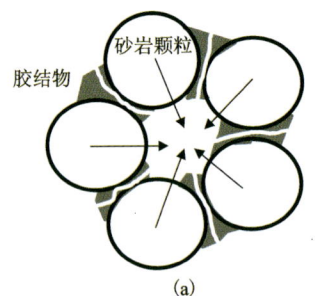 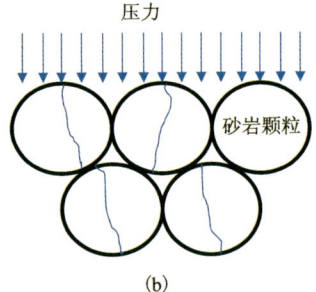

图 4-16　孔隙坍塌事件的概念模型(a)[据 Fortin 等(2009)修改]和应力再分配及颗粒破碎之后(b)

此外,孔隙坍塌还导致加载早期砂岩的孔隙比降低和体积压缩,此时相应地 P 波速度降低不大。因此,在有水的情况下,饱和砂岩中 P 波速度的降低被推迟至更大应力(图 4-14)。之后,由于应力水平较高,裂纹的发育以晶粒破碎为主,且体积膨胀开始超过体积压缩[(图 4-16(b)],导致 P 波速度迅速降低,声发射速率大幅增加(图 4-7)。粒间压力溶解机制及其对砂岩结构的影响可以很好地解释干燥砂岩和饱和砂岩在单轴压缩下声学特性的不同演化。

最后,与干燥砂岩中由颗粒破碎和胶结物开裂共同释放的声发射数相比,饱和砂岩的声发射数量较少,且主要由压力溶液和早期孔隙坍塌引起。但从物理意义上讲,在水的溶解促进作用下,饱和砂岩中方解石胶结物的"破坏事件"应多于干燥砂岩。同时,对干燥砂岩和饱和砂岩的对比分析表明,在 P 波速度急剧下降之前,饱和砂岩储存了更多的能量(释放的能量更少)。这些结果表明,在干燥条件下,由于晶间压力溶液引起的孔隙破裂释放的能量比颗粒和胶结物的破裂释放的能量少,因此对声发射记录的电压阈值更敏感,而本次试验中对干燥砂岩和饱和砂岩设置了相同的阈值。还应注意,由声发射传感器检测到的声发射数值只代表砂岩中发生的总微裂纹损伤的一小部分(Fortin et al.,2009)。因此将声发射监测和 P 波速度测量相结合用以全面了解损伤演化是十分必要的。

三峡库区自 2003 年蓄水以来,已发现 5000 多处滑坡或潜在滑坡(Huang et al.,2020)。作为库区的一种典型岩石,本书对 TGR 砂岩的研究表明,其含有的弱矿物方解石对岩石遇水时的力学行为具有根本性的影响。特别是当存在渗流,且滑坡变形处于蠕变初期,应变率在 0.1~1mm/d 范围内(Yao et al.,2019)或对于 100mm 的试样相当于 $10^{-8}\sim10^{-7}\mathrm{s}^{-1}$ 的范围时,水导致的压力溶解和亚临界微裂纹扩展会比室内三轴压缩试验中更严重,应引起足够的重视。在长期的溶解和亚临界开裂作用下,三峡库区砂岩中的胶结物及结构逐渐弱化,崩解进行,岩石强度劣化,最终导致岸坡破坏。从这个意义上讲,抑制方解石的压溶作用有助于提高 TGR 砂岩抵抗水致劣化作用的能力,例如在 TGR 砂岩中添加磷酸盐离子以减缓方解石的溶解和沉淀(Zhang and Spiers,2005;Eslami et al.,2010)。

4.5　小结

本章研究了干燥砂岩和饱和砂岩在单轴压缩下的声学特性,同时记录了 P 波速度和声发射活动,研究了这两种砂岩的损伤演化过程以及水对损伤的影响。通过砂岩浸泡水的化学分析和砂岩微观结构观察,研究了蒸馏水的物理化学作用对砂岩微观结构的影响。

结果表明,作为以碳酸盐胶结为主的砂岩,TGR 砂岩的水致强度折减率平均为 28%,TGR 砂岩的水致劣化效应与黏土矿物胶结砂岩相当。

在单轴压缩条件下,P 波速度和声发射活动的演变与体积应变的变化都很好地对应。所有砂岩的加速声发射活动始于临界应力 C_0 附近。干燥 TGR 砂岩的声发射总数远大于饱和砂岩,且在较大的应力水平范围内声发射活动分布更均匀;v_{P0° 的下降始于 C'' 和 C_0 之间的中等应力水平;声发射震源的聚集形成一个剪切面,与 b 值下降和宏观断裂破坏有很好的对应关系。饱和 TGR 砂岩 P 波速度的降低明显滞后于干燥砂岩的应力比,其下降速率远大于干燥砂岩;v_{P0° 下降始于 C_0 附近,与 AE 加速有很好的一致性;虽然累积的声发射数量较少,但最终阶段声发射的巨大增长率可能是 v_{P0° 急剧下降的原因。此外,声发射震源的随机聚集和饱和砂岩在峰值强度附近的 b 值反复下降意味着可能会形成一个以上的大裂隙。

砂岩浸泡水的化学分析表明,碳酸盐胶结物在常温无压条件下发生溶解。对沿断裂的显微组织的观察进一步表明,干燥砂岩中存在明显的晶间裂纹和晶内裂纹,而湿砂岩中以晶间裂纹为主,可观察到完整的晶粒和开裂的方解石。

以上结果表明,与黏土矿物胶结砂岩不同,碳酸盐胶结砂岩中方解石的溶解和破裂是其水致劣化的主要原因。本书中提出了饱和 TGR 砂岩单轴压缩损伤过程的概念模型。也就是说,在加载的早期,方解石在室温下发生溶解,石英颗粒落入预先存在的孔隙中,因此损伤演化以孔隙塌陷和体积压缩为主,相对应的 P 波速度更大,声发射活动较少(与干燥砂岩相比)。之后,由于颗粒间的胶结强度变弱,颗粒分散均匀受力,颗粒破碎占主导地位。因此,在这一阶段同时破碎的晶粒比干燥阶段多,导致 v_{P0° 的下降速率更大,AE 速率也增大。

因此，对于 TGR 砂岩，方解石胶结物的压力溶解是饱和条件下力学性质劣化的重要机制。本研究结论与 Zang 等(1996)的观点一致，即饱和砂岩微裂纹的发展受弱矿物（方解石）的数量和分布的控制。对于渗流活跃、蠕变变形缓慢的库岸边坡，这种机制在长期内会产生更大的影响，可能是导致库岸破坏的因素之一。

第5章 饱和脆性砂岩的细观损伤模型

严格来说,水岩化学作用是涉及岩石力学、化学动力学、地球物理、环境科学等学科的交叉研究点(黄振育等,2013)。然而从岩石力学的角度,我们更关心的是化学腐蚀作用下岩石力学性能的劣化规律,即岩石化学损伤。在国内,这一概念由汤连生和王思敬(2002)首次提出,冯夏庭等(2000,2010)在这一领域开展了先驱性的工作。在水化学作用下,无论水-岩之间的物质反应和能量交换如何复杂,只要从宏观上导致了岩石摩擦强度和变形模量等力学性质的劣化,就会产生化学损伤。因此,本章以细观力学均匀化方法为基础,在热力学理论框架内建立饱和脆性砂岩的损伤本构模型。该模型用损伤来描述脆性砂岩的水致劣化效应,而不再分辨是哪种机制造成的损伤。

5.1 脆性岩石材料的力学性能

5.1.1 脆性岩石的非线性力学行为

图 5-1 显示的是脆性岩石在三轴压应力作用下的典型力学响应。可以看到,与大部分岩土材料类似,脆性岩石应力-应变曲线整体上表现出明显的非线性,在加载过程中伴随着材料弹性模量的不断退化,并且在很低的应力水平下就有非弹性应变的产生。在偏应力仅为峰值强度的1/3时,轴向和侧向应变都开始发生不可逆的非弹性变形,并随着加载的进行非弹性变形越来越显著,加卸载应变滞回圈越来越大。在经历一系列加卸载循环,并将偏应力卸去后,轴向与侧向应变均产生很大的残余应变。另外,利用加卸载循环下的应力-应变曲线可以得到当前状态下材料沿轴向和侧向的弹性(卸载)模量。结果表明,随着加载的进行,侧向模量的减小十分显著而轴向模量的退化相对较小。弹性模量的退化显示出来的各向异性是岩石内部微裂纹定向排列和聚集的结果。此外,岩石轴向弹性模量和侧向弹性模量的退化都与岩石内部微裂纹的开展有关。在加载的开始阶段,先前处于张开状态的微裂纹在压应力作用下逐步闭合,应力-应变关系呈现出压密段。紧接着是一段近似线性的弹性变形段,但由于微裂纹的扩展和不可逆变形的产生,该弹性段很快被非线性应力-应变关系取代。在最后阶段,微裂纹的连接成核以及变形局部化导致了峰值前后宏观裂隙的产生以及材料的破坏。

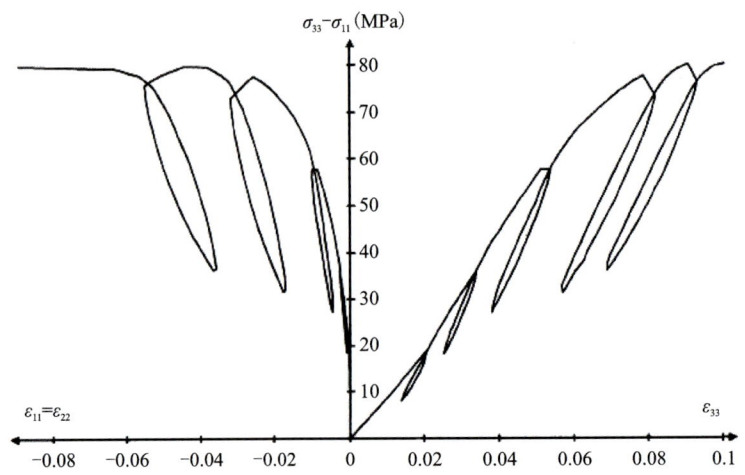

图 5-1　加卸载循环三轴压缩试验中花岗岩应力-应变曲线（围压 10MPa）(Khazraei,1995)

总之，微裂纹的衍生、扩展以及连接会引起材料力学性能的退化直至被破坏，导致材料应力-应变关系呈现出明显的非线性。同时，压应力作用下不可逆的非弹性变形也主要与闭合微裂纹面的相对摩擦滑移有关。此外，随着非弹性变形的进一步发展，材料弹性模量不断退化。这是由于微裂纹面的摩擦滑移引起的裂纹扩展和相互连接在几何条件上导致了材料空隙（包括孔隙和微裂纹）体积的增加，从而产生显著的材料损伤。因此，材料损伤与非弹性应变存在相互耦合作用。最后，由于微裂纹面的不光滑和上下接触面的位错，微裂纹的摩擦滑移在很大程度上导致了材料的体积膨胀。

5.1.2　脆性岩石的孔隙力学行为

对于含微裂纹的饱和孔隙岩石，其内部孔隙水压力与岩石力学行为的相互作用是本书研究关注的主要问题。一方面，孔隙水压力的存在对岩石的力学行为有重要的影响。例如，干燥岩石的强度通常高于饱和岩石的强度；孔隙水压力会导致岩土材料承载能力的下降；较大的孔隙水压力还会造成材料提前发生脆性断裂破坏。另一方面，在脆性岩石的破坏过程中，应力引起的变形极大地改变了孔隙的体积、大小以及连通程度，从而影响不排水条件下孔隙水压力的大小和分布。

图 5-2 显示了饱和砂岩在不排水三轴压缩试验中的力学响应与孔隙水压力的变化。可以看到，饱和砂岩在不排水三轴压缩试验中的应力-应变曲线同样表现出明显的非线性。同时，不排水条件下孔隙水压力随偏应力的变化大致可以分为两个阶段。第一阶段对应于砂岩的体积压缩段。在这一过程中，试样内部空隙被逐渐压缩，孔隙体积减小，从而导致孔隙水压力的增大。第二阶段体积膨胀开始超过体积压缩，占主导地位，因此孔隙体积增加，孔隙水压力相应减小。根据试验观察，孔隙压力从增大到减小的转变的发生稍先于峰值应力，与体积应变从压缩到膨胀的转变吻合良好。这一现象说明了岩石材料的力学行为，尤其是应变，对于孔隙水压力变化的影响。

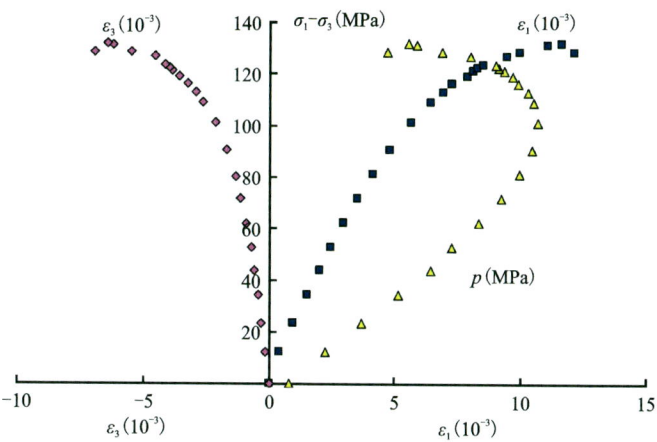

图 5-2　饱和砂岩不排水三轴压缩试验中的力学响应与孔隙水压力的变化(围压 30MPa)(Khazraei,1995)

另外,孔隙水压力的变化同样对孔隙介质的力学性能有重要影响。孔隙水压力对材料力学行为的影响通常通过孔隙力学试验得到直观的体现。在孔隙力学试验中,首先对饱和砂岩进行三轴压缩加载直到砂岩达到一定程度的损伤,然后保持外部宏观应力不变,通过往砂岩内部注水逐步增大孔隙水压力,并在此过程中记录轴向应变和侧向应变。通常随着孔隙水压力的增大,轴向应变和侧向应变均有所增加,但侧向应变的增加明显大于轴向应变,如图 5-3 所示。

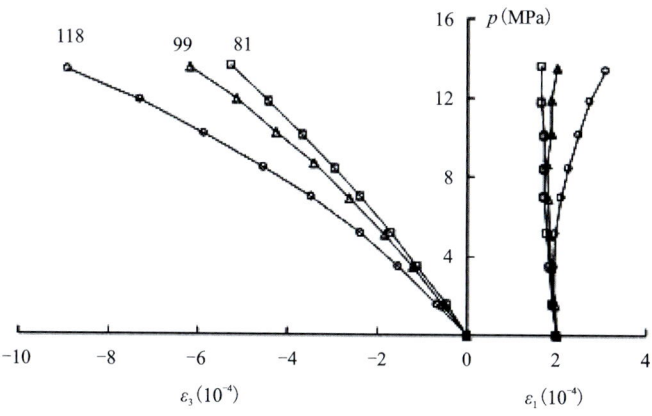

图 5-3　不同偏应力下砂岩应变随孔隙水压力的变化(围压 40MPa)(Karami,1998)

对于孔隙介质而言,孔隙水压力对其力学行为的影响以及应变对孔隙水压力的影响都与材料内部微裂纹的发展有关。在不排水三轴压缩试验过程中,微裂纹的产生和扩展,以及微裂纹摩擦滑移引起的体积膨胀,都直接导致了孔隙体积的增大,从而在不排水条件下引起孔隙水压力的减小。在外部压力保持不变的孔隙力学试验中,孔隙水压力的逐步增大是在材料已经存在一定损伤,也就是微裂纹的扩展已经达到一定程度的情况下进行的。从几何角度来看,微裂纹的扩展和相互连通为孔隙水压力作用到岩石基质上提供了更多的连通渠道。因此,微裂纹越发展(对应于更高的偏应力水平和材料损伤程度),孔隙水压力对材料变形的影响越大。这一结论可以从图 5-3 中三组不同偏应力水平下的应变-孔隙水压力曲线中得到体现。此外,轴向应变和侧向应变对孔隙水压力增大的不同响应表明孔隙水压力对侧向应变的影响要大于对轴向应变的影响。这一变形的各向异性从本质上来说是由于微裂纹总是沿着与轴向主应力加载方向成锐角的方向优先扩展这一现象造成的(Hu,2009)。

除上述讨论的孔隙力学行为以外,孔隙介质的扩散与渗透性能,与温度和化学相关的流变性能等许多其他性能也同样与材料的微裂纹扩展直接相关。因此,在微细观尺度下研究微裂纹开展的物理力学机制对于理解材料的宏观力学性能具有重要意义。从这一角度来说,采用从细观到宏观的尺度扩展方法来研究岩土材料的多相耦合特性是更为合适的。

5.2 孔隙介质力学研究概述

作为一种天然材料,岩石的构造既具有多相性,又具有多尺度性。在岩石这种天然复合材料中,最复杂的相是孔隙,也就是不同尺度下固相之间的间隙,从岩石矿物间被少许水分子填充的层间间隙,到材料微结构单元间以微米或毫米计的宏观间隙(Coussy,2004)。对岩土材料中孔隙的认识是预测材料宏观行为的关键,包括扩散和平流传导特性,刚度、强度特性以及断裂行为等(Dormieux et al.,2006a)。

20世纪,Biot(1941)和Terzaghi(1925,1943)为在宏观尺度下研究孔隙材料多相性力学行为进行了开创性工作。他们的研究被认为是"孔隙介质力学"的基础。在Biot发展起来的基于热力学的孔隙弹性力学的基础上,许多后来的研究者致力于引入新的概念将孔隙弹性力学理论进行扩展,比如考虑孔隙塑性变形、材料损伤、均匀化理论等。因此在早期,许多研究者都致力于将Biot的最初工作进一步完善和扩展(Biot,1955,1973;Rice and Cleary,1976;Carrol,1979;Zienkiewicz and Shiomi,1984;Coussy,1995),从各向同性到各向异性孔隙介质,从孔隙线弹性力学到非线性力学甚至孔隙黏弹性力学(Bemer et al.,2001)。在Coussy的著作中,"Poromechanics"综合了孔隙介质力学的最新研究成果,被公认为是对孔隙介质力学理论的系统性介绍(Coussy,2004)。

孔隙介质力学理论的核心思想是调和内部固有微观不连续面的孔隙介质与连续介质力学理论之间的矛盾,使得连续介质经典理论仍然可以在宏观尺度上应用于多相孔隙介质。首先,组成固、液两相孔隙材料中的基质和空隙被认为是两个部分,这样孔隙介质就是由连续的液相和固相互相叠加而成的。其次,在动力学方面,连续的固相和液相各自独立运动;但在力学上两者相互作用,互相交换能量和物质。将支配连续固相和液相物理叠加的方程从当前的形态转换为相对于固体骨架的初始参考形态,就可以把固体连续介质力学的所有成果扩展到孔隙介质力学。最后,在开放的连续介质热力学能量框架内,孔隙力学为研究温度-水-化学-力等多场耦合分析提供了新方法(Coussy,2004)。

孔隙介质力学的最大优点之一在于应用方便。一直以来,孔隙介质力学被广泛应用到各种工程实践中,从传统的土木和环境工程领域到石油工程以及其他地球物理应用工程(Dormieux et al.,2006a)。孔隙介质力学的应用结果可以满足工程要求,但在物理机制方面缺乏足够深入的认识和理解,尤其是在水力耦合作用领域。如前所述,天然岩石不仅是多相性材料,同时还具有多尺度性。孔隙岩石的微观结构演化与材料宏观性能有着直接联系,因此，在更小尺度下研究材料性能可以更好地认识材料宏观行为产生的微观机理。孔隙介质力学的基本理论可以很好地描述孔隙材料的多相性特征，但无法考虑到微细观尺度下的材料特性，比如不连续面的扩展，变形局部化，扩散面从固体基质到间隙流体的转移以及渗透率极低材料的干燥等。细观力学则可以填补这一研究空白，通过细观-宏观方法将材料微观结构与宏观力学行为联系起来。

5.2.1 细观孔隙介质力学的发展

20 世纪 70 年代，将孔隙材料宏观力学规律与微观结构特性连接起来的突破性工作开始有所进展。Auriault 和 Sanchez-Palencia(1977)最先通过假定孔隙材料具有周期性的微观结构得到了适用于弹性孔隙材料的均匀化方法。随后，众多研究者发展了不同的方法用以在微观尺度上确定饱和孔隙介质的宏观性能。

Thompson 和 Willis(1991)重新提出了各向异性孔隙介质的弹性方程，建立了宏观孔隙弹性参数与孔隙介质组成成分微观特性之间的关系。

Zimmerman(1991)在 *Compressibility of Sandstones* 中开展了关于孔隙介质的压缩性与孔隙结构之间关系的详细讨论。书中讨论了各种形状的孔隙结构对材料整体有效体积模量和剪切模量的影响，包括管状孔隙、类似微裂纹的颗粒间不完整胶结接触，以及球状孔隙等。

Detournay 和 Cheng(1993)同样建立了细观力学方程明确考虑固相和液相组成成分对孔隙介质性能的独立影响。随后，De Buhan 和 Dormieux(1996)通过采用饱和孔隙材料微观尺度下的周期性描述研究了孔隙介质的强度特性，结果表明"有效应力原理"的正确性在一定条件下值得商榷。Cheng(1997)从细观力学考虑出发，得到了孔隙弹性力学的材料系数，为孔隙弹性常数的物理意义提供了更好的解释。Shao(1998)提出了预测脆性材料孔隙弹性行为的计算模型，模型中的 Biot 有效应力系数和 Biot 模量均为材料损伤的函数，而材料损伤的发展同样通过细观力学分析获得。

在上述所有研究工作中，研究者已经认识到研究材料微细观结构对于认识材料宏观性能的重要性，并设法通过试验研究或数值模拟来建立二者之间的联系。但这种由微观到宏观的转换通常是通过简单的应力分解得到的。也就是说在这些研究中，分别考虑了细观尺度下固相和液相组成成分对宏观性能的贡献。但事实上，在材料微观结构中固相与液相是相互作用的，而简单的应力分解不能考虑两者间的相互影响，因而该方法无法适当地描述微观结构对材料宏观行为的贡献。总体来看，这些方法从本质上来说仍然是基于现象的细观分析，缺乏从微观结构尺度扩展到材料宏观行为的严格数学推导。

另外，最初应用于复合材料的细观力学的发展为建立材料微观结构演化与宏观行为之间的联系提供了严格的数学框架。借助于细观力学的均匀化理论，可以将微细观尺度下固相和液相的行为特性转化为宏观尺度下材料质量传递的基本关系，以及孔隙介质的孔隙力学变形，包括孔隙弹性变形、孔隙塑性变形、孔隙断裂以及损伤理论等(Dormieux et al.,2006a)。

Poutet 等(1996)通过多尺度扩展研究了均匀孔隙介质的有效力学性质，并提供了通过数值计算得到的孔隙介质最可能的局部结构。De Buhan 等(1998)通过微观-宏观方法将 Biot 孔隙弹性理论的有效性扩展到大应变领域。

Berryman(1998)将 Eshelby 公式进行扩展,使得 Eshelby 理论的主要成果及其原本用于弹性复合材料的已得到确认的方法同样可以用于岩石类材料,包括基于细观力学的弹性理论、热力学弹性理论以及孔隙弹性理论。

Chateau 和 Dormieux(2002)将均匀化方法扩展至描述饱和以及非饱和孔隙介质的性能,并评价了在细观尺度下有效应力原理的适用性;同时还研究了液相和固相的形态对孔隙介质宏观性能的影响。

Dormieux 等(2002)通过详细讨论孔隙与微裂纹的不同连通状态,对饱和弹性孔隙介质宏观性能进行了细观力学分析,结果表明控制宏观非线性应变的有效应力不能定义为宏观应力与孔隙水压力叠加的一般形式。类似的,Deudé 等(2002a)在细观力学理论框架内开展了关于含微裂纹介质非线性孔隙弹性力学行为的研究,并进一步阐明了 Terzaghi 有效应力对饱和孔隙介质的适用条件。

此外,Moyne 和 Murad(2002)将均匀化方法用于膨胀性黏土宏观模型的建立,从孔隙尺度下微观结构的描述出发,通过严格的尺度扩展步骤推导了电-化学-力耦合模型。研究表明膨胀性黏土的宏观行为与其微观结构响应有着一定程度上的联系。Dormieux 等(2003)同样用细观力学方法对黏性土的渗透性膨胀进行了研究,并将黏土材料弹性的力学和化学部分严格区分开来。

一般来说,在基于尺度扩展的模型建立方法中,首先需要选择一个表征材料典型微观结构的代表性单元体积(REV)。对于岩土材料而言,其 REV 通常由固体基质和随机分布的空隙(包括孔隙和微裂纹)组成,而实际的材料则被认为由 REV 的周期性排列构成。其中包含在固体基质中的空隙被视为夹杂体,在这些夹杂体中,可能被间隙流体充满也可能没有。然后,在假定材料的宏观性质均质但未知,而在微观尺度下其材料特性非均质但已知的前提下,可以采用均匀化方法,比如 Eshelby 方法(Eshelby,1957)、Mori-Tanaka(MT)方法(Mori and Tanaka,1973)以及 Ponte Castaneda-Willis(PC-W)方法(Ponte Castaneda and Willis,1995)等,将微细观尺度下的局部应力和应变与宏观尺度下的应力应变联系起来。同时,通过在建立本构模型的理论框架内引入热力学理论,可以得到整个 REV 的自由能,从而可以很容易地通过标准的状态方程得到宏观应力应变本构方程。

5.2.2 含微裂纹岩土材料的损伤模型

众所周知,对于含微裂纹的固体材料,其内部微裂纹的衍生、扩展以及连接是导致材料力学性能退化直至被破坏的主要原因(Brace and Bombolakis,1963;Wawersik and Brace,1971;Wong,1982;Kranz,1983;Horii and Nemat-Nasser,1985)。另外,借助于细观力学的 Eshelby 夹杂问题均匀化方法,可以得到含微裂纹孔隙介质排水条件下的有效弹性参数,其表达式是表征微裂纹发展的裂纹体积率的函数。因此,在细观力学分析中,通常将表征微裂纹密度的参数定义为控制材料损伤发展的状态参数,这样微裂纹扩展对材料弹性力学性能的影响就可以通过材料损伤反映出来。该方法最初由 Budiansky 和 O'Connell(1976)提出,并在细观力学分析中得到广泛应用。同时,在热力学框架内,微裂纹发展产生的材料损伤可以认为是材料的主要耗能途径之一。因此,整个 REV 的宏观自由能建立以后,损伤演化规律可以取为能量释放率的函数。

借助于连续损伤力学理论,Dormieux等(2006b)将线弹性断裂力学中的经典能量法进行扩展,用其描述含一组微裂纹并被间隙流体饱和的REV的损伤发展,分别得到了对应于不同均匀化方法的基于应力和应变的损伤发展准则;同时,讨论了不同的微裂纹排列形式——包括平行微裂纹、随机分布微裂纹和各向异性定向分布微裂纹,以及在张开微裂纹和闭合光滑(无摩擦)微裂纹等条件下相应的损伤发展规律。随后,Dormieux和Kondo(2009)进一步研究了单边效应(lateral effect)作用下含微裂纹介质的弹性特性,并通过基于应力的均匀化方法揭示了微裂纹张开、闭合(闭合不摩擦)转换对含微裂纹介质有效力学性能的直接影响。

除Dormieux等外,许多其他研究者也在含微裂纹介质的损伤描述方面并行地做出了自己的贡献。尤其在岩土力学领域,一些研究者建立了基于细观力学的本构模型用以描述黏聚性岩土材料的诱发损伤(Mura,1987;Kachanov,1992;凌建明和孙钧,1993;Gambarotta and Lagomarsino,1993;Lubarda and Krajcinovic,1993;Nemat-Nasser and Hori,1993;Ju and Chen,1994;李广平和陶振宇,1995;Basista and Gross,1998;Brancich and Gambarotta,2001;Pensée et al.,2002;Barthelemy et al.,2003;江涛,2006;Golshani et al.,2006;Marmier et al.,2007;Abou-Charka et al.,2008;Zhu et al.,2008b,2008c)。

其中,Lee和Ju(1991)在细观力学基础上提出了脆性固体材料的三维自洽损伤模型,并在模型中考虑了闭合微裂纹面上的摩擦滑移。Gambarotta和Lagomarsino(1993)通过将扁平微裂纹视为材料弱化建立了任意应力作用下脆性材料的损伤模型,模型将微裂纹的尺寸和闭合裂纹的摩擦滑移矢量作为内变量用以考虑应力以及损伤引起的诱发各向异性。

Lubarda和Krajcinovic(1993)介绍了用以近似描述典型二维或三维微裂纹密度分布的零阶、二阶或四阶损伤张量的推导方法。Bazant(1994)基于细观力学分析推导了非局部连续损伤模型,并着重考虑了微裂纹的扩展及裂纹间的相互作用。Halm和Dragon(1996)用一个二阶损伤张量描述细观裂纹扩展引起的材料损伤,并考虑了材料损伤的残余效应;模型还通过一个四阶损伤张量考虑了裂纹闭合引起的材料宏观模量的恢复。

Shao和Rudnicki(2000)通过选择适当的Gibbs自由能得到了损伤材料有效弹性柔度张量,并且考虑了残余裂纹张开引起的非弹性损伤应变。Welemane和Cormery(2002)在Halm和Dragon(1996)提出的各向异性损伤模型基础上进行扩展,提出了在裂纹闭合引起损伤钝化的情况下材料弹性模量恢复的新条件。Welemane和Cormery(2003)随后以微裂纹密度分布作为损伤特征变量提出了三维损伤模型,并强调了损伤引起的诱发各向异性。

Pensée等(2002)在著名的Eshelby夹杂体问题解的基础上推导了含微裂纹介质均匀化后的有效弹性参数,并将其扩展到闭合微裂纹,这样在微裂纹张开和闭合状态下含微裂纹介质的宏观自由能都可以得到建立。基于自由能,可以通过本构方程得到损伤发展,并且损伤发展被视为微裂纹发展的直接结果。随后,Pensée和Kondo(2003)分别用基于应力和应变的公式研究了微裂纹张开、闭合单边效应引起的材料损伤,并对这两种建立公式的方法进行了对比分析。

Zhu等(2008a)建立了可以考虑单边效应的非局部各向异性损伤模型。模型采用Ponte-Castaneda和Willis(1995)提出的均匀化方法,可以考虑币型微裂纹(penny-shaped microcracks)的空间分布及其相互作用;损伤屈服面基于能量释放率的准则建立。在此损伤模型的基础上,Zhu 等(2009)进一步运用严格的数学和力学推导建立了微裂纹张开-闭合转换的判据,并对单边效应对材料宏观性能的影响进行了参数分析。

以上研究工作都仅专注于材料力学行为的研究,并没有考虑孔隙水压力的影响。尽管如此,这些研究所采用的研究方法以及取得的主要结论对于饱和孔隙介质损伤模型的建立仍提供了很好的帮助和重要的方法指导。对饱和孔隙介质的孔隙力学行为及材料损伤进行细观力学研究是孔隙介质力学领域的前沿工作之一。

5.2.3 材料损伤与塑性的耦合

值得注意的是,所有上述基于细观力学的模型,包括专著 *Microporomechanics* 中的理论框架都仅局限于弹性情况。这是由于使用均匀化理论的前提条件是 REV 中的固体基质必须是完全弹性的,微裂纹夹杂体对材料性能的弱化作用也是通过整个 REV 的弹性模量表现出来的。尽管在前面的研究综述中,许多研究者对于微裂纹张开和闭合时的材料性能进行了分析,但对于闭合微裂纹的研究仍局限于光滑非摩擦型闭合微裂纹,因而在张开-闭合转换时并没有非弹性变形产生。然而事实上,对于岩土材料内部固有的或是因应力作用产生的微裂纹,其表面通常都是不光滑的。在受压状态时,粗糙闭合微裂纹在一定的加载条件下必然会产生摩擦滑移。摩擦滑移引起的变形是不可逆的,因而会产生宏观非弹性变形。此时,之前介绍的基于细观力学的弹性模型均不能考虑这部分非弹性应变,因而在闭合摩擦微裂纹条件下不再适用。

另外,由于非弹性摩擦滑移与材料损伤同样是能量耗散的过程,因此它们在材料微观结构的不可逆演化过程中存在着固有的耦合作用。从物理角度来看,摩擦滑移是微裂纹扩展的形式之一,因而会引起材料损伤;而材料损伤反过来从力学方面通过影响微观结构内部应力的大小对摩擦滑移的发展起作用。因此,在摩擦型岩土材料的损伤模型中,摩擦滑移与材料损伤之间的耦合作用是需要考虑的核心问题之一。

在本书的研究中,将微裂纹引起的非弹性变形统一用塑性力学理论来描述。关于材料损伤与塑性变形之间的耦合,众多研究者开展了广泛的工作(Ju,1989;Hayakawa and Murakami,1997;Chiarelli et al.,2003;Conil et al.,2004;Shao et al.,2006)。一些研究者针对脆性岩土材料提出了考虑损伤塑性耦合的唯象模型(Shao,1998;Bourgeois et al.,2002;Shao et al.,2004;Kuhl et al.,2004;Selvadurai,2004;Xie and Shao,2006;Maleki and Pouya,2010)。通常,在这些描述脆性或延性材料的唯象模型中,弹塑性损伤本构关系是在不可逆热力学理论框架内运用内变量理论建立起来的。这些内状态变量包括塑性应变、损伤参数、塑性强化变量等。然后,通过选择合理的热力学势能和能量释放率建立损伤演化规律,这样损伤屈服面可以表达为与损伤变量共轭的热力学力的函数,该热力学力与应力张量或应变张量相关,因而损伤通过该热力学力与塑性应力或应变联系起来并相互作用。

其中,Ju(1989)研究了微裂纹张开-闭合转换的合理机制并给出了基于应变率的微裂纹扩展准则。Hayakawa 和 Murakami(1997)提出了单轴扭转应力空间的损伤屈服面,并用试验描述的损伤面对其进行了验证。

具体针对岩土材料的弹塑性损伤模型包括:Chiarelli 等(2003)建立了硬黏土岩的弹塑性

损伤模型，模型中损伤由定向分布的微裂纹的衍生及发展产生，损伤作用效果为弹性参数的定向退化。同时模型还考虑了损伤对塑性流动的影响；Conil 等（2004）在试验数据的基础上同样提出了黏土岩的塑性损伤模型，并将其扩展到孔隙塑性变形的情况，用以考虑损伤对岩石水力耦合性能的影响。模型中的 Biot 系数张量是损伤变量的函数；Shao 等（2006）进一步将 Chiarelli 等（2003）提出的弹塑性损伤模型进行扩展，用以描述半脆性材料的力学性能以及非饱和情况下的水力耦合性能，这样在干湿循环中材料的力学性能可以得到描述。

如前所述，上述损伤模型都是基于宏观试验现象在不可逆热力学框架内建立起来的唯象模型。唯象模型在一定程度上可以较好地描述岩土材料力学行为的主要特征，目前在各种工程结构计算和破坏分析中应用广泛。在这些模型中，通常假定用作热力学势能的总自由能是内变量（塑性应变、损伤变量、塑性硬化参数等）的函数，并且该自由能可以分解为弹性能和塑性能两部分，后者被称为锁住的塑性功（locked plastic work）。由于宏观塑性功很难用数学方法确定，因此在唯象模型里通常将其假定为标量化的塑性硬化变量和损伤变量的函数。但是这一假定从未被理论或试验验证过。此外，当需要考虑一些力学机制，如微裂纹的相互作用以及微裂纹张开闭合引起的单边效应时，唯象模型的数学表达式将变得非常复杂。最后，唯象模型中通常包含有大量的参数，其中的许多参数并没有明确的物理意义。

为了克服传统唯象模型暴露出来的以上不足，近年来基于线性均匀化方法和断裂力学的细观力学损伤模型得到了迅速发展。随着越来越多的研究者开始运用均匀化方法进行含微裂纹岩土材料的损伤模型的建立，他们其中的一些工作已经涉及岩土材料摩擦滑移引起的塑性变形与材料损伤的耦合作用。

例如，Zhu 等（2008b）在热力学理论框架内，运用基于 Eshelby 问题解的均匀化方法，研究了含一组微裂纹的脆性材料的各向异性损伤与闭合微裂纹面上的摩擦滑移之间的耦合作用，同时考虑了单边效应以及摩擦滑移引起的体积膨胀，并且对运用不同均匀化方法得到的计算结果进行了比较。

随后，Zhu 等（2008c）将此模型嵌入有限元软件 ABAQUS 中，对某一地下开挖工程进行了有限元计算。接着，Zhu 等（2011）进一步建立了含多组微裂纹脆性材料的损伤模型，考虑了微裂纹的空间分布效应，同时损伤演化规则在热力学框架内建立并且与摩擦滑移相互耦合。

尽管基于细观力学的损伤与塑性耦合模型近期内得到了发展，但这些模型目前均只考虑了材料力学性能的研究，并未涉及岩土材料最重要的特性，即孔隙水压力与力学行为相互作用的研究。另外，考虑损伤-塑性耦合的宏观唯象模型可以描述岩土材料的孔隙力学行为，但它不能正确地考虑相关尺度下的力学机制，如微裂纹的单边效应、体积膨胀、微裂纹的摩擦滑移等。将基于细观力学的损伤弹塑性模型用于岩土材料孔隙力学性能的研究还鲜见报道。因此，对这一课题进行深入的研究对于更好地了解岩土材料微观结构演化对其孔隙力学行为的影响具有重要意义。这也是本书的主要研究目的之一。

5.2.4　主要研究内容

通过总结现有的描述脆性岩石力学性能以及水力耦合性能的数学模型可以看到，为了更好地描述脆性岩石的力学行为和损伤演化,运用细观力学理论将材料微观结构演化转换为宏观力学响应是十分必要的。本章主要通过严格的尺度扩展均匀化理论对岩石水力耦合行为进行描述,并考虑材料损伤演化与塑性耦合,建立细观力学模型,具体研究内容如下。

(1)弹性条件下含微裂纹脆性岩石的损伤模型。首先介绍对含微裂纹介质采用均匀化方法确定有效弹性张量的基本思路和步骤,并采用 Ponte Castaneda-Willis(PC-W)方法用以考虑微裂纹的空间分布及其相互作用。接着给出在弹性条件下对含微裂纹脆性岩石建立基于细观力学的损伤模型的完整过程,并在此基础上考虑弹性情况下微裂纹闭合引起的单边效应。

(2)含微裂纹脆性岩石的弹塑性损伤模型。考虑塑性变形由闭合微裂纹的摩擦滑移产生,且与材料损伤存在固有的耦合;体积膨胀由闭合微裂纹的摩擦滑移以及裂纹面的不光滑和位错引起。首先运用细观力学分析及均匀化方法,推导基质-微裂纹体系自由能的表达式;然后采用库伦摩擦准则作为塑性屈服函数,采用与应变能释放率相关的损伤准则和正交法则判断并确定微裂纹的扩展,从而建立含微裂纹脆性岩石的弹塑性损伤模型。

(3)含微裂纹饱和孔隙介质的弹塑性损伤水力耦合本构模型。考虑将被闭合摩擦微裂纹劣化的饱和岩土材料的势能分成两部分:一部分是存在于岩石基质的弹性能;另一部分是完全由微裂纹面上的摩擦滑移引起的塑性能。首先通过细观力学分析和问题分解,推导含微裂纹饱和孔隙介质在均布应变边界和间隙水压力共同作用下的自由能表达式;然后在热力学框架内,采用适当的摩擦准则和损伤准则,建立含微裂纹饱和孔隙介质的弹塑性损伤水力耦合本构模型。

5.3 含微裂纹脆性岩石细观力学损伤模型基础:线弹性情况

本节主要简单介绍非均质材料均匀化方法的理论背景和基础。可以通过将含微裂纹介质视为基质-夹杂体复合材料,运用均匀化方法将材料的宏观特性与其微观结构联系起来。常用的均匀化方法包括:标准基于 Eshelby 问题的均匀化方法,以及最近发展起来的 Mori-Tanaka 方法和 Ponte Castaneda-Willis(PC-W)方法等。基于细观力学分析并通过采用均匀化方法可以建立扁平币型微裂纹弱化的脆性岩石细观力学损伤模型。由于材料的损伤演化可以视为一种能量耗散,可采取基于能量释放率的损伤准则。同时,模型还考虑了弹性条件下微裂纹闭合引起的单边效应对材料宏观弹性性能的影响。

5.3.1 含微裂纹介质的均匀化理论

在线性均匀化理论框架内,材料的宏观性质被认为是均质但未知的,而在微观尺度下,材料特性被认为是非均质但已知的。因此,均匀化方法的作用在于在微观尺度下已知信息的基础上获取材料的宏观有效材料参数。

5.3.1.1 材料微观结构描述

在细观力学分析中,首先需要选取一个代表性单元体积表征含微裂纹介质的典型微观结构(以微米为尺度),如图 5-4 所示。REV 占据的体积用 Ω 表示,其边界用 $\partial\Omega$ 表示。整个 REV 由均匀固体基质以及 n 组随机分布的微裂纹组成。固体基质和微裂纹的弹性张量分别用四阶张量 $\mathbb{C}^s$ 和 $\mathbb{C}^c$ 来表示。假定所有微裂纹均为扁平钱币状,这样从几何角度来看,每个微裂纹都可以模化为围绕短轴对称的扁平椭圆体。根据微裂纹面的法向方向可以将相同法向的微裂纹分为一组,每组微裂纹的特性由单位法向量 $\underline{n}$ 以及纵横比(aspect ratio)$\epsilon = c/a$ 来表示,其中 c 和 a 分表代表币型微裂纹沿短轴方向开度的一半以及裂纹面的半径,如图 5-5 所示。对于币型微裂纹而言,ϵ 的值很小。在固体基质—微裂纹(夹杂体)体系中,具有相同法向量 $\underline{n}$ 的微裂纹为一族,每族微裂纹的弹性张量为 $\mathbb{C}^{c,r}$,其中 $r=1,2,\cdots,n$。

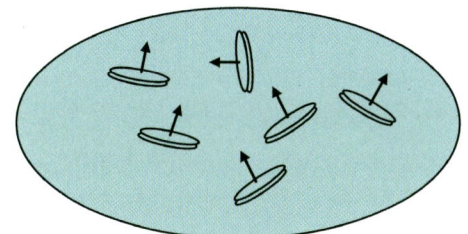

图 5-4 从含微裂纹基质中提取的一个代表性单元体积

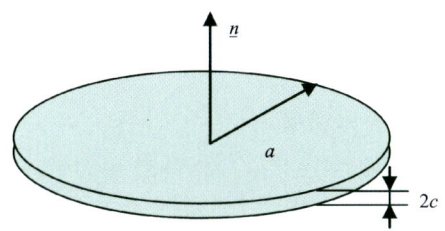

图 5-5 钱币型微裂纹图示

对于以上描述的 REV 而言,在其边界 $\partial\Omega$ 上存在着一定的边界条件。在传统的均匀化过程中,通常采用以下两种边界条件的其中之一。

a) 均匀应力边界

设二阶应力张量 $\boldsymbol{\Sigma}$ 为加载在边界 $\partial\Omega$ 上的恒定均匀应力场,该应力场在单位边界上产生的表面力为 $\underline{T} = \boldsymbol{\Sigma} \cdot \underline{n}(z), \forall z \in \partial\Omega$。在微观尺度下,REV 内部的局部应力场 $\boldsymbol{\sigma}$(二阶应力张量)满足如下条件:$\boldsymbol{\sigma}(z) \cdot \underline{n}(z) = \boldsymbol{\Sigma} \cdot \underline{n}(z), \forall z \in \partial\Omega$。结合静力平衡方程,可以得到

$$<\boldsymbol{\sigma}>_\Omega = \boldsymbol{\Sigma} \tag{5-1}$$

式中:$<\cdot>_\Omega$ 为 Ω 范围内的平均体积。

b) 均匀应变边界

设二阶应变张量 $\boldsymbol{E}$ 为加载在边界 $\partial\Omega$ 上的宏观均匀应变场,其相应的边界位移 $\underline{\xi}(z)$ 可以表示为

$$\underline{\xi}(z) = \boldsymbol{E} \cdot \underline{z} \quad \forall \underline{z} \in \partial\Omega \tag{5-2}$$

同时，可以得到 REV 内部平均局部应变场 ε（二阶应变张量）与宏观应变 $\boldsymbol{E}$ 之间的关系为

$$<\varepsilon>_\Omega = \boldsymbol{E} \tag{5-3}$$

假定 REV 的各组成成分都是线弹性材料，则 REV 内部的局部本构方程可以写成：

$$\boldsymbol{\sigma}(\underline{z}) = \mathbb{C}(\underline{z}):\varepsilon(\underline{z}), \forall \underline{z} \in \Omega \tag{5-4}$$

式中：当 $\underline{z} \in \Omega^s$ 时，$\mathbb{C}(\underline{z}) = \mathbb{C}^s$；当 $\underline{z} \in \Omega^c$ 时，$\mathbb{C}(\underline{z}) = \mathbb{C}^c$，其中 Ω^s 和 Ω^c 分别为被固体基质和微裂纹夹杂体占据的几何体积。通过采取均匀应变边界条件式(5-2)，使用叠加原理，可以得到线弹性条件下局部应变 $\varepsilon(\underline{z})$ 与宏观应变 $\boldsymbol{E}$ 之间的关系：

$$\varepsilon(\underline{z}) = \mathbb{A}(\underline{z}):\boldsymbol{E} \tag{5-5}$$

式中：$\mathbb{A}$ 为引入的四阶应变局部化张量，局部应变通过 $\mathbb{A}$ 可以与宏观应变线性关联。

有了以上关系可以得到：

$$\boldsymbol{\Sigma} = <\boldsymbol{\sigma}(\underline{z})>_\Omega = <\mathbb{C}(\underline{z}):\varepsilon(\underline{z})>_\Omega = <\mathbb{C}(\underline{z}):\mathbb{A}(\underline{z})>_\Omega:\boldsymbol{E} = \mathbb{C}^{\text{hom}}:\boldsymbol{E} \tag{5-6}$$

式中：$\mathbb{C}^{\text{hom}}$ 为四阶有效（或均匀化）弹性张量，其表达式为

$$\mathbb{C}^{\text{hom}} = <\mathbb{C}(\underline{z}):\mathbb{A}(\underline{z})>_\Omega \tag{5-7}$$

对比式(5-5)和式(5-3)，可以看到：

$$<\mathbb{A}(\underline{z})>_\Omega = \mathbb{I} \tag{5-8}$$

式中：$\mathbb{I}$ 为四阶单位张量（fourth-order identity tensor），其分量的表达式为

$$I_{ijkl} = \frac{1}{2}(\delta_{ik}\delta_{jl} + \delta_{il}\delta_{jk}) \tag{5-9}$$

式中：δ_{ij} 为二阶单位张量 $\boldsymbol{\delta}$ 的分量。

基于式(5-8)，式(5-7)可以转换成

$$\mathbb{C}^{\text{hom}} = \mathbb{C}^s + \sum_{r=1}^{n} \varphi^{c,r}(\mathbb{C}^{c,r} - \mathbb{C}^s):\mathbb{A}^{c,r} \tag{5-10}$$

式中：$\varphi^{c,r}$ 为第 r^{th} 族微裂纹夹杂体的体积率。

因此，线性均匀化问题最终取决于应变局部化张量 $\mathbb{A}$ 的确定。以标准 Eshelby 夹杂问题解为基础，$\mathbb{A}$ 可以通过不同的均匀化方法得到，因此 $\mathbb{A}$ 的具体形式取决于所采用的均匀化方法。

5.3.1.2 不同均匀化方法简介

Zhu(2006)对不同的均匀化方法（包括 Eshelby 方法、MT 方法以及 PC-W 方法）及其对应得到的材料宏观有效弹性张量进行了全面的比较分析。本书的重点是将均匀化理论运用到岩土材料的力学模型以及水力耦合模型的建立上来，因此在这里只对均匀化方法的基本步骤以及初步的结果进行简要介绍，同时也作为即将在以下几章进行的本构模型建立的基础。

Eshelby(1957)得到的基质-夹杂体问题解是最基本的均匀化方法。在 Eshelby 均匀化方法中，微裂纹被视为基质内部的集中度稀少的夹杂体。对于一族单独的椭圆体夹杂体 r，基于 Eshelby 问题解可以得到应变局部化张量 $\mathbb{A}$ 的表达式为

$$\mathbb{A}^{c,r} = [\mathbb{I} + \mathbb{P}_\varepsilon^r:(\mathbb{C}^{c,r} - \mathbb{C}^s)]^{-1} = [\mathbb{I} - \mathbb{S}_\varepsilon^r:(\mathbb{I} - \mathbb{S}^s:\mathbb{C}^{c,r})]^{-1} \tag{5-11}$$

式中：四阶张量 $\mathbb{S}_\varepsilon^r$ 为对应于固体基质中第 r^{th} 族夹杂体的 Eshelby 张量；$\mathbb{P}_\varepsilon^r$ 为四阶 Hill 张量，它通过关系式 $\mathbb{S}_\varepsilon^r = \mathbb{P}_\varepsilon^r:\mathbb{C}^s$ 与 Eshelby 张量联系起来。Hill 张量仅取决于夹杂体的几何特征以

及基质的弹性性能(Mura,1987)。在夹杂体密度较低的情况下,可以用式(5-11)建立应变局部化规则[式(5-5)],相应得到的材料有效弹性张量的表达式为

$$\mathbb{C}^{\text{hom}} = \mathbb{C}^s + \sum_{r=1}^{n} \varphi^{c,r} (\mathbb{C}^{c,r} - \mathbb{C}^s) : [\mathbb{I} + \mathbb{P}_\epsilon^r : (\mathbb{C}^{c,r} - \mathbb{C}^s)]^{-1} \quad (5\text{-}12)$$

式(5-12)就是 Eshelby 均匀化方法,也称为"稀少夹杂体均匀化方法"(the dilute homogenization scheme)。需要再次强调的是,由于该均匀化方法只考虑了夹杂体的几何特征,因此它只在微裂纹夹杂体集中度较低(low concentration)的情况下适用。当微裂纹的集中度达到中等或高等水平时,微裂纹之间的相互作用将对整个基质-夹杂体体系的宏观性能产生重要影响。然而,Eshelby 均匀化方法无法考虑微裂纹间相互作用产生的效应。

为了克服 Eshelby 均匀化方法的局限性,Mori 和 Tanaka(1973)提出了可以考虑复合材料中夹杂体间相互作用的均匀化方法。Benveniste(1986)随后将该方法应用于含微裂纹材料。然而,MT 方法仍然无法明确地处理微裂纹的空间分布效应对整体有效弹性张量的影响。为了同时考虑微裂纹之间的相互作用及空间分布,本书采用 Ponte-Castaneda 和 Willis(1995)提出的均匀化方法(PC-W 方法),并将其扩展到含张开或闭合微裂纹的介质上。

考虑一个被 n 族微裂纹弱化的固体基质组成的 REV,PC-W 方法的思想是通过引入两个独立的函数来分别考虑夹杂体本身的形状以及夹杂体的空间分布。若假定每一族夹杂体都具有同样的空间分布,并且所有夹杂体都是椭圆体型,相应的基于 PC-W 方法的应变局部化张量可以写为(Ponte-Castaneda and Willis,1995)

$$\begin{aligned}\mathbb{A}^{c,r} = \{\mathbb{I} + \mathbb{P}_\epsilon^r : (\mathbb{C}^{c,r} - \mathbb{C}^s)\}^{-1} : \\ \{\varphi^s \mathbb{I} + \sum_{j=1}^{N} \varphi^{c,j} [\mathbb{I} + (\mathbb{P}_\epsilon^j - \mathbb{P}_d) : (\mathbb{C}^{c,j} - \mathbb{C}^s)] : [\mathbb{I} + \mathbb{P}_\epsilon^j : (\mathbb{C}^{c,j} - \mathbb{C}^s)]^{-1}\}^{-1}\end{aligned} \quad (5\text{-}13)$$

式中:四阶张量 $\mathbb{P}_\epsilon^r$ 与第 r^{th} 族微裂纹的形状有关,而 $\mathbb{P}_d$ 与微裂纹空间分布相关联。为简单起见,以下对微裂纹采用球形分布,在这种情况下四阶张量 $\mathbb{P}_d$ 是各向同性的,其具体表达式为

$$\mathbb{P}_d = \frac{\alpha}{3k^s} \mathbb{J} + \frac{\beta}{2\mu^s} \mathbb{K} \quad (5\text{-}14)$$

其中

$$\begin{cases} \alpha = \dfrac{3k^s}{3k^s + 4\mu^s} \\ \beta = \dfrac{6(k^s + 2\mu^s)}{5(3k^s + 4\mu^s)} \end{cases} \quad (5\text{-}15)$$

式中:k^s、μ^s 分别为固体基质的体积模量和剪切模量;$\mathbb{J}$、$\mathbb{K}$ 为两个四阶张量,分别用来进行各向同性投射和偏投射,并且满足 $\mathbb{J} + \mathbb{K} = \mathbb{I}$。$\mathbb{J}$ 和 $\mathbb{K}$ 的分量可以用二阶单位张量 $\boldsymbol{\delta}$ 的分量表示为

$$J_{ijkl} = \frac{1}{3} \delta_{ij} \delta_{kl}, K_{ijkl} = \frac{1}{2} (\delta_{ik} \delta_{jl} + \delta_{il} \delta_{jk}) - \frac{1}{3} \delta_{ij} \delta_{kl} \quad (5\text{-}16)$$

可以注意到,当微裂纹集中度很低时,由式(5-11)得到的应变局部化张量与式(5-13)中设 $\mathbb{P}_d = 0$ 得到的结果相等。$\mathbb{P}_d = 0$ 也就是完全忽略微裂纹的空间分布效应。这也进一步说明了 Eshelby 均匀化方法中没有考虑微裂纹的空间分布。

将式(5-13)代入式(5-10)可以得到对应于 PC-W 方法的宏观有效弹性张量的表达式为

$$\mathbb{C}^{pcw} = \mathbb{C}^s + \left\{ \mathbb{I} - \sum_{r=1}^{N} \varphi^{c,r} \left[(\mathbb{C}^{c,r} - \mathbb{C}^s)^{-1} + \mathbb{P}_\epsilon^r \right]^{-1} : \mathbb{P}_d \right\}^{-1} : \sum_{r=1}^{N} \varphi^{c,r} \left[(\mathbb{C}^{c,r} - \mathbb{C}^s)^{-1} + \mathbb{P}_\epsilon^r \right]^{-1} \tag{5-17}$$

在微裂纹体积率 $\varphi^{c,r} \ll 1$ 的条件下，可以对式(5-17)进行 Taylor 级数展开至 $\varphi^{c,r}$ 的二阶项，从而得到一个简化的有效弹性张量计算公式：

$$\mathbb{C}^{pcw} = \mathbb{C}^s + \sum_{r=1}^{N} \varphi^{c,r} \mathbb{H}^r + \left(\sum_{r=1}^{N} \varphi^{c,r} \mathbb{H}^r \right) : \mathbb{P}_d : \left(\sum_{r=1}^{N} \varphi^{c,r} \mathbb{H}^r \right) + O[(\varphi^{c,r})^3] \tag{5-18}$$

其中

$$\mathbb{H}^r = \left[(\mathbb{C}^{c,r} - \mathbb{C}^s)^{-1} + \mathbb{P}_\epsilon^r \right]^{-1}, O \text{ 为余项} \tag{5-19}$$

这一简化估算只适用于夹杂体体积率较低甚至中等的情况。式(5-18)证实了夹杂体的空间分布($\mathbb{P}_d$)并不影响体积率 $\varphi^{c,r}$ 的一阶项而只在的 $\varphi^{c,r}$ 二阶项中出现，而 $\varphi^{c,r}$ 的一阶项对应的正是 Eshelby 均匀化方法的结果。

5.3.2 微裂纹闭合对宏观弹性张量的影响

当微裂纹张开时，一般可以将微裂纹的弹性张量定义为 $\mathbb{C}^c = 0$，说明张开微裂纹面上应力为零。当微裂纹闭合，并且微裂纹是光滑不摩擦型时，Deudé 等(2002b)认为可以将平面裂纹视为虚构的弹性张量为 $\mathbb{C}^c = 3k^s \mathbb{J}$ 的弹性材料。这一弹性张量的选择可以满足光滑闭合裂纹面上剪切应力为零的需要；同时借助于这一弹性张量的表达式 $\mathbb{C}^c = 3k^s \mathbb{J}$，可以用统一的方法来处理张开和闭合状态下含微裂纹介质的宏观弹性张量问题。另外值得注意的是，与微裂纹相关的 Eshelby 张量取决于微裂纹的纵横比 ϵ 以及微裂纹的方向 $\underline{n}$。

为了评价微裂纹扩展对材料宏观性能的影响，需要对张开微裂纹以及闭合微裂纹进行区分。

5.3.2.1 微裂纹张开情况：$\mathbb{C}^c = 0$

同样首先从简单的 Eshelby 均匀化方法开始。当微裂纹都张开时，将 $\mathbb{C}^{c,r} = 0$ 代入式(5-12)中可以重新得到有效弹性张量的表达式为

$$\mathbb{C}^{hom} = \mathbb{C}^s : \left\{ \mathbb{I} - \sum_{r=1}^{N} \varphi^{c,r} [\mathbb{I} - \mathbb{S}_\epsilon^r(\epsilon, \underline{n}^r)]^{-1} \right\} \tag{5-20}$$

式中：$\mathbb{S}_\epsilon^r$ 为柔度张量。应用式(5-20)最主要的困难在于当微裂纹的纵横比 ϵ 趋向于零时，$(\mathbb{I} - \mathbb{S}_\epsilon^r(\epsilon, \underline{n}^r))$ 的值是奇异的。为此，通过引入 N_r 表示单位体积内第 r^{th} 族微裂纹的数量，可以将体积率 $\varphi^{c,r}$ 的表达式改写为

$$\varphi^{c,r} = \frac{4}{3}\pi a_r^2 c_r N_r = \frac{4}{3}\pi \epsilon d^r \tag{5-21}$$

式中：$d^r = N_r a_r^3$ 为第 r^{th} 族微裂纹对应的裂纹密度参数。

尽管式(5-20)显示宏观弹性张量取决于微裂纹的纵横比 ϵ，通过将式(5-21)代入式(5-20)可以看到，式(5-20)实际上说明当 ϵ 趋向于 0 时，$\epsilon(\mathbb{I} - \mathbb{S}_\epsilon^r)^{-1}$ 有一个极限值 $\mathbb{T}^r$。因此，含张开微

裂纹介质的有效弹性张量最终可以写成

$$\mathbb{C}^{\text{hom}} = \mathbb{C}^s : \left(\mathbb{I} - \frac{4}{3}\pi \sum_{r=1}^{N} d^r \, \mathbb{T}^r \right) \tag{5-22}$$

其中

$$\mathbb{T}^r = \lim_{\epsilon \to 0} \epsilon (\mathbb{I} - \mathbb{S}_\epsilon^r)^{-1} \tag{5-23}$$

5.3.2.2 闭合光滑（无摩擦）微裂纹情况：$\mathbb{C}^c = 3k^s \mathbb{J}$

闭合光滑微裂纹对宏观弹性性能的影响采用 Deudé 等（2002a）提出的方法进行研究，即将闭合光滑裂纹视为弹性张量 $\mathbb{C}^c = 3k^s \mathbb{J}$ 的扁平椭圆体。与微裂纹张开情况下的做法一样，通过把 $\mathbb{C}^c = 3k^s \mathbb{J}$ 代入式（5-12）中并引入 $\varphi^{c,r}$ 的表达式（5-21）可以得到含闭合微裂纹介质的有效弹性张量为

$$\mathbb{C}^{\text{hom}} = \mathbb{C}^s - \frac{4}{3}\pi \sum_{r=1}^{N} d^r 2\mu^s \, \epsilon \mathbb{K} : (\mathbb{I} - \mathbb{S}_\epsilon^r : \mathbb{K})^{-1} \tag{5-24}$$

当纵横比取极限情况 $\epsilon \to 0$ 时，张量 $\epsilon \mathbb{K} : (\mathbb{I} - \mathbb{S}_\epsilon^r : \mathbb{K})^{-1}$ 也趋向于它的极限值 $\mathbb{T}'^r$。因此，式（5-24）可以改写为

$$\mathbb{C}^{\text{hom}} = \mathbb{C}^s : \left(\mathbb{I} - \frac{4}{3}\pi \sum_{r=1}^{N} d^r \, \mathbb{T}'^r \right) \tag{5-25}$$

其中

$$\mathbb{T}'^r = \lim_{\epsilon \to 0} \epsilon \mathbb{K} : (\mathbb{I} - \mathbb{S}_\epsilon^r \mathbb{K})^{-1} \tag{5-26}$$

根据 Zhu 等（2011）的研究，闭合光滑扁平微裂纹还可以模化为法向刚度张量 $\mathbb{C}^c = \kappa \underline{n} \otimes \underline{n} \otimes \underline{n} \otimes \underline{n}$ 的接触相，其中 κ 恒为正值。这一方法可以完全恢复含微裂纹介质的法向有效刚度。同时 Zhu 等（2011）还给出了该方法的严格数学证明，具体的应用及推导过程参见相关文献。

在下面的研究工作中将采用 PC-W 方法。因此，将微裂纹密度参数代入式（5-17）中可以重新得到有效弹性张量的表达式为

$$\mathbb{C}^{pcw} = \mathbb{C}^s + \left\{ \mathbb{I} - \frac{4}{3}\pi \sum_{r=1}^{N} d^r \, \epsilon \mathbb{H}^r : \mathbb{P}_d \right\}^{-1} : \frac{4}{3}\pi \sum_{r=1}^{N} d^r \, \epsilon \mathbb{H}^r \tag{5-27}$$

对于张开微裂纹 $\mathbb{C}^{c,r} = 0$，有 $\mathbb{H}^r = -\mathbb{C}^s : (\mathbb{I} - \mathbb{S}_\epsilon^r)^{-1}$；而当微裂纹闭合时 $\mathbb{C}^{c,r} = 3k^s \mathbb{J}$，可以得到 $\mathbb{H}^r = -\mathbb{C}^s : \mathbb{K} : (\mathbb{I} - \mathbb{S}_\epsilon^r : \mathbb{K})^{-1}$。设纵横比 ϵ 趋近于它的极限值 0，相应的 $\epsilon \mathbb{H}^r$ 也将在微裂纹张开和闭合的情况下分别趋向于它的极限值：

微裂纹张开时：

$$\mathbb{T}^{pr} = \lim_{\epsilon \to 0} \epsilon \mathbb{H}^r = -\mathbb{C}^s : \mathbb{T}^r \tag{5-28}$$

微裂纹闭合时：

$$\mathbb{T}'^{pr} = \lim_{\epsilon \to 0} \epsilon \mathbb{H}^r = -\mathbb{C}^s : \mathbb{T}'^r \tag{5-29}$$

因此，将式（5-28）或式（5-29）代入式（5-27），就可以得到 PC-W 方法预测的有效弹性张量。Zhu（2006）基于 Walpole 四阶张量基空间得到了含一族微裂纹时 $\mathbb{T}^r$ 和 $\mathbb{T}'^r$ 的具体表达式，并且给出了用 PC-W 方法确定有效弹性张量的详细步骤。

5.3.3 考虑单边效应的细观力学损伤模型

前文已提到,脆性材料非线性力学行为的产生在很大程度上是由于微裂纹的存在及其发展引起的。在前文中,通过均匀化方法讨论了微裂纹对材料宏观弹性性能的影响。本节将着重研究微裂纹扩展引起的材料损伤。对材料损伤的研究通常是在宏观损伤力学框架内进行的。尽管宏观损伤力学理论具有效率高、形式简洁、方便用于结构计算等优点,但用它来描述微裂纹引起的损伤仍然有许多困难。其中最重要的一点是宏观损伤力学理论不能考虑微裂纹扩展引起的诱发材料各向异性以及微裂纹面张开闭合的单边效应,同时也很难将材料损伤与其他的耗能机制联系起来,比如微裂纹面上的摩擦滑移等。Chaboche(1992)分析了宏观损伤力学的上述局限性,Cormery 和 Welemane(2002)以及 Pensée 等(2002)等同样认识到了这些问题。

与宏观唯象方法不同,基于细观力学的损伤分析,通过从细观到宏观的尺度扩展可以建立考虑微裂纹演化机制的损伤准则,因此基于细观力学的损伤模型建立的物理基础明确。除此之外,细观力学损伤模型可以考虑不同变形机制之间的耦合作用。因此本节的主要目的在于建立完整的基于细观力学的损伤模型,并在前面几节已有结果的基础上,考虑微裂纹的空间分布及其相互作用,考虑微裂纹张开-闭合转换引起的单边效应。模型建立的主要思路是将均匀化理论得到的结果与宏观损伤模型通常采用的热力学理论相结合。具体来说,本节将采用基于能量释放率的损伤准则,并采用正交法则确定损伤演化。

5.3.4 损伤变量为标量的情况

这一部分主要研究当 REV 中包含大量随机定向分布的微裂纹时材料损伤的表达。作为第一阶段的研究工作并为了使数学模型更简单,本书采用标量损伤变量代表各向同性损伤。损伤变量为张量时模型的建立将在下一阶段的研究中进行。

式(5-21)中的微裂纹密度参数 $d^r = N_r a_r^3$ 同时也被用作表征微裂纹扩展的损伤参数[最先由 Budiansky 和 O'Connel(1976)引入],并作为内变量广泛应用于细观力学分析中。在各向同性损伤的假定下,损伤在整个 REV 体积内的分布都是均匀的。也就是说,基于微裂纹法向方向的离散的损伤标量 d^r 现在对于每一族微裂纹都是相等的。因此,可以将 d^r 的上标去掉,用一个整体的标量损伤变量 d 来表征所有微裂纹族产生的损伤。这样,式(5-27)可以重写为

$$\mathbb{C}^{pcw} = \mathbb{C}^s + \left\{ \mathbb{I} - \frac{4}{3}\pi d \sum_{r=1}^{N} \mathbb{T}^{pr} : \mathbb{P}_d \right\}^{-1} : \frac{4}{3}\pi d \sum_{r=1}^{N} \mathbb{T}^{pr} \tag{5-30}$$

式(5-30)代表微裂纹张开时的情况。当微裂纹闭合时,只需要将式中 $\mathbb{T}^{pr}$ 替换为 $\mathbb{T}'^{pr}$ 即可。

在各向同性损伤的条件下(同时也意味着微裂纹的各向同性分布),通过在单元球体的表面对 $\mathbb{T}^{pr}$ 进行积分,可以得到含微裂纹介质用 PC-W 方法得到的各向同性有效弹性张量的统一表达式(Zhu,2006):

$$\mathbb{C}^{\text{hom}} = 3k^{\text{hom}}\mathbb{J} + 2\mu^{\text{hom}}\mathbb{K} \tag{5-31}$$

式中：k^{hom}、μ^{hom} 分别为含微裂纹介质的有效体积模量和有效剪切模量。

为了描述微裂纹张开闭合转换的单边效应，采用不同的上标来区分微裂纹张开和闭合时弹性张量的不同表达式：$k^{\text{hom},o}$ 和 $\mu^{\text{hom},o}$ 代表微裂纹张开，$k^{\text{hom},c}$ 和 $\mu^{\text{hom},c}$ 代表微裂纹闭合。这4个有效模量的表达式分别为

$$\begin{cases} \dfrac{\mu^{\text{hom},o}}{\mu^s} = 1 - \dfrac{480(1-\nu^s)d}{675\dfrac{2-\nu^s}{5-\nu^s} + 64(4-5\nu^s)d} \\[2mm] \dfrac{k^{\text{hom},o}}{k^s} = 1 - \dfrac{48(1-(\nu^s)^2)d}{27(1-2\nu^s) + 16(1+\nu^s)^2 d} \end{cases} \tag{5-32}$$

$$\begin{cases} \dfrac{\mu^{\text{hom},c}}{\mu^s} = 1 - \dfrac{480(1-\nu^s)d}{225(2-\nu^s) + 64(4-5\nu^s)d} \\[2mm] k^{\text{hom},c} = k^s \end{cases} \tag{5-33}$$

式中：ν^s 为弹性基质的泊松比。

5.3.5 自由能和状态方程

接下来介绍的基于热力学的损伤模型的建立与传统宏观损伤模型的建立通常采用的方法十分类似。首先需要找到自由能 Ψ 的表达式。宏观自由能是宏观应变 $\boldsymbol{E}$ 和损伤变量 d（各向同性损伤情况）的函数，可以写成如下形式：

$$\Psi = \frac{1}{2}\boldsymbol{E}:\mathbb{C}^{\text{hom}}(d):\boldsymbol{E} \tag{5-34}$$

式中：$\mathbb{C}^{\text{hom}}(d)$ 为用前面介绍的线性均匀化理论得到的有效弹性张量，具体表达式为式(5-31)。

基于自由能 Ψ，可以通过对应变 $\boldsymbol{E}$ 求导得到第一状态方程，也就是宏观应力应变关系：

$$\boldsymbol{\Sigma} = \frac{\partial \Psi}{\partial \boldsymbol{E}} = \mathbb{C}^{\text{hom}}(d):\boldsymbol{E} \tag{5-35}$$

第二状态方程通过对损伤变量 d 求导得到与损伤相关的热力学力：

$$F^d = -\frac{\partial \Psi}{\partial d} = -\frac{1}{2}\boldsymbol{E}:\frac{\partial \mathbb{C}^{\text{hom}}(d)}{\partial d}:\boldsymbol{E} \tag{5-36}$$

从热力学角度来看，可以认为 F^d 是与微裂纹扩展相关的能量释放率，它与线弹性断裂力学中通常假定的能量释放率是类似的，只不过用损伤变量 d 来代替微裂纹特征长度。因此，与线弹性断裂力学理论类似，此处也将 F^d 作为驱动损伤演化的力。

在式(5-35)和式(5-36)中，$\mathbb{C}^{\text{hom}}(d)$ 的表达采用的是一般形式，没有对张开微裂纹和闭合微裂纹做出特别的区分。在具体的分析中，需要根据微裂纹的状态选择相应的有效弹性张量 $\mathbb{C}^{\text{hom}}(d)$ 的表达式，例如当微裂纹张开时需要参考式(5-32)，当微裂纹闭合时需要采用式(5-33)。因此，需要有一个张开-闭合标准来判断光滑微裂纹面的接触情况，其一般判断准则可以写成

$$[\![u_n]\!] \geqslant 0, \quad \sigma_n \leqslant 0, \quad [\![u_n]\!] \cdot \sigma_n = 0 \tag{5-37}$$

式中：$\sigma_n = \underline{n} \cdot \sigma \cdot \underline{n}$ 为作用在微裂纹面上的局部应力的法向分量；$[\![u_n]\!]$ 为微裂纹引起的位移不连续矢量（微裂纹开度矢量）$[\![\underline{u}]\!]$ 的法向分量。Zhu 等（2011）通过细观力学分析给出了基于宏观应力或应变的微裂纹张开-闭合判断准则的具体表达式。

5.3.6 损伤准则与演化规律

本节主要讨论损伤模型具体运用中的两个重要问题,即损伤模型的建立和损伤演化规律。其暗含的任务在于用具体的方式表达损伤何时开始,以及损伤怎样演化和发展。为了保持从细观到宏观方法的完全一致性,宏观损伤准则以及相应的耗散势能都应该从微观尺度推断得到。例如,Gurson(1977)提出的延性损伤细观力学模型中就采用了这样的损伤准则。然而,到目前为止还没有很好的手段和方法可以严格地处理这一问题。本书采用的方法是将细观力学得到的结果与宏观损伤模型中通常采用的热力学方法相结合。为此,在一般热力学理论框架内,只考虑与时间无关行为的前提下,本书采用如下的与损伤相关的热力学力 F^d 的函数作为损伤准则:

$$f^d(F^d, d) = F^d - \mathcal{R}(d) \leqslant 0 \tag{5-38}$$

式中:$\mathcal{R}(d)$ 为材料的损伤发展抗力,其物理意义与断裂力学中的材料 R-曲线类似。因此可以相应地推断,损伤抗力 $\mathcal{R}(d)$ 不是常数而会随着材料损伤程度的变化而变化。同时需要强调的是,R-曲线虽然可以用来反映微观结构的不均匀效应,但它是由宏观开裂试验确定的 (Ouyang et al.,1990;Mai,1991),因此 $\mathcal{R}(d)$ 的选择从本质上来说是唯象的。Dormieux 等 (2006a)为建立细观力学方法与线弹性断裂力学之间的联系做出了巨大的努力。理论上来说,损伤抗力函数 $\mathcal{R}(d)$ 的具体形式应该基于相应材料尺度下的适当试验观察得到,但为了简化,也可以采用宏观损伤力学中通常采用的经验表达式。

损伤准则确定以后,通过采用标准正交法则,可以相应建立损伤演化规律。具体确定损伤发展的表达式如下:

$$\begin{vmatrix} \dot{d} = \dot{\lambda}^d \dfrac{\partial f^d(F^d, d)}{\partial F^d} = \dot{\lambda}^d, \quad \dot{\lambda}^d \geqslant 0 \\ \text{i.e.} \quad \dot{d} = \begin{cases} 0 & if \quad f^d < 0 \text{ or } f^d = 0 \text{ and } \dot{f}^d < 0 \\ \dot{\lambda}^d & if \quad f^d = 0 \text{ and } \dot{f}^d = 0 \end{cases} \end{vmatrix} \tag{5-39}$$

式中:非负损伤乘子 $\dot{\lambda}^d$ 可以由损伤准则的一致性条件 $\dot{f}^d = 0$ 确定。从式(5-36)可以看到,F^d 是宏观应变 $\boldsymbol{E}$ 的函数,因此一致性条件可以展开成如下的形式:

$$\dot{f}^d = \dfrac{\partial f^d}{\partial F^d} \dfrac{\partial F^d}{\partial \boldsymbol{E}} : \dot{\boldsymbol{E}} + \dfrac{\partial f^d}{\partial d} \dot{d} = \dfrac{\partial F^d}{\partial \boldsymbol{E}} : \dot{\boldsymbol{E}} + \dfrac{\partial f^d}{\partial d} \dot{\lambda}^d = 0 \tag{5-40}$$

这样可以得到损伤乘子 $\dot{\lambda}^d$ 的表达式为

$$\dot{\lambda}^d = \dfrac{1}{H^d} \dfrac{\partial F^d}{\partial \boldsymbol{E}} : \dot{\boldsymbol{E}} \tag{5-41}$$

式中:$H^d = -\partial f^d / \partial d$ 为损伤硬化模量。

回顾第一状态方程式(5-35),通过微分可以得到其率形式的表达式:

$$\dot{\boldsymbol{\Sigma}} = \dot{\mathbb{C}}^{\text{hom}}(d) : \boldsymbol{E} + \mathbb{C}^{\text{hom}}(d) : \dot{\boldsymbol{E}} \tag{5-42}$$

同样有:

$$\dot{\mathbb{C}}^{\text{hom}}(d) = \dfrac{\partial \mathbb{C}^{\text{hom}}(d)}{\partial d} \dot{d} \tag{5-43}$$

将式(5-43)代入式(5-42)并结合式(5-36),可得到以下率形式的应力-应变关系式:

$$\dot{\pmb{\Sigma}} = \mathbb{C}_t^{\text{hom}} : \dot{\pmb{E}} \tag{5-44}$$

式中:$\mathbb{C}_t^{\text{hom}}$是一个四阶切线刚度张量,其具体表达式为

$$\mathbb{C}_t^{\text{hom}} = \mathbb{C}^{\text{hom}} - \frac{1}{H^d}\frac{\partial F^d}{\partial \pmb{E}} \otimes \frac{\partial F^d}{\partial \pmb{E}} \tag{5-45}$$

5.3.7 小结

本节首先简要介绍了对含微裂纹介质应用均匀化方法的步骤,然后着重介绍了结合热力学理论进行损伤模型建立的完整过程。采用的假定条件包括小变形和等温过程。一般来说,损伤模型的建立包括以下3个步骤:①选择合适的损伤变量用来描述相应的能量耗散;②确定系统的应变自由能,并从中导出状态方程以及相关的热力学力;③选择合适的损伤准则(通常是与损伤相关的热力学力的函数)及正交法则用以判断和确定损伤发展。作为第一阶段的研究工作,同时为了数学表达的简单,本书采用了整体的标量损伤变量 d 作为损伤发展的内变量。基于细观力学的损伤模型中,通过标准均匀化方法得到的含微裂纹介质的有效弹性张量是损伤变量 d 的函数,这样微裂纹开展对材料力学性能的退化作用可以得到直接体现。最后需要指出的是,本章中的细观力学损伤模型仍然局限于弹性情况,即只考虑了张开以及闭合光滑微裂纹。基于本节的工作,考虑微裂纹摩擦滑移的弹塑性损伤模型的建立将在下节展开。

5.4 脆性岩石基于细观力学的弹塑性损伤模型

本节主要研究在压应力状态下,脆性岩石基于细观力学的弹塑性损伤模型的建立。模型中塑性变形由闭合微裂纹面的摩擦滑移产生,并且与材料损伤存在固有的耦合。应用该模型对两组不同风化程度的辉绿岩岩样三轴压缩试验进行了数值模拟,并给出了试验数据与模型预测结果的对比。

5.4.1 概述

作为一种典型的脆性材料,新鲜辉绿岩的力学行为具有应力峰值高、破坏前变形小、残余强度极低等特点。对岩石以及混凝土等典型的脆性材料而言,微裂纹的衍生、发展以及连接成核被广泛认为是材料力学性能退化直至被破坏的主要原因。因此,损伤的概念被引入用以描述微裂纹引起的材料弱化(Chow and June,1987;Ju,1989;Halm and Dragon,1996,1998;Murakami and Kamiya,1996;Dragon et al.,2000;Chaboche et al.,2005)。一般来说,可以将描述应力应变关系的损伤本构模型分为两大类,一类是宏观唯象模型,另一类是基于细观力学方法建立的模型。在宏观唯象模型中,材料的自由能是一系列内变量(塑性应变、损伤等)的函数,并用一个损伤标量表示各向同性损伤,或者用一个二阶或四阶损伤张量表示各向异性损伤。宏观唯象模型在一定程度上可以较好地描述脆性材料的主要力学特性。然而,这类

模型的建立通常都是基于试验现象或经验而非严格的数学推导。因此,模型中通常含有较多的需要确定的参数,而这些参数中有许多物理意义不明确。此外,宏观唯象模型不能很好地考虑微细观尺度下的一些重要的力学机制,如微裂纹张开-闭合效应、变形局部化等。

另外,运用细观力学方法描述脆性材料损伤的模型在近年得到了发展。细观力学模型的建立都是基于严格的从微观到宏观的尺度扩展,因此细观模型可以考虑相关尺度下与损伤相关的物理力学机制,例如微裂纹的衍生和发展、微裂纹的摩擦滑移等。与宏观唯象模型相比,细观力学模型参数大大减少,并且参数的物理意义明确。

鉴于此,本章的主要目的在于建立脆性岩石基于细观力学的弹塑性损伤模型。模型中塑性变形由闭合微裂纹的摩擦滑移产生,并着重考虑了摩擦滑移与材料损伤的耦合作用。此外,对两组辉绿岩岩样(新鲜辉绿岩和微风化辉绿岩)进行了物理性质的室内试验以及三轴压缩试验。基于试验结果,用建立的细观力学模型对两组辉绿岩三轴压缩试验进行了数值模拟,并将试验值与模型预测值进行了对比。同时,对风化作用对辉绿岩力学行为的影响进行了相关讨论。

5.4.2 岩石材料描述与试验结果

5.4.2.1 辉绿岩试验研究

首先对两组辉绿岩岩样进行室内试验以确定其物理性质参数,其中一组岩样取自新鲜辉绿岩岩块,另一组取自微风化辉绿岩岩块,岩样尺寸为 $\varphi 50mm \times 100mm$。两岩块均来自丹江口水库库区,属震旦纪岩石。岩块在现场开采后,被封存在密闭容器中用以保持其天然含水量。在岩块中钻取出岩样后,对两组辉绿岩岩样分别进行了室内试验,测量了含水率、孔隙率、干密度、比重等物理性质指标;此外还对两组岩样分别进行了不同围压下的三轴压缩试验用以考察其力学性能。

岩样孔隙率和干密度的测量采用国际岩石力学学会(ISRM)建议的饱和-浮力法。该方法适用于辉绿岩,因为辉绿岩遇水不会产生破碎坍塌或膨胀。饱和-浮力法运用阿基米德原理得到准确的结果。首先,为了防止空气滞留在孔隙中,需要将试样高度的 1/4 浸泡在水中,然后每隔 1h 将水面提高岩样高度的 1/4,直到岩样完全被水面盖过,随后将其浸泡在水中至少 48h,确保岩样达到饱和。其次,将岩样转移至浸没在水中的水下称量装置,用以测量完全浸没时饱岩样的重量。称重天平的精度为 0.01g。最后,将岩样从水中取出,用一块湿布擦拭岩样外部残留的水,然后重新称量表面干燥的饱和岩样在空气当中的质量。通过饱和岩样在水中以及空气中称量的质量之差可以得到岩样的体积。此外,将岩样放入 105℃ 恒温烤箱中干燥 24h 以上后得到岩样的干重量。有效孔隙体积则可以通过饱和岩样在空气中的质量与岩样干重量之差确定。岩样的干密度等于岩样的干重量除以岩样的体积,而有效孔隙率等于孔隙体积与岩样总体积的比(Yavuz et al.,2010)。其他物理参数同样采用 ISRM 推荐的标准方法获得。表 5-1 中列出了新鲜辉绿岩与微风化辉绿岩物理性质参数的对比。

从外观上看,微风化辉绿岩的颜色比新鲜辉绿岩更深,并且岩样含有少许细小的可见裂纹,如图 5-6(a)和图 5-6(b)中展示的新鲜辉绿岩岩样与微风化辉绿岩岩样的外观照片所示。

从表 5-1 可以看到,新鲜辉绿岩与微风化辉绿岩的干密度和比重都十分接近,说明微风化辉绿岩的风化程度比较轻微(Bozkurtoglu et al.,2006)。两组岩样最大的差别在于孔隙率的不同,这种不同与两组岩样力学行为的差异有着直接的联系,具体的分析将在后文给出。

表 5-1　两组辉绿岩物理特性参数对比

岩样	干密度/(g·cm^{-3})	含水率/%	孔隙率/%	比重
新鲜辉绿岩	2.97	0.059	0.37	2.98
微风化辉绿岩	2.91	0.59	2.69	2.99

图 5-6　三轴压缩试验后的新鲜辉绿岩(a)和微风化辉绿岩(b)岩样

两组辉绿岩岩样的三轴压缩试验在材料测试系统 MTS(material testing system)试验机上进行。MTS 是可以用于多种材料的试验系统,其最大的特点在于仪器刚度大,且可以提供很大的压力,因而十分适合岩样的加载。对两组圆柱形岩样分别进行了不同围压下的三轴压缩试验。对于新鲜辉绿岩,围压从 5MPa 逐级增加至 40MPa;对于微风化辉绿岩,围压从 5MPa 逐级增加至 20MPa。围压加载范围的不同选择主要是考虑到新鲜辉绿岩埋藏深度较微风化辉绿岩大,因而受到的围压也较大。

每级围压下需要加载的最少岩样数量以及试验的具体步骤都严格遵照 ISRM 建议的方法和标准执行。试验过程中同时测量了岩样的轴向和径向(侧向)变形,用两个 LVDT(linear variable differential transformer,线性可变差动变压器)测量岩样的整体竖向位移,另外用固定在岩样高度中点环形表面上的链条式应变计测量岩样的整体径向(侧向)应变。所有的测量数据都由电脑自动采集。图 5-7 为 MTS 外观。

图 5-7　MTS 外观

5.4.2.2 三轴压缩试验结果与分析

两组辉绿岩岩样不同围压三轴压缩试验中测得的应力-应变曲线分别如图 5-8 和图 5-9 所示。由图 5-8 可以看到，新鲜辉绿岩岩样的应力-应变曲线呈现出明显的脆性特征。在峰值应力前岩样的非线性变形较小，峰值应力过后材料抗力急剧下降，几乎没有残余强度。此外，即便围压增加到 40MPa，新鲜辉绿岩岩样的应力-应变曲线仍然呈现出明显的脆性特征，几乎看不到随着围压增大，材料变形由脆性至延性的转化。这一现象可能主要与新鲜辉绿岩的孔隙率极低有关(表 5-1)。

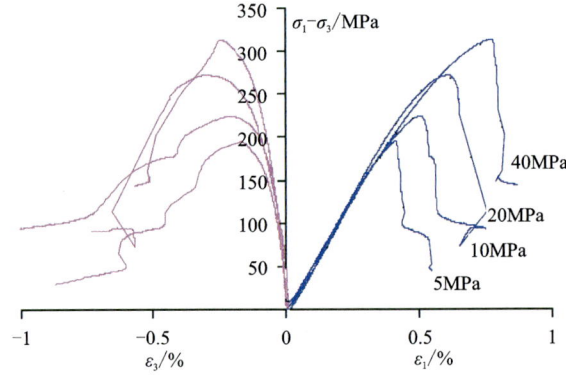

图 5-8　新鲜辉绿岩三轴压缩试验中的应力-应变曲线

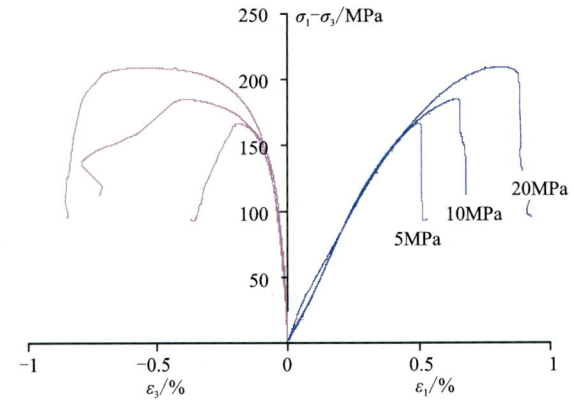

图 5-9　微风化辉绿岩三轴压缩试验中的应力-应变曲线

由图 5-9 可以看到，微风化辉绿岩的应力-应变曲线同样呈现出明显的脆性特征。但当围压增大到 20MPa 时，峰值应力前的非线性变形变得十分明显。与新鲜辉绿岩相比，微风化辉绿岩的峰值强度明显减小。由于两者矿物成分及结构上的改变很小，因此强度的差异可能主要与微风化辉绿岩含有更多的孔隙以及微裂纹，因而材料弱化严重有关。类似的结论可以在 Tugrul(2004)中找到。

5.4.3 细观力学本构模型的建立

5.2 节中已经介绍，在开始细观力学分析前，首先需要考虑一个代表性单元体积，其占据的体积为 Ω，边界为 $\partial\Omega$。作为一个基质-夹杂体系，整个 REV 由弹性张量为 $\mathbb{C}^s$ 的固体基质，以及随机分布的币状微裂纹组成。具有相同单位法向量 $\underline{n}$ 的微裂纹为一族，并假定每个微裂纹具有相同的纵横比 ϵ。第 r^{th} 族微裂纹的体积率可以表示为 $\varphi^r = 4/3\pi a_r^2 c_r N_r = 4/3\pi \epsilon d^r$ [参见式(5-21)]，其中 d^r 为损伤参数并在细观力学分析中作为损伤内变量。

5.4.3.1 对闭合摩擦微裂纹的考虑

本节研究的重点是微裂纹的变形及其与材料损伤发展的关系。在这种情况下，可以将施加在 REV 边界 $\partial\Omega$ 上的均匀宏观应变 $\boldsymbol{E}$ 分解成两部分，一部分是由固体基质产生的应变，用二阶应变张量 $\boldsymbol{E}^m$ 表示；另一部分则是由于微裂纹面的位移不连续引起的应变，用二阶应变张量 $\boldsymbol{E}^c$ 表示。也就是：

$$\boldsymbol{E} = \boldsymbol{E}^c + \boldsymbol{E}^m \tag{5-46}$$

固体基质是完全弹性的，因此 $\boldsymbol{E}^m$ 代表的是弹性变形。$\boldsymbol{E}^c$ 的产生主要是由于微裂纹上下表面的位移不连续造成的。对于张开微裂纹以及闭合不摩擦的光滑微裂纹，微裂纹扩展以及张开-闭合单边效应与材料损伤之间的关系已经在第 2 章中进行了详细阐述。在上述两种情况中，整个 REV 的自由能可以用式(5-34)统一表示为 $\Psi = 1/2 \boldsymbol{E} : \mathbb{C}^{hom}(d) : \boldsymbol{E}$ 的形式。然而，当微裂纹处于闭合状态且为粗糙摩擦型时，微裂纹面上的摩擦滑移将导致能量耗散，而式(5-34)并没有包含这部分被耗散的能量，因而式(5-34)不能用来描述含有闭合摩擦微裂纹的 REV 的自由能。此外，摩擦滑移产生的变形是不可逆的非弹性变形，本书将用塑性理论描述这部分非弹性变形，并尝试采用新的细观力学方法来恰当地描述塑性变形与诱发材料损伤的耦合作用。

为了更清晰地表达，首先考虑单位法向量为 $\underline{n}$ 的一族微裂纹，并用向量 $[\![\underline{u}]\!]$ 表示通过微裂纹上下表面的不连续位移。在假定微裂纹均为币状的前提下，由这族微裂纹产生的局部变形 ε^c（二阶应变张量）具有如下的一般形式：

$$\varepsilon^c = \beta \underline{n} \otimes \underline{n} + \frac{1}{2}(\underline{\gamma} \otimes \underline{n} + \underline{n} \otimes \underline{\gamma}) \tag{5-47}$$

式中：向量 $\underline{\gamma}$ 用来表征微裂纹平面内的剪切滑移；而标量 β 表示微裂纹上下表面间的平均法向开度。$\underline{\gamma}$ 和 β 都与局部不连续位移 $[\![\underline{u}]\!]$ 有直接联系，具体可以表示为

$$\beta = N\int_{\partial\Omega^c}[\![\underline{u}]\!] \cdot \underline{n}\,\mathrm{d}S; \quad \underline{\gamma} = N\int_{\partial\Omega^c}[\![\underline{u}]\!] \cdot (\boldsymbol{\delta} - \underline{n} \otimes \underline{n})\,\mathrm{d}S \tag{5-48}$$

然后通过在一个单元球体的表面 S^2 上对 ε^c 进行积分，得到由微裂纹引起的宏观总应变 $\boldsymbol{E}^c$：

$$\boldsymbol{E}^c = \frac{1}{\Omega}\int_{\Omega^c}\varepsilon^c\,\mathrm{d}V = \frac{1}{8\pi}\int_{S^2}[2\beta \underline{n} \otimes \underline{n} + (\underline{\gamma} \otimes \underline{n} + \underline{n} \otimes \underline{\gamma})]\,\mathrm{d}S \tag{5-49}$$

在微裂纹各向同性分布（各向同性损伤）的假定下，可以将 $\boldsymbol{E}^c$ 分解成体积应变和偏应变

两部分：

$$\bm{E}^c = \frac{1}{3}\beta\bm{\delta} + \bm{\Gamma}, \quad \text{with} \quad \beta = \text{tr}\bm{E}^c \tag{5-50}$$

式中：$\bm{\Gamma} = 1/(8\pi)\int_{\partial\Omega^c}(\underline{\gamma}\otimes\underline{n} + \underline{n}\otimes\underline{\gamma})\text{d}S$。式(5-50)的推导过程中用到了以下积分关系：$1/(4\pi)\int_{S^2}\underline{n}\otimes\underline{n}\text{d}S = 1/3\bm{\delta}$。由式(5-50)还可以发现，$\beta$ 实际上就是微裂纹产生的宏观体积应变。

除了能量耗散外，由于裂纹面的粗糙以及上下微裂纹面的位错，闭合微裂纹的摩擦滑移还会产生体积膨胀，如图 5-10 所示。从式(5-50)可以看到，摩擦滑移引起的体积膨胀与变量 β 直接相关，因为 β 代表的是微裂纹产生的体积应变。Francois 和 Royer-Carfagni(2005)尝试运用结构变形理论来解决摩擦引起的体积膨胀问题。本书采用的是 Zhu 等(2011)提出的方法，并在此基础上进行了一些改进用以更好地反映材料的摩擦行为。

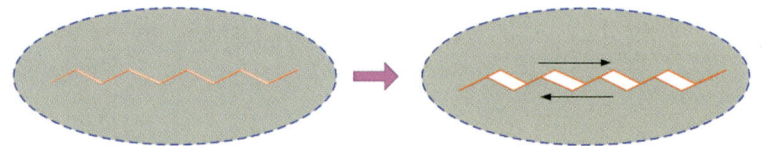

图 5-10 摩擦膨胀性微裂纹图示

5.4.3.2 自由能与状态方程

基于细观力学的分析表明，当闭合微裂纹产生摩擦滑移时，整个 REV 的自由能可以分成两个部分：一部分是固体基质的弹性能；另一部分是闭合摩擦微裂纹贡献的塑性能(Gambarotta and Lagomarsino,1993；Pensée et al.,2002；Zhu et al.,2008b)，后者是一种储存在闭合摩擦微裂纹里的被封锁的能量(blocked energy)，它将在摩擦滑移的过程中被耗散。因此，总自由能的表达式可以写成：

$$\Psi = \frac{1}{2}(\bm{E}-\bm{E}^c):\mathbb{C}^s:(\bm{E}-\bm{E}^c) + \frac{1}{2}\bm{E}^c:\mathbb{C}^{pl}:\bm{E}^c \tag{5-51}$$

式中：$\mathbb{C}^{pl}$ 为将塑性应变与施加在微裂纹面上的局部应力关联起来的四阶张量，它的具体表达式可以通过 Zhu 等(2008b)采用的问题分解步骤得到。$\mathbb{C}^{pl}$ 的具体形式如下：

$$\mathbb{C}^{pl} = [(\mathbb{I}-\mathbb{A}^c)^{-1}:\mathbb{A}^c:\mathbb{S}^s]^{-1} \tag{5-52}$$

式中：四阶张量 $\mathbb{S}^s = (\mathbb{C}^s)^{-1}$ 为固体基质的弹性柔度张量。固体基质的弹性张量 $\mathbb{C}^s$ 可以用经典的形式表示为 $\mathbb{C}^s = 3k^s\mathbb{J} + 2\mu^s\mathbb{K}$，其中 k^s 和 μ^s 分别为固体基质的体积模型和剪切模量；$\mathbb{J}$ 和 $\mathbb{K}$ 的具体表达式见式(5-16)。

回顾应变局部化张量 $\mathbb{A}^c$，局部应变 ε 通过该四阶张量与宏观应变 $\bm{E}$ 线性相关，即：$\varepsilon = \mathbb{A}^c:\bm{E}$。在 5.3 中已经介绍，$\mathbb{A}^c$ 的表达式与所选择的均匀化方法有关。当采用 PC-W 方法用以考虑微裂纹的空间分布效应时，可以得到各向同性状态下有效弹性张量 $\mathbb{C}^{hom}$ 的表达式，如式(5-31)所示。根据 Zhu 等(2008b)推导式(5-52)采用的问题分解步骤，此处的 $\mathbb{A}^c$ 对应于微裂纹张开时，将局部应变与宏观应变联系起来的应变局部化张量。回顾式(5-10)，可得到微裂纹张开时($\mathbb{C}^{c,r}=0$) $\mathbb{C}^{hom}$ 的表达式为

$$\mathbb{C}^{hom} = \mathbb{C}^s : (\mathbb{I} - \mathbb{A}^c) \tag{5-53}$$

式中：$\mathbb{A}^c$ 为各向同性状态下的总体应变局部化张量，具有如下形式。

$$\mathbb{A}^c = \sum_{r=1}^{n} \varphi^{c,r} \mathbb{A}^{c,r} \tag{5-54}$$

式中：$\varphi^{c,r}$ 和 $\mathbb{A}^{c,r}$ 对于每一族微裂纹都是相等的。将式(5-53)与式(5-31)和式(5-32)相结合，可以得到各向同性状态下 $\mathbb{A}^c$ 的表达式为

$$\mathbb{A}^c = \frac{48(1-\nu^2)d}{27(1-2\nu) + 16(1+\nu)^2 d}\mathbb{J} + \frac{480(1-\nu)(5-\nu)d}{675(2-\nu) + 64(5-\nu)(4-5\nu)d}\mathbb{K} \tag{5-55}$$

式中：ν 为固体基质的泊松比；d 为标量损伤变量，代表各向同性损伤分布。

将式(5-55)代入式(5-52)，可以得到四阶塑性张量 $\mathbb{C}^{pl}$ 的表达式为

$$\mathbb{C}^{pl} = 3k^p \mathbb{J} + 2\mu^p \mathbb{K} \tag{5-56}$$

其中

$$\begin{cases} k^p = \left[\dfrac{1}{16(1-\nu^2)d} + \dfrac{4\nu-2}{3(1-\nu)}\right]k^s \\ \mu^p = \left[\dfrac{45(2-\nu)}{32(1-\nu)(5-\nu)d} + \dfrac{5\nu-7}{15(1-\nu)}\right]\mu^s \end{cases} \tag{5-57}$$

基于系统的自由能 $\Psi(\boldsymbol{E}, \boldsymbol{E}^p, d)$，可以由式(5-40)得到与塑性应变 $\boldsymbol{E}^p$ 相关的热力学力：

$$\boldsymbol{\sigma}^c = -\frac{\partial \Psi}{\partial \boldsymbol{E}^{pl}} = \mathbb{C}^s : (\boldsymbol{E} - \boldsymbol{E}^p) - \mathbb{C}^{pl} : \boldsymbol{E}^p \tag{5-58}$$

$\boldsymbol{\sigma}^c$ 对应于作用在微裂纹表面，驱动微裂纹摩擦滑移及相关塑性应变发展的局部力（Zhu et al.，2008b）。

此外，$\boldsymbol{\sigma}^c$ 的法向分量，即作用在微裂纹面上的局部平均应力 $p^c = 1/3 \text{tr}\boldsymbol{\sigma}^c$ 同时也是微裂纹张开-闭合转换的指示标准。具体来说，当 $\text{tr}\boldsymbol{\sigma}^c \geq 0$ 时，表明微裂纹是张开的，此时可以很方便地通过应变局部化张量 $\mathbb{A}^c$ 将微裂纹引起的局部应变 $\boldsymbol{\varepsilon}^c$ 与宏观总应变 $\boldsymbol{E}$ 联系起来，并且微裂纹引起的宏观应变 $\boldsymbol{E}^p$ 也是弹性的；当 $\text{tr}\boldsymbol{\sigma}^c < 0$ 时，微裂纹处于关闭状态，并且微裂纹的摩擦滑移会引起塑性变形。在这种情况下，微裂纹引起的局部应变 $\boldsymbol{\varepsilon}^c$ 与宏观总应变 $\boldsymbol{E}$ 之间的简单线性显式关系不再存在。宏观塑性应变 $\boldsymbol{E}^p$ 由闭合微裂纹面上的摩擦滑移产生，并伴随着能量耗散。因此，塑性应变的演化可以通过微观尺度下建立的摩擦准则确定。摩擦准则同时也作为塑性屈服函数，正如经典塑性理论中一样。不论微裂纹处于张开状态还是闭合状态，微裂纹引起的宏观应变 $\boldsymbol{E}^p$ 都与材料损伤（微裂纹扩展）存在相互耦合作用。一方面，微裂纹应变的发展会引起材料损伤；另一方面，损伤的发展会影响应力场的大小和分布，从而影响微裂纹的应变。尤其当微裂纹闭合时，能量耗散将在损伤发展或摩擦滑移的过程中发生，更多的情况则是能量在两者互相耦合的过程中被耗散。

5.4.3.3 摩擦准则

本书采用广义的库伦准则描述微裂纹面上的摩擦能量耗散。基于自由能 Ψ 的表达式(5-51)，可以通过对宏观应变求导得到宏观应力-应变关系：

$$\boldsymbol{\Sigma} = \frac{\partial \Psi}{\partial \boldsymbol{E}} = \mathbb{C}^s : (\boldsymbol{E} - \boldsymbol{E}^p) \tag{5-59}$$

将式(5-59)代入式(5-58)可以得到：

$$\boldsymbol{\sigma}^c = \Sigma - \mathbb{C}^{pl} : \boldsymbol{E}^c \tag{5-60}$$

在细观尺度下,摩擦滑移与作用在微裂纹上的局部应力 $\boldsymbol{\sigma}^c$ 的平均分量和剪切分量有关。因此,首先需要将 $\boldsymbol{\sigma}^c$ 分成两部分。将式(5-60)与式(5-49)和式(5-56)相结合,可以将 $\boldsymbol{\sigma}^c$ 的表达式重新写成如下的形式：

$$\boldsymbol{\sigma}^c = p^c \boldsymbol{\delta} + \boldsymbol{S}^c \tag{5-61}$$

式中: $p^c = 1/3 tr \boldsymbol{\sigma}^c = p - k^p \beta$, $\boldsymbol{S}^c = \boldsymbol{S} - 2\mu^p \boldsymbol{\Gamma}$,其中 p 和 $\boldsymbol{S}$ 分别为宏观总应力 Σ 的平均分量和剪切分量。

库伦型摩擦准则可以写成 p^c 和 $\boldsymbol{S}^c$ 函数的形式：

$$F = \| \boldsymbol{S}^c \| + \tau_f p^c \leqslant 0 \tag{5-62}$$

式中: τ_f 为摩擦系数。在传统的莫尔-库伦摩擦准则中, τ_f 是一个常数,其值的大小等于不同围压下材料强度包线的斜率。然而,强度包线并不是完全直线。图 5-11 给出了三轴压缩试验得到的花岗岩在不同围压下的强度峰值,其中最大围压达到 80MPa。从图 5-11 可以看到,在围压较低的区域内强度包线是非线性的,随着围压的增大强度包线会逐渐接近线性。许多其他研究者通过单轴和三轴压缩试验同样得到了类似的结果(You,2010)。

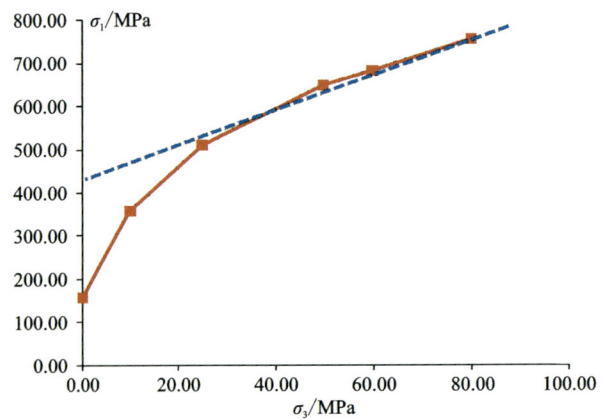

图 5-11　印第安纳(Indiana)花岗岩不同围压三轴压缩试验中的峰值应力(Golshani et al.,2006)

因此,在本书的模型中, τ_f 代表有效摩擦系数,它不再是一个常数而是局部法向应力 p^c 的函数。从理论上推导 τ_f 与应力 p^c 之间的关系或是确定材料固有的摩擦系数是十分困难的,这是因为微裂纹表面的几何形状十分复杂,并且随着摩擦滑移的进行,微裂纹表面形状会进一步演化,或变得更加粗糙,或趋向于光滑。在这种情况下,可能需要对粗糙微裂纹面进行双重均匀化分析。简单起见,本书通过对三轴压缩试验得到的强度包线进行分析,对有效摩擦系数 τ_f 提出了以下的经验表达式：

$$\tau_f = \left[1 - \frac{\langle p_{\text{ref}} - p^c \rangle}{p_{\text{ref}}} \right]^m \cdot c_f \tag{5-63}$$

式中：算子$\langle x \rangle$的表达式为$\langle x \rangle = \dfrac{x + |x|}{2}$; p_{ref}为一个参考应力值; m 为控制摩擦系数发展的参数; c_f 为完全压密状态下微裂纹的摩擦系数。式(5-63)的物理意义在于考虑裂纹面上法向应力的局部约束效应对摩擦系数的影响。当微裂纹面上的局部法向应力 p^c 小于参考应力值

p_{ref}时,有效摩擦系数值$\bar{c}_f$小于c_f。但随着p^c增大,$\bar{c}_f$会逐渐增加。这是由于当p^c增大时,微裂纹上下表面接触更为紧密,粗糙裂纹面之间咬合更紧,接触面积增大,有效摩擦系数$\bar{c}_f$也相应增大。当p^c逐渐趋近参考应力值p_{ref}时,微裂纹的闭合达到其临界状态,有效摩擦系数$\bar{c}_f$增加至与c_f相等,此时认为微裂纹处于完全压密状态。因此,可以将p_{ref}视为使微裂纹完全咬合的应力值。如果p_{ref}值取得太小,p^c将很容易超过该值,对摩擦系数的修正会相应失效。但从物理角度来看,p_{ref}值也不能太大,因为过大的压力会导致微裂纹面上凸出颗粒的破碎,从而导致摩擦系数的减小。

考虑式(5-61),库伦摩擦准则式(5-62)可以写成以下更为详细的形式:

$$F = \|\boldsymbol{S} - 2\mu^p \boldsymbol{T}\| + \bar{c}_f(p - k^p\beta) \leqslant 0 \tag{5-64}$$

在塑性力学理论框架内,式中的两个与摩擦滑移产生的应变相关的项$2\mu^p \boldsymbol{T}$和$k^p\beta$分别提供屈服面的随动强化和等效强化。因此,式(5-60)中的$\mathbb{C}^{pl}:\boldsymbol{E}$作用相当于一个背应力。

为了说明细观力学硬化(与微裂纹摩擦滑移相关的应变提供的硬化)与摩擦系数的改进对塑性屈服面的整体影响,图5-12中给出了不同围压下新鲜辉绿岩峰值强度的实测值与计算值的对比。其中,计算值包括摩擦系数为常数时的计算结果[也就是设式(5-63)中的$m=0$]以及用改进后的摩擦系数计算得到的结果。具体的数值计算方法及流程将在后文中进行介绍,这里只是为了说明的方便,提前使用了计算结果。

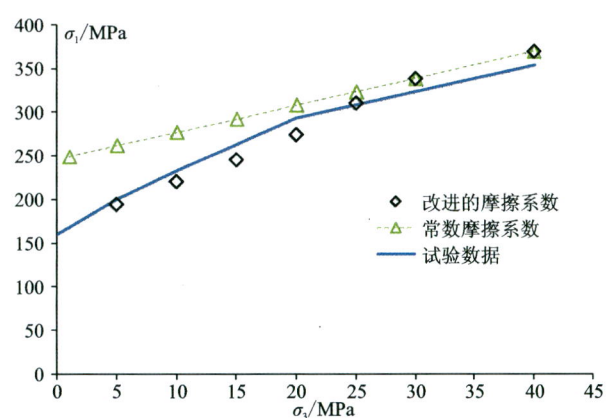

图5-12 使用修正后的摩擦系数计算得到的不同围压下的应力峰值与常数摩擦系数以及试验结果的对比

首先,从图5-12中用常数摩擦系数计算出来的强度包线可以看到,尽管在摩擦准则式(5-64)中没有黏聚力的具体表达式,材料硬化项$2\mu^p \boldsymbol{T}$和$k^p\beta$实际上也间接地起到了内黏聚力的作用。如果设式(5-64)中的$p=0$,可以看到黏聚力的表达式为$c_f k^p\beta + \|2\mu^p \boldsymbol{T}\|$。

另外,用常数摩擦系数c_f和改进后的摩擦系数$\bar{c}_f$计算出来的强度峰值进行比较可以看到,借助于参数p_{ref}和m,可以降低低围压下的峰值应力,并保持高围压下应力峰值与常数摩擦系数计算结果相等。这是由于当围压较高时,微裂纹面上的局部法向应力p^c更容易在峰值应力前超过p_{ref},导致$\bar{c}_f$与c_f相等,从而计算出来的峰值应力也相等。而当围压较小时,p^c相应值也较小,即使达到峰值强度也不会超过p_{ref},有效摩擦系数$\bar{c}_f$一直小于c_f,摩擦准则更容易被满足,因而峰值应力越小。通过与试验得到的强度包线对比可以看到,改进摩擦系数

$\bar{c}_f$ 对峰值应力的预测明显优于常数摩擦系数。

5.4.3.4 塑性势函数

为了更好地描述岩石材料的体积应变,在此考虑采用非关联流动准则计算塑性应变。采用的塑性势函数如下所示:

$$G = \|\boldsymbol{S}^c\| + c_f p^c = 0 \tag{5-65}$$

为了保持一致性,塑性势函数 G 的形式与摩擦准则 F 类似。基于塑性势,运用正交法则可以确定塑性应变 $\boldsymbol{E}^c$:

$$\dot{\boldsymbol{E}}^c = \dot{\lambda}^f \frac{\partial G}{\partial \Sigma} = \dot{\lambda}^f \left(\boldsymbol{V} + \frac{1}{3} c_f \boldsymbol{\delta} \right) \tag{5-66}$$

随之可以得到 β 和 $\boldsymbol{\Gamma}$ 的变化率:

$$\begin{cases} \dot{\beta} = \dot{\lambda}^f c_f \\ \dot{\boldsymbol{\Gamma}} = \dot{\lambda}^f \boldsymbol{V} \end{cases} \tag{5-67}$$

式中:$\boldsymbol{V} = \boldsymbol{S}^c / \|\boldsymbol{S}^c\|$ 为代表摩擦滑移方向的单位向量;$\dot{\lambda}^f$ 为非负乘子,其具体表达式可以通过一致性原则($\dot{F} = 0$)得到。

5.4.3.5 损伤准则

在不可逆热力学理论框架内,损伤准则应该是与损伤变量 d 相关的热力学力函数。首先可以通过自由能的表达式(5-51)得到与损伤相关的热力学力 F^d:

$$F^d = -\frac{\partial \Psi}{\partial d} = -\frac{1}{2} \boldsymbol{E} : \frac{\partial \mathbb{C}^{pl}}{\partial d} : \boldsymbol{E} \tag{5-68}$$

结合式(5-49)和式(5-56),式(5-68)可以进一步写成:

$$F^d = \frac{9(1-2\nu)}{32(1-\nu^2)d^2} k^s \beta^2 + \frac{45(2-\nu)}{32(1-\nu)(5-\nu)d^2} \mu^s \boldsymbol{\Gamma} : \boldsymbol{\Gamma} \tag{5-69}$$

采用如下指数函数形式的损伤准则:

$$f_d = d_c - (d_c - d_0)[\exp(-c_1 F^d)] - d \leqslant 0 \tag{5-70}$$

式中:d_0 和 d_c 分别为初始损伤值和临界损伤值。损伤变量在 d_0 和 d_c 之间的演化速率由参数 c_1 来控制。从式(5-56)可以看到,材料损伤与塑性刚度张量 $\mathbb{C}^{pl}$ 直接相关。损伤的发展会导致塑性刚度张量 $\mathbb{C}^{pl}$ 的退化。从物理的角度来看,微裂纹的塑性剪切模量应该恒大于零,因此可以通过条件 $\mu^p \geqslant 0$ 得到临界损伤值 d_c 的具体值为

$$d_c = \frac{675(2-\nu)}{32(5-\nu)(7-5\nu)} \tag{5-71}$$

需要注意的是,在细观力学模型中,由式子 $d = Na^3$ 定义的整体损伤变量实际上是一个代表微裂纹密度的参数,因此它的值并不是一定要在 0 到 1 之间(Ponte-Castaneda and Willis,1995),这点与经典的连续损伤力学有本质的差别。如果取泊松比 $\nu = 0.2$,通过式(5-71)得到的临界损伤值为 1.32。

5.4.3.6 摩擦与损伤的耦合

由式(5-68)可以看到，F^d 的表达式只与摩擦滑移相关的应变有关。也就是说，损伤演化实际上完全由微裂纹面上的摩擦滑移驱动。另外，损伤演化通过塑性刚度张量 $\mathbb{C}^p$ 对控制摩擦滑移的局部应力 $\boldsymbol{\sigma}^c$ 产生影响，如式(5-58)和式(5-60)中所示。事实上，由于 μ^p 和 k^p 中都含有损伤变量 d，摩擦准则 F 实际上是损伤变量的函数；损伤准则同样由于包含 F^d 实际上是塑性应变 $\boldsymbol{E}^c$ 的函数。因此，损伤与摩擦是耦合在一起的。

如果认为损伤发展同样符合正交法则，可以得到：

$$\dot{d} = \dot{\lambda}^d \frac{\partial f_d}{\partial F^d} \tag{5-72}$$

由于损伤与摩擦这两种耗能机制之间的耦合作用，乘子 $\dot{\lambda}^d$ 和 $\dot{\lambda}^f$ 的确定需同时考虑损伤准则及摩擦准则。具体来说，可以通过联立这两个准则的一致性条件来确定乘子 $\dot{\lambda}^d$ 和 $\dot{\lambda}^f$。

$$\begin{cases} \dot{F} = \dfrac{\partial F}{\partial d}\dot{d} + \dfrac{\partial F}{\partial \beta}\dot{\beta} + \dfrac{\partial F}{\partial \boldsymbol{\Gamma}}:\dot{\boldsymbol{\Gamma}} + \dfrac{\partial F}{\partial \boldsymbol{E}}:\dot{\boldsymbol{E}} = 0 \\ \dot{f}_d = \dfrac{\partial f_d}{\partial d}\dot{d} + \dfrac{\partial f_d}{\partial \beta}\dot{\beta} + \dfrac{\partial f_d}{\partial \boldsymbol{\Gamma}}:\dot{\boldsymbol{\Gamma}} = 0 \end{cases} \tag{5-73}$$

可以得到乘子 $\dot{\lambda}^d$ 和 $\dot{\lambda}^f$ 的表达式分别为

$$\begin{cases} \dot{\lambda}^f = \dfrac{1}{H}\dfrac{\partial F}{\partial \boldsymbol{E}}:\dot{\boldsymbol{E}} \\ \dot{\lambda}^d = -\dfrac{\dfrac{\partial f_d}{\partial \beta}c_f + \dfrac{\partial f_d}{\partial \boldsymbol{\Gamma}}:\boldsymbol{V}}{\dfrac{\partial f_d}{\partial d}H}\dfrac{\partial F}{\partial \boldsymbol{E}}:\dot{\boldsymbol{E}} \end{cases} \tag{5-74}$$

其中

$$H = \frac{\dfrac{\partial F}{\partial d}\left(\dfrac{\partial f_d}{\partial \beta}c_f + \dfrac{\partial f_d}{\partial \boldsymbol{\Gamma}}:\boldsymbol{V}\right)}{\dfrac{\partial f_d}{\partial d}} - \left(\dfrac{\partial F}{\partial \beta}c_f + \dfrac{\partial F}{\partial \boldsymbol{\Gamma}}:\boldsymbol{V}\right) \tag{5-75}$$

5.4.4 数值计算

本节将建立的基于细观力学的弹塑性损伤模型运用于描述两组辉绿岩岩样在三轴压缩试验中的力学响应，并将计算结果与试验数据进行比较。

5.4.4.1 计算方法与流程

通过采用运算符-分离运算法则(operator-split algorithm)对提出的模型进行数学描述，并使用自行编制的计算机程序进行计算。程序主要包含弹性预测以及塑性-损伤修正两个部分。由于损伤完全由摩擦滑移相关的塑性应变引起，因此在本程序中先进行塑性准则的判断和修正，然后再进行损伤修正。计算的具体步骤和流程如图 5-13 所示。

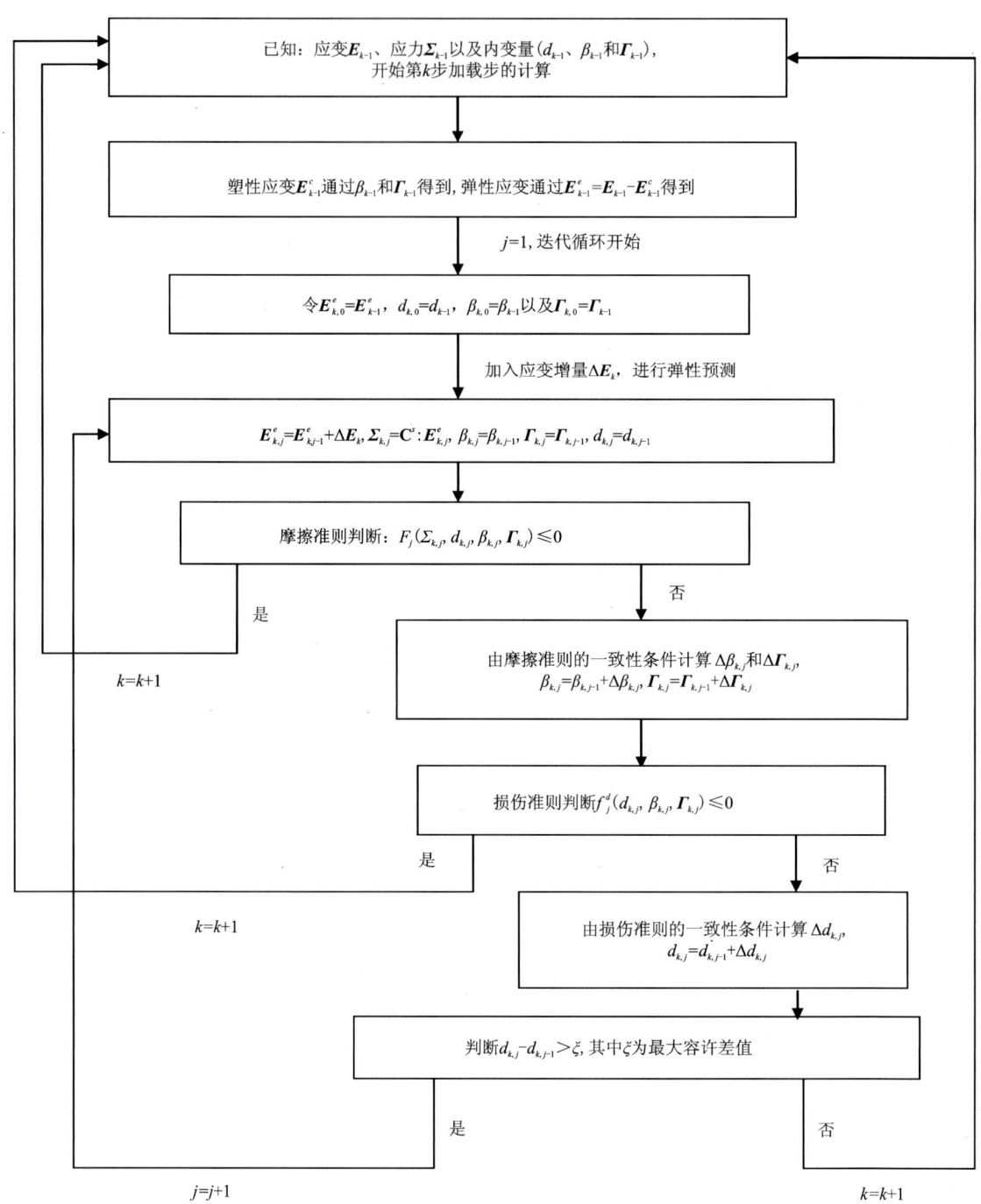

图 5-13　计算的具体步骤和流程图

5.4.4.2　参数分析

与宏观唯象模型相比,本书采用的细观力学分析大大减少了模型参数。本章建立的细观力学模型总共包含7个参数，其中3个为材料参数，4个为模型参数。材料参数包括两个弹性参数 E 和 ν，以及摩擦系数 c_f。弹性参数 E 和 ν 可以由应力-应变关系曲线的弹性段得到；摩擦系数 c_f 可以通过较高围压下三轴压缩试验得到的强度包线确定。此外，模型还有4个模型参数：参数 c_1 控制损伤发展速率；参数 d_0 表征初始损伤状态；参数 p_{ref} 和 m 共同控制有效摩擦系数的变化。这4个模型参数无法根据常规三轴压缩试验数据获得，因此，需要开展参数分析来确定这些模型参数对材料力学行为以及损伤发展将会产生哪些主要影响。在接下来的参数分析中，将计算围压10MPa下材料在常规三轴压缩试验中的力学行为，采用的典型计算参数分别为 $E=50\ 000\text{MPa}$、$\nu=0.2$、$c_f=0.8$。

1. 参数 c_1 的影响

从图5-14可以看到，控制损伤发展速率的参数 c_1 对材料力学行为有很大的影响。从对应于3个不同 c_1 值（0.5、0.8和1.0）的应力-应变关系曲线的对比可以看到，c_1 值越小，损伤发展越慢，材料的峰值应力以及相应的峰值应变越大。

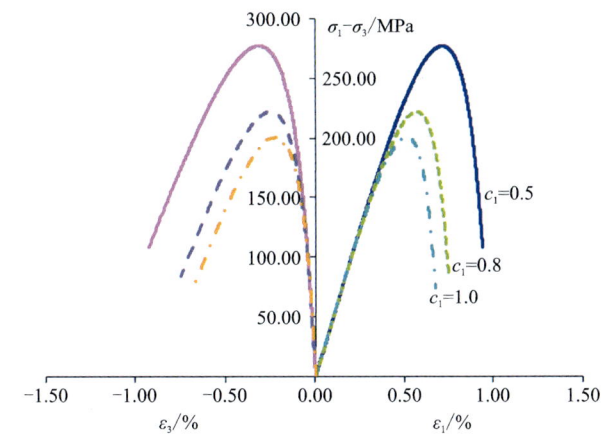

图5-14　参数 c_1 对材料力学行为的影响

2. 参数 d_0 的影响

当缺乏相应的试验依据时，可以取一个很小的 d_0 值代表材料的初始损伤。在常规三轴压缩试验的模拟中，d_0 实际上对应的是已经施加了围压，还没有施加偏应力时的材料损伤值。对于高孔隙率的岩石（如砂岩）而言，围压的压密作用对材料的力学性能有很大影响，因为围压可以使材料内部先前张开的孔隙或微裂纹闭合，从而提高材料的弹性模量。在这种情况下，高围压对应的 d_0 值应该相对较小。然而对于孔隙率很小的密实硬岩，如本章重点研究的辉绿岩等，由于其孔隙率极低，岩石内部本身含有的孔隙或微裂纹很少，因而围压的压密作用几乎可以不予考虑。

在此，选取了3个不同的 d_0 值（0.001、0.101和0.201）计算得到了3条应力-应变曲线，用以反映初始损伤 d_0 对材料力学行为的影响，如图5-15所示。由图5-15可以看到，d_0 同样对材料的峰值强度有明显的影响。同时，与参数 c_1 相比，d_0 对峰前段应力-应变关系曲线的影响更大。这是由于损伤参数与材料的有效弹性模量直接关联，因此对材料力学性能的影响在弹性阶段就得到了体现;而控制损伤演化速率的 c_1 只有在摩擦滑移启动以后才能发挥其作用。

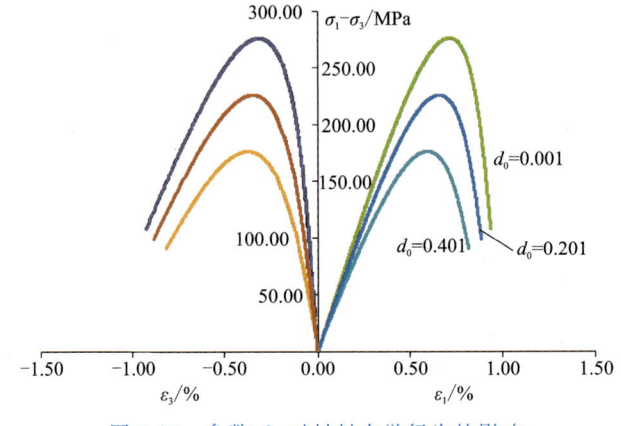

图 5-15　参数 d_0 对材料力学行为的影响

3. 参数 p_{ref} 和 m 的影响

参数 p_{ref} 和 m 共同控制摩擦系数的演化。当参数 m 的值设为 0 时,p_{ref} 将失去作用,而摩擦准则将退化至传统的莫尔-库伦摩擦准则。首先为了说明 p_{ref} 对材料力学性能的影响,设 m 的值为 1,同时取 p_{ref} 分别为 120MPa、150MPa 和 200MPa 计算三轴压缩试验中材料的应力-应变曲线,结果如图 5-16 所示。由图 5-16 可以看到 p_{ref} 的值越大,摩擦系数越小,相应的峰值强度越低。

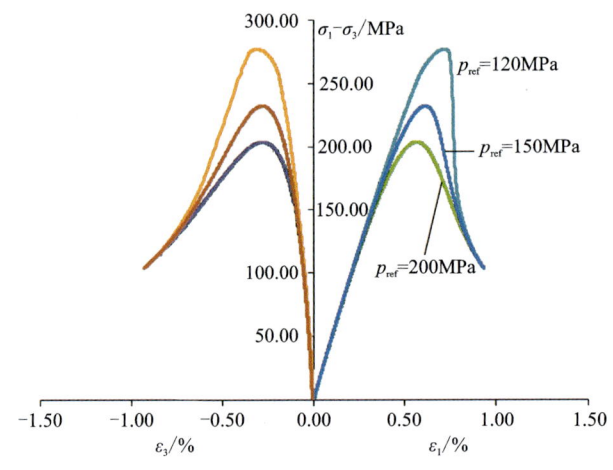

图 5-16　参数 p_{ref} 对材料力学行为的影响

同时,将 p_{ref} 设为 150MPa,取 m 分别为 0.1、0.5 和 1.0 计算三轴压缩试验中材料的应力-应变曲线,结果如图 5-17 所示。由于 $(1-\langle p_{ref}-p^c\rangle/p_{ref})$ 的值总是在 0 到 1 之间,因此 m 越大,摩擦系数越小,相应的峰值强度越低。

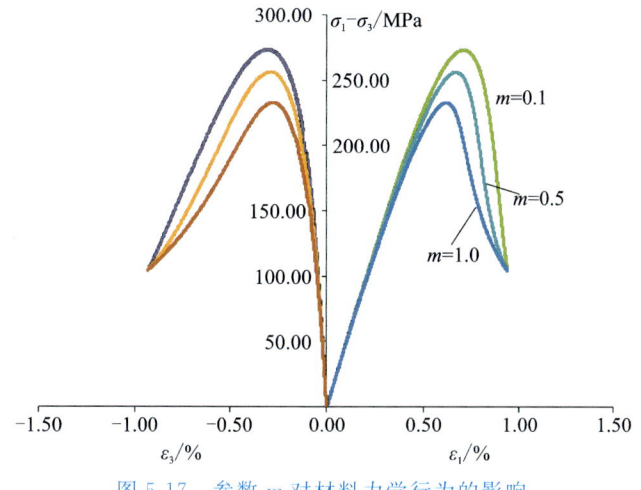

图 5-17　参数 m 对材料力学行为的影响

5.4.4.3　新鲜辉绿岩三轴压缩试验模拟

现在将本章建立的细观力学模型用于模拟辉绿岩三轴压缩试验中的力学响应。两组辉绿岩的计算中采用的材料参数和模型参数的值列在表 5-2 中。运用图 5-13 中给出的计算流程，得到了不同围压下岩样的应力-应变曲线。新鲜辉绿岩三轴压缩试验的模型预测值与试验数据的对比如图 5-18 所示。由图 5-18 可以看到，模型可以很好地描述辉绿岩的脆性特征。不同围压下，轴向应变和侧向应变的计算结果与实测数据都吻合得很好。尤其从侧向应变的预测结果可以看到，峰后的体积膨胀也在数值模拟中得到了很好的体现。

表 5-2　计算中采用的参数值

岩样（辉绿岩）	E/GPa	ν	c_f	c_1	d_0	p_{ref}/MPa	m
新鲜	52	0.18	1.0	0.8	0.001	150	0.8
微风化（方法一）	40	0.18	0.8	0.6	0.001	150	0.8
微风化（方法二）	52	0.18	0.8	0.6	0.201	150	0.8

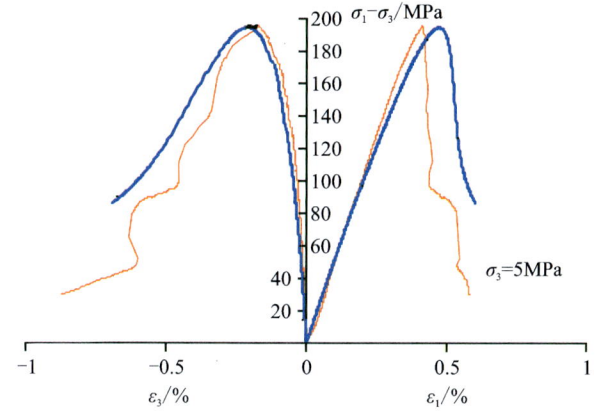

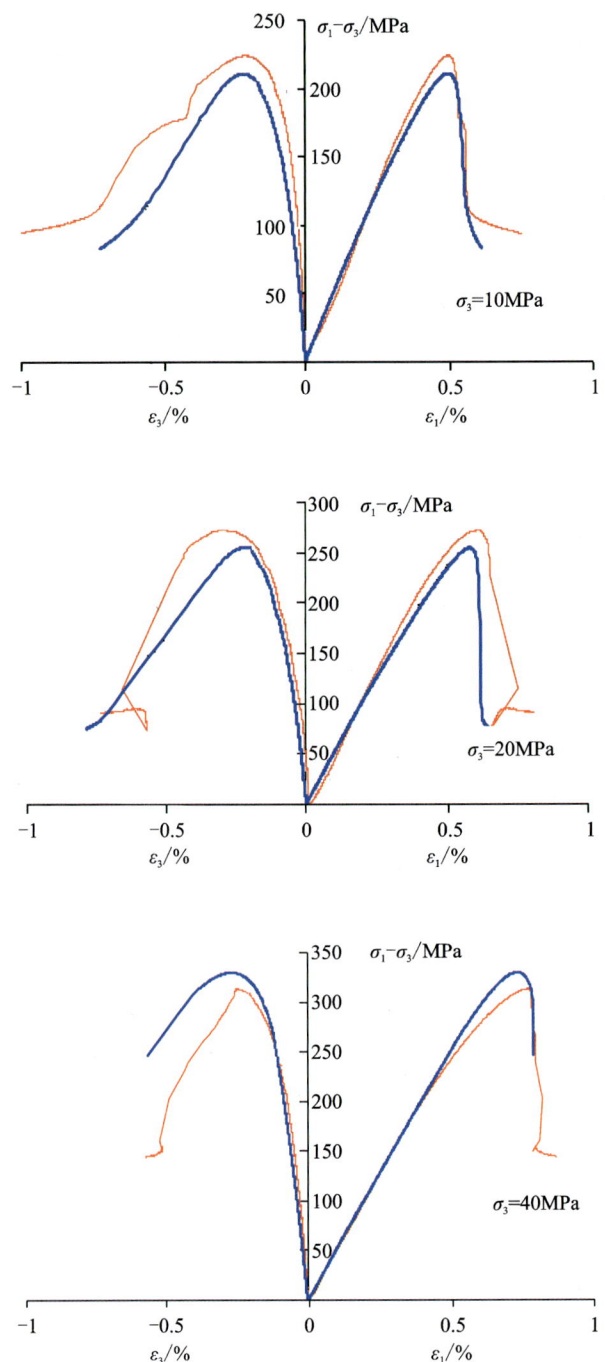

图 5-18 不同围压下模型预测（粗线）与试验数据（细线）的对比
（新鲜辉绿岩，围压分别为 5MPa、10MPa、20MPa、40MPa）

图 5-19 给出了计算得到的损伤随轴向应变演化的典型曲线（围压为 5MPa）。由图 5-19 可以看到，损伤发展曲线可大致分为 4 个阶段。阶段 1 是加载的初期，材料的变形以弹性变形为主，损伤发展可以忽略不计；阶段 2 由于闭合微裂纹面上摩擦滑移的启动，塑性应变开始发展，损伤也以一个稳定的速率近似线性发展；阶段 3 由于摩擦滑移的进一步发展，微裂纹扩展的速率迅速增加，导致损伤发展速率急剧加快，直到达到峰值应力（对应的峰值轴向应变约为 0.5%）；阶段 4 是峰后阶段，损伤速率逐步减小并趋于稳定。

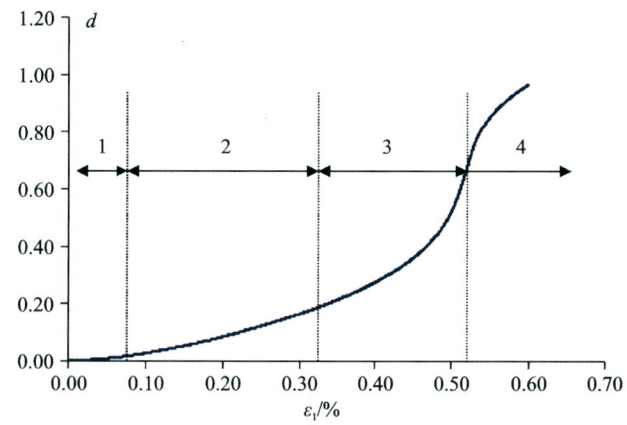

图 5-19　三轴压缩试验中的典型损伤发展曲线（新鲜辉绿岩，围压 5MPa）

5.4.4.4　微风化辉绿岩三轴压缩试验模拟

采用两种方法对微风化辉绿岩的力学行为进行了数值模拟。研究的目的在于证实本章建立的模型对于微风化辉绿岩的适用性，同时试着揭示风化作用对岩石力学性能的影响效果。

方法一：第一种方法是将微风化辉绿岩视为与新鲜辉绿岩完全不同的另一种材料。这样模型中的所有参数，包括材料参数，都需要基于试验数据重新获得，如表 5-2 中所示。与新鲜辉绿岩相比，微风化辉绿岩的弹性模量以及不同围压下的峰值强度都有明显减小。运用方法一，也就是表 5-2 中的第二行参数，对微风化辉绿岩进行数值模拟计算的结果如图 5-20 所示。

对应的不同围压下，损伤随轴向应变发展的曲线如图 5-21 所示。与新鲜辉绿岩的损伤曲线（图 5-19）类似，图 5-21 中的损伤发展曲线也呈现出 4 个阶段。此外，从图 5-21 中还可以看到围压对损伤发展的影响。通过图 5-21 中 3 个不同围压下损伤发展曲线的对比可以看到，随着围压的增大，阶段 1 和阶段 2（参见图 5-19）之间的过渡点有所滞后。这主要是由于围压较大时，微裂纹面上的初始法向应力也较大，摩擦滑移较难启动，因而相应的损伤发展也出现滞后。这也是阶段 2 和阶段 3 中（参见图 5-19），高围压对应的损伤发展速率比低围压下要小的主要原因。其中阶段 3 在峰值应力结束，对应的峰值轴向应变为 0.6% 到 0.7% 之间。与图 5-19 相比，这里的损伤发展曲线较为平缓，这是由于参数 c_1 的取值比新鲜辉绿岩计算时选用的值小。同时，峰后阶段的损伤发展曲线得到了更为完整的展示，从中可以看到，不同围压下的损伤发展虽然不同，但最终都趋向于同样的累积损伤值。

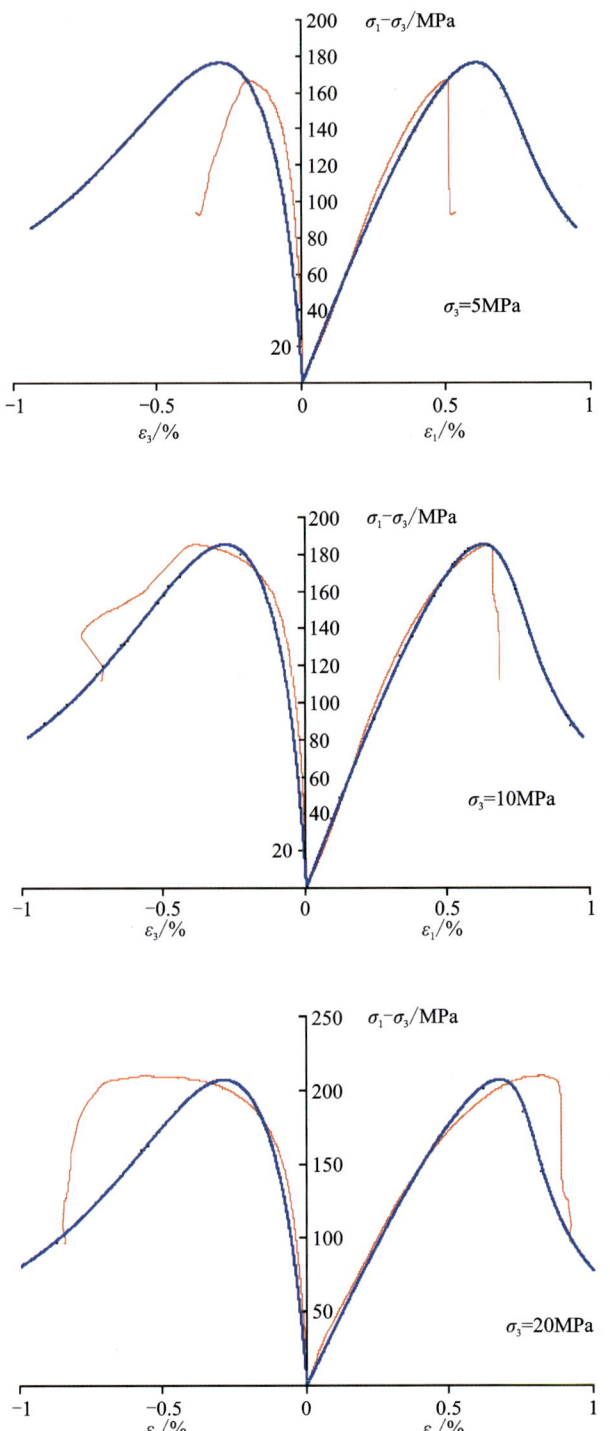

图 5-20　不同围压下模型预测（粗线）与试验数据（细线）的对比
（微风化辉绿岩，围压分别为 5MPa、10MPa、20MPa）（方法一）

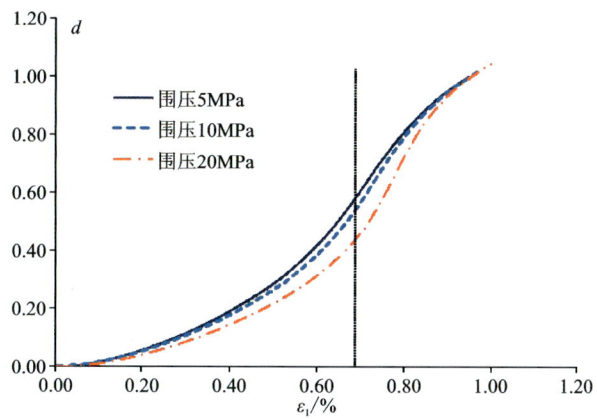

图 5-21　微风化辉绿岩不同围压下的损伤发展曲线

方法二：从表 5-1 可以看到，风化作用对辉绿岩物理力学参数的影响主要体现为孔隙率的增加。对于微风化辉绿岩而言，它的矿物结构与新鲜辉绿岩相比差异不大，只是含有更多的孔隙和微裂纹，从而导致了力学性能的退化。因此从力学角度来看，可以把孔隙率的增加与加载前材料的初始损伤状态联系起来。也就是说，可以把微风化辉绿岩与新鲜辉绿岩看成是同一种材料，只不过微风化辉绿岩具有较大的初始材料损伤。因此，可以不用重新确定微风化辉绿岩的材料参数，仅仅通过调整初始损伤值的大小来反映风化作用引起的材料力学性能的退化。同时，根据 Pellegrino 和 Prestininzi(2007)总结的不同风化程度下岩石力学参数的对比可以发现，风化岩石的摩擦系数通常也要比新鲜岩石小。因此，弹性模量 E 和摩擦系数 c_f 都应该由于初始损伤而减小。在此取 $d_0=0.2$，相应地：

$$\begin{cases} E = (1-d_0)E_0 \\ c_f = (1-d_0)c_{f0} \end{cases} \tag{5-76}$$

式中：E_0 和 c_{f0} 为对应于新鲜辉绿岩的材料参数值。方法二对应的参数列在表 5-2 中的最后一行。运用这些参数计算得到的不同围压下微风化辉绿岩的应力-应变曲线如图 5-22 所示。

由图 5-22 可以看到，保持弹性参数 E 和 ν 的值与新鲜辉绿岩一致的情况下，微风化辉绿岩的力学行为可以通过调整初始损伤值得到很好的描述。计算结果与实测数据有较好的一致性。

图 5-23 显示了方法二计算得到的损伤随轴向应变的发展曲线，并将其与方法一得到的损伤发展曲线进行对比。在此取围压 5MPa 时的损伤发展曲线作为说明。从图 5-23 可以看到，虽然初始值不同，但由于参数 c_1 值相等，两种方法中的损伤速率一致。方法二的初始损伤值较大，对应的峰值应变比方法一中小，如图 5-23 中的竖直虚线所示。但是这两种方法中对应于峰值应变(应力)的损伤值基本相等。同时，两种方法中对应于峰后残余强度的最终损伤值也基本相等。这一现象说明两种方法虽然计算过程不同，但其表现出来的物理意义是一致的。

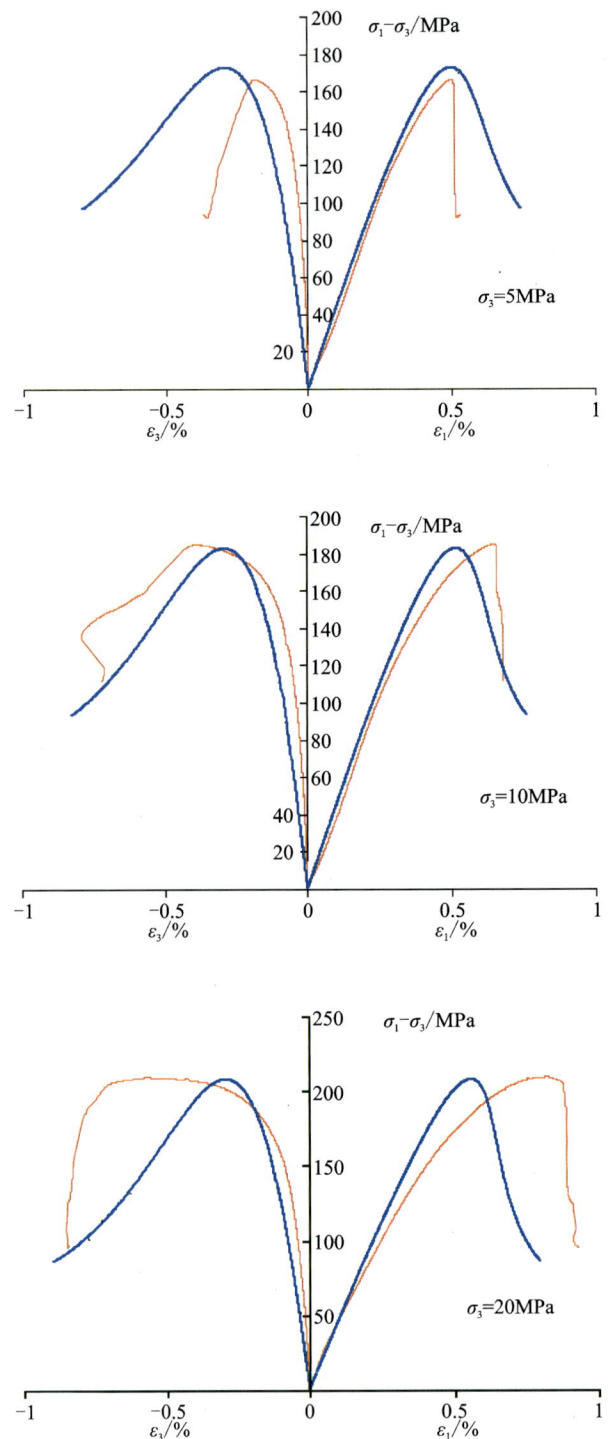

图 5-22 不同围压下模型预测(粗线)与试验数据(细线)的对比
(微风化辉绿岩,围压分别为 5MPa、10MPa、20MPa)(方法二)

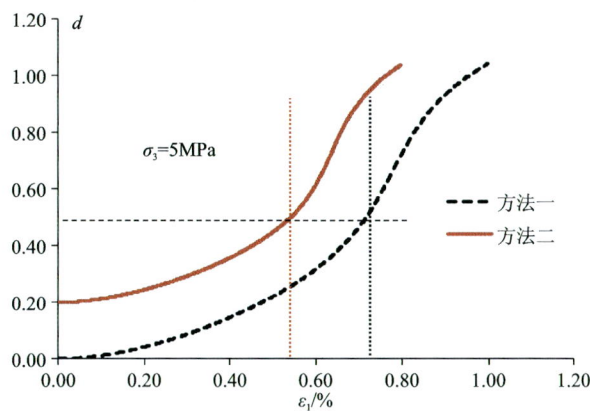

图 5-23 方法一和方法二计算得到的损伤随轴向应变的发展曲线的对比(围压 5MPa)

尽管方法二可以较好地预测微风化辉绿岩的力学行为,但从试验角度来看,还需要大量不同风化等级的岩石力学实验数据用以建立风化程度与初始损伤的关系。

5.4.5 小结

本节基于细观力学理论建立了描述脆性岩石力学性能的弹塑性损伤模型。模型是在细观力学均匀化理论及相关细观力学分析的基础上,在不可逆热力学理论框架内建立起来的。模型考虑了压应力作用下,闭合微裂纹的摩擦滑移与材料损伤演化的耦合,同时还考虑了微裂纹张开-闭合转换的单边效应。局部摩擦滑移引起的非弹性应变采用塑性理论进行描述。模型提出的库伦型摩擦准则考虑了作用在微裂纹上局部压应力对有效摩擦系数的影响。与宏观唯象模型相比,本节建立的模型具有参数少且参数物理意义明确的特点。用模型对两组辉绿岩岩样三轴压缩试验中的力学行为进行模拟,并与试验数据进行对比。结果表明,本节建立的模型可以较好地描述脆性岩石力学行为的主要特征。然而对于风化岩石或孔隙率较高的岩石,固体基质在破坏前的不可逆变形成为很重要的变形机制。因此,将本书工作进行扩展,考虑岩石基质的非弹性变形与微裂纹扩展及损伤之间的相互作用是今后值得研究的一个方向。最后,将本节模型进行扩展,用以描述饱和脆性岩石的水力耦合行为及材料损伤的工作将在下一节展开。

5.5 基于细观力学的饱和脆性岩石水力耦合本构模型

对于地壳表面的岩体而言,其赋存的外部环境十分复杂。有的岩石处于干燥状态,有的处于饱和状态,还有一部分经历着干燥和饱和的循环。在这些不同的工况下,岩石的力学响应是不同的。尤其对于蓄水面以下的岩石而言,孔隙水压力的变化对岩石的力学性能有很大影响,并且这种水力耦合作用是引起水库诱发地震的主要原因之一(Talwani and Acree, 1985;Simpson and Narasimhan,1990)。而对于岩体而言,当完整基岩渗透率极低时,在岩体内部宏观裂隙内的渗流及其与外部应力的耦合作用是影响岩体力学性能的主要因素之一。所有上述问题都是水库稳定性分析和诱发地震研究的关键。因此，开展库区岩石在干燥及饱和条件下的力学性能、孔隙力学性能，以及宏观裂隙渗流-应力耦合特性的研究，是十分必要的。预期研究成果可为丹江口水库提高水位后的稳定性分析和诱发地震研究提供理论依据，同时可以广泛应用到岩石力学及工程的其他领域，如核废料的地质掩埋、二氧化碳的封存，以及石油开采等，因为在这些工程中，孔隙压力与力学性能的相互作用同样是工程成功的关键因素。

本节主要目的在于运用细观力学理论及分析，对含有随机分布的微裂纹并且被间隙水饱和的脆性孔隙岩石建立弹塑性损伤模型，用以描述其在排水以及不排水条件下的力学行为及水力耦合行为。作为上一节中建立的损伤模型的扩展，本节研究的 REV 是被间隙流体饱和的，因此施加在 REV 上的边界条件包括宏观应变及固-液交界面上的间隙压力。与宏观孔隙压力不同，本书用间隙压力描述微细观尺度下固体颗粒间空隙（包括微裂纹和孔隙）内部的压力。与第 3 章类似，研究的重点放在了压应力作用下，闭合微裂纹的细观力学描述。

5.5.1 概述

对于大部分黏聚性岩土材料而言，微裂纹引起的材料损伤是引发材料力学性能退化直至被破坏的主要机制。在许多实际工程中，岩土材料不仅受到外部荷载，同时还受到内部间隙水压力的作用。一方面，岩土材料的力学行为、水力耦合行为及渗透率均受到材料损伤的重要影响；另一方面，材料损伤是由外部荷载和内部水压力共同引起的。因此，研究间隙水压力与材料力学行为的相互作用，以及材料的水力耦合行为与损伤之间的相互影响，对于许多实际工程的破坏以及渗流分析均具有重要意义。本节将致力于对饱和岩石的损伤发展及相关非弹性变形进行细观力学分析，重点研究在压应力作用下，微裂纹处于闭合状态时损伤模型的建立。这一问题目前在国内外仍属于开放课题。

前文已经介绍，由于宏观唯象模型不能考虑细观尺度下材料损伤和非线性变形的根本机制，近年来越来越多的研究者采用基于细观力学的本构模型描述岩土材料的诱发损伤。这些模型通过结合考虑微裂纹的扩展及微裂纹的不同分布模式对唯象模型进行改进，为描述脆性岩石的损伤发展提供了新的方法。然而，大部分现有的细观力学损伤模型都主要针对于干燥的材料，并没有考虑间隙水压力的作用；针对饱和或非饱和岩土材料的细观力学损伤模型目前相对较少。Dormieux 及其合作者（Dormieux et al., 2006a; Dormieux et al., 2006b; Dormieux and Kondo, 2007, 2009）是将细观力学应用于饱和脆性岩土材料损伤描述的先驱者之一，但他们的工作也都局限于含有张开微裂纹或闭合光滑微裂纹的弹性情况。Zhu 等（2011）建立了干燥条件下脆性材料损伤-塑性耦合的细观力学损伤模型，但该模型并没有考虑弹塑性变形与间隙水压力之间的耦合作用。

因此，本节的主要目的在于在已有研究工作的基础上，建立饱和脆性岩石基于细观力学的水力耦合损伤本构模型。研究重点为在压应力作用下对闭合微裂纹的描述。首先建立微裂纹张开时，饱和 REV 宏观势能的表达式。其次通过细观力学分析和问题分解，建立微裂纹闭合时饱和 REV 的自由能。最后用建立的模型对典型脆性孔隙岩石在排水以及不排水三轴压缩试验中的力学行为及间隙水压力的变化进行数值模拟,并与试验数据进行对比。

5.5.1.1 砂岩的物理与力学特性

除辉绿岩以外,砂岩也是丹江口水库库区最典型的岩石之一。因此同样对取自丹江口水库库区砂岩的物理力学特性进行了试验研究。在 5.4 中对辉绿岩岩样做过的所有室内试验也同样对砂岩进行,得到的物理参数,如干密度、含水率、孔隙率、比重等列在表 5-3 中。为了进行对比,表 5-3 同时列出了辉绿岩的物理参数。

表 5-3 辉绿岩与砂岩物理参数对比

岩石类型	干密度/(g·cm^{-3})	含水率/%	孔隙率/%	比重
砂岩	2.52	2.03	12.65	2.89
辉绿岩	2.97	0.059	0.37	2.98

从表 5-3 中的试验数据可以看到,砂岩与辉绿岩相比最大的不同在于孔隙率与含水率的差异;而从物理角度来看,含水率的差异是孔隙率不同所导致的。通过对比可以看到,砂岩的孔隙率是辉绿岩的几十倍,因此在饱和状态下,砂岩的水力耦合行为要比新鲜辉绿岩显著得多。因此,本节选取砂岩作为典型孔隙材料开展基于细观力学的水力耦合损伤模型的建立。

同时,对饱和砂岩进行了排水条件下的单轴和三轴压缩试验。偏应力加载作用下典型的应力-应变曲线如图 5-24 所示。可以看到,砂岩力学行为仍然显示出明显的非线性以及典型的脆性特征。

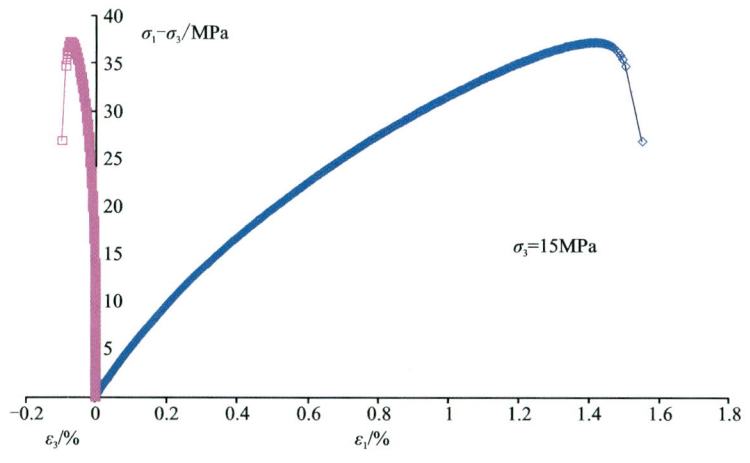

图 5-24 饱和砂岩排水三轴压缩试验中的力学响应(围压 15MPa)

事实上,本书研究的砂岩虽然孔隙率远大于辉绿岩,但相对于中等或大孔隙率砂岩而言却是较小的,因为后者的孔隙率可以达到 30% 甚至是 45% 以上。对于本书研究的砂岩(孔隙率为 12.6%),可以认为其力学行为仍然主要受微裂纹发展的影响。微裂纹的发展导致材料弹性参数的退化,产生非弹性应变、体积膨胀及脆性破坏。

5.5.1.2 含微裂纹孔隙介质的描述

如前所述,在进行细观力学分析前,首先应该选取一个表征材料典型微观结构的代表性单元体积(用 Ω 表示)用于尺度扩展分析。同样 REV 由固体基质及随机分布的缺陷夹杂体组成。对于砂岩这种孔隙率较大的岩石,需要将基质内部的空隙缺陷按其形状分成两大类,一类是扁平钱币形的空隙,在此称之为微裂纹;另一类是圆形开口,在此称之为孔隙。本书认为,在压应力作用下,币形微裂纹将会闭合;而圆形孔隙即使在压应力作用下也不会闭合,因此 REV 中总有张开空隙的存在。

在 5.4 对辉绿岩的细观力学分析中,并没有对其内部空隙进行区分,而统一视为微裂纹的形式。这是由于新鲜辉绿岩的孔隙率极低,是一个千分之几的数量级(表 5-1),因此在只考虑力学行为的情况下,将不同形状的空隙均视为微裂纹对材料性能的影响不大。然而当岩石的孔隙率达到较高水平,并且需要考虑间隙水压力的作用时,岩石的水力耦合行为将取决于空隙的张开及连通程度。当把岩石内部的空隙全部视为微裂纹时,在一定的压应力下,会发生微裂纹全部闭合的极限情况。这种情况对于孔隙率极低的辉绿岩来说是与实际情况基本相符的。但对于孔隙率达到 10% 以上的砂岩,岩石内部不管在何种加载条件下,都是有张开空隙存在的。因此,本书把 REV 内部空隙按其形状分成圆形不会闭合的孔隙及扁平状会闭合的微裂纹,并且认为饱和岩石的力学行为仍然主要受微裂纹发展的影响,而微裂纹与张开的孔隙是相互连通的,因而微裂纹扩展通过改变孔隙体积对材料的水力耦合性能产生影响。

鉴于以上考虑,本书把固体基质及其内部的孔隙视为一个均匀的整体,认为孔隙的存在是对固体基质的弱化,但不考虑孔隙本身的变形。研究的重点仍然放在微裂纹的扩展及其变形对材料宏观性能的影响上。因此,本书所考虑的 REV 是由一个被孔隙弱化的均匀固体基质及随机分布的微裂纹组成的,如图 5-25 所示。

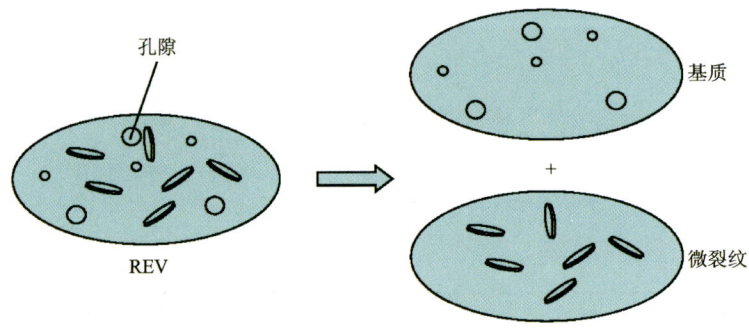

图 5-25 REV 的分解

假定被孔隙弱化的固体基质是弹性模量为 $\mathbb{C}^m$ 的线弹性体。由于孔隙的存在,该弹性张量 $\mathbb{C}^m$ 应该比基质固相的弹性张量 $\mathbb{C}^s$ 要小一些。同样,微裂纹被视为椭圆体夹杂体,并且根据其单位法向量分为 n 族,每一族的弹性张量用 $\mathbb{C}^{c,r}(r=1,\cdots,n)$ 表示。当微裂纹张开时,张开微裂纹的变形会产生弹性损伤。当微裂纹闭合时,微裂纹张开-闭合单边效应也会产生材料损伤;同时微裂纹面上的摩擦滑移会产生非弹性应变并与材料损伤互相耦合。

为了得到材料的有效弹性张量,需要运用基于 Eshelby 问题解的线性均匀化方法。有效

弹性张量 $\mathbb{C}^{\text{hom}}$ 的具体表达式已经在 5.3 中得到，不同的是，现在 REV 中的固体基质是含有孔隙的，因此需要将式(5-10)中的 $\mathbb{C}^s$ 替换为 $\mathbb{C}^m$，进而得到：

$$\mathbb{C}^{\text{hom}} = \mathbb{C}^m + \sum_{r=1}^{n} \varphi^{c,r}(\mathbb{C}^{c,r} - \mathbb{C}^m) : \mathbb{A}^{c,r} \tag{5-77}$$

在这里同样选用 PC-W 方法确定应变局部化张量 $\mathbb{A}^c$，并且采用标量损伤变量 d 代表大量微裂纹随机分布情况下的各向同性损伤（$d_r = d$）。同时，由于不考虑孔隙本身的变形，损伤发展仅仅与微裂纹的扩展相关联。

5.5.1.3　带张开微裂纹饱和孔隙介质的孔隙弹性理论

当 REV 中的所有微裂纹都处于张开状态时，整个 REV 的变形是弹性的。由于张开微裂纹内部的局部应力为 0，因此可以通过取式(5-77)中 $\mathbb{C}^{c,r}=0$ 得到微裂纹张开状态下的有效弹性张量 $\mathbb{C}^{\text{hom}}$：

$$\mathbb{C}^{\text{hom}} = 3k^{\text{hom}} \mathbb{J} + 2\mu^{\text{hom}} \mathbb{K} \tag{5-78}$$

同样在各向同性条件下，$\mathbb{C}^{\text{hom}}$ 的表达式已经在 5.3.1 中得到。回顾式(5-32)可知，式(5-78)中的有效剪切模量 μ^{hom} 和有效体积模量 k^{hom} 的表达式为

$$\begin{cases} \mu^{\text{hom}} = \mu^m \left(1 - \dfrac{\eta_2 d}{1+\eta_2 \alpha_2 d}\right) \\ k^{\text{hom}} = k^m \left(1 - \dfrac{\eta_1 d}{1+\eta_1 \alpha_1 d}\right) \end{cases} \tag{5-79}$$

式中：分别用被孔隙弱化的基质的剪切模量 μ^m 和体积模量 k^m 取代了基质固相的剪切模量 μ^s 和体积模量 k^s；并且式中的参数 η_1 和 η_2 都是基质泊松比的函数：$\eta_1 = 16[1-(\nu^m)^2]/[9(1-2\nu^m)]$、$\eta_2 = [32(1-\nu^m)(5-\nu^m)]/[45(2-\nu^m)]$；系数 α_1 和 α_2 通过四阶张量 $[\alpha_1/(3k)^m \mathbb{J} + \alpha_2/(2\mu^m) \mathbb{K}]$ 表征微裂纹的空间分布效应，当采用 PC-W 方法时其具体表达式为 $\alpha_1 = (1+\nu^m)/[3(1-\nu^m)]$、$\alpha_2 = [2(4-5\nu^m)]/[15(1-\nu^m)]$。

当含微裂纹的孔隙介质被间隙流体饱和时，整个 REV 受到边界 $\partial\Omega$ 上的宏观应变 $\boldsymbol{E}$ 及固液交界面处的间隙水压力 p 的作用。因此，单位体积的做功速率可以表示为

$$\dot{\Psi}_s = \boldsymbol{\Sigma} : \dot{\boldsymbol{E}} + p\dot{\varphi} \tag{5-80}$$

式中：φ 为 REV 的孔隙率；$\boldsymbol{\Sigma} : \dot{\boldsymbol{E}}$ 为不考虑间隙水压力作用的应变功速率；$p\dot{\varphi}$ 为间隙水压力的做功速率。为了通过对能量方程进行微分得到孔隙率变化的状态方程，需要引入势能 Ψ_s^*，其具体表达为(Coussy, 2004; Dormieux et al., 2006a)

$$\Psi_s^* = \Psi_s - p(\varphi - \varphi_0) \tag{5-81}$$

可得到相应的率形式的势能为

$$\dot{\Psi}_s^* = \boldsymbol{\Sigma} : \dot{\boldsymbol{E}} - (\varphi - \varphi_0)\dot{p} \tag{5-82}$$

在线性孔隙弹性力学框架内，$\boldsymbol{\Sigma}$ 和 $(\varphi - \varphi_0)$ 都是 $\boldsymbol{E}$ 和 p 的线性函数。因此，单位体积的势函数 Ψ_s^* 应该是后两个变量的二次函数。在等温及小应变条件下，Ψ_s^* 可以写成如下形式(Coussy, 2004; Dormieux and Kondo, 2007)：

$$\Psi_s^* = \frac{1}{2} \boldsymbol{E} : \mathbb{C}^{\text{hom}} : \boldsymbol{E} - \frac{p^2}{2N} - p\boldsymbol{B} : \boldsymbol{E} \tag{5-83}$$

相应的单位体积内的宏观总自由能 Ψ_s 可以通过简单的变换得到：

$$\Psi_s = \boldsymbol{\Sigma}:\boldsymbol{E} + p(\varphi - \varphi_0) = \frac{1}{2}\boldsymbol{E}:\mathbb{C}^{\text{hom}}:\boldsymbol{E} + \frac{p^2}{2N} \tag{5-84}$$

注意到，N 和 $\boldsymbol{B}$ 都是继承于 Biot 弹性理论的参数，分别代表 Biot 模量和 Biot 系数张量（二阶）。根据孔隙弹性理论，结合含微裂纹材料的均匀化方法可以得到，在各向同性条件下，$1/N$ 和 $\boldsymbol{B}$ 都是排水条件下的有效弹性张量 $\mathbb{C}^{\text{hom}}$ 的函数：

$$\boldsymbol{B} = \boldsymbol{\delta} - \mathbb{C}^{\text{hom}}:\mathbb{S}^s:\boldsymbol{\delta} \tag{5-85}$$

$$\frac{1}{N} = (\boldsymbol{B} - \varphi_0\boldsymbol{\delta}):\mathbb{S}^s:\boldsymbol{\delta} \tag{5-86}$$

式中：$\mathbb{S}^s = (\mathbb{C}^s)^{-1}$ 为 REV 中固相的四阶弹性柔度张量；φ_0 为初始孔隙率。

借助于式(5-78)和式(5-79)，式(5-85)和式(5-86)可以进一步写成：

$$\boldsymbol{B} = \left(1 - \frac{k^{\text{hom}}}{k^s}\right)\boldsymbol{\delta} = \left(1 - \frac{k^m}{k^s}\right)\boldsymbol{\delta} + \frac{k^m}{k^s}\frac{\eta_2 d}{1 + \eta_2 \alpha_2 d}\boldsymbol{\delta} \tag{5-87}$$

$$\frac{1}{N} = \frac{1}{k^s}\left(1 - \frac{k^{\text{hom}}}{k^s} - \varphi_0\right) \tag{5-88}$$

可以看到，Biot 系数张量 $\boldsymbol{B}$ 由两部分组成：

$$\boldsymbol{B} = \boldsymbol{B}_0 + \boldsymbol{B}(d) = b_0\boldsymbol{\delta} + (1 - b_0)\frac{\eta_2 d}{1 + \eta_2 \alpha_2 d}\boldsymbol{\delta} \tag{5-89}$$

其中 $b_0 = 1 - k^m/k^s$。第一部分 $\boldsymbol{B}_0$ 代表固体基质中孔隙的存在引起的 Biot 系数，第二部分 $\boldsymbol{B}(d)$ 对应于微裂纹的扩展对 Biot 系数的贡献。

在热力学理论框架内，宏观应力应变关系及孔隙率的变化可以通过对势能求偏导的标准状态方程得到：

$$\boldsymbol{\Sigma} = \frac{\partial \Psi_s^*}{\partial \boldsymbol{E}} = \mathbb{C}^{\text{hom}}:\boldsymbol{E} - \boldsymbol{B}p \tag{5-90}$$

$$\varphi - \varphi_0 = -\frac{\partial \Psi_s^*}{\partial p} = \frac{p}{N} + \boldsymbol{B}:\boldsymbol{E} \tag{5-91}$$

以上的孔隙弹性关系式对于微裂纹张开时的饱和孔隙介质是成立的。但在大多数情况下，岩石、混凝土等脆性孔隙材料主要受到压力作用。在压应力占主导地位时，微裂纹会闭合；同时在局部切向应力的作用下，会发生沿粗糙裂纹面的摩擦滑移，伴随着微裂纹的扩展及材料损伤的发展。此外，由于微裂纹表面的不光滑，切向滑移过程中会导致微裂纹法向开度的增大，进而引起宏观体积膨胀。因此，为了工程实践的需要，必须将弹性情况下的结果进行扩展，用以描述被间隙流体饱和的闭合微裂纹的力学性能，尤其需要考虑上述力学机制以及损伤演化与摩擦滑移之间的耦合作用。

5.5.2 闭合微裂纹的细观力学描述

大部分前人的工作对于闭合微裂纹都只考虑了理想的光滑无摩擦情况（Dormieux et al.，2006a；Zhu et al.，2008b，2008c）。光滑闭合微裂纹的变形也是弹性的，因此在 5.5.1.3 中介绍的孔隙弹性理论就可以描述含光滑闭合微裂纹的饱和孔隙介质的水力耦合行为。并且,微裂纹张开-闭合转换也可以通过有效弹性张量 $\mathbb{C}^{hom}$ 对反映水力耦合行为的参数 B 和 N 产生影响。具体来说,当采用 PC-W 方法确定 $\mathbb{C}^{hom}$ 时,可以选用式(5-33)中 μ^{hom} 和 k^{hom} 带上标 c 的表达式用于闭合光滑微裂纹的孔隙弹性力学分析,其余的步骤与张开微裂纹情况下完全一致。

然而在实际情况下,岩土材料中固有的及应力产生的微裂纹都是粗糙不光滑的,并且局部摩擦系数与微裂纹面上粗糙体的演化有关。基于之前研究者的工作(Zhu et al.,2008b,2008c),本书采用细观力学分析和标准热力学理论相结合的方法描述与闭合微裂纹摩擦滑移相关的能量耗散过程。为了达到这个目标,首先需要确定考虑间隙水压力作用下整个 REV 宏观自由能的表达式。

回顾 5.4 中介绍的由微裂纹的位移不连续引起的宏观应变 E^c。当微裂纹为闭合摩擦型时,E^c 是完全非弹性的。本书采用塑性理论描述该与摩擦滑移相关的非弹性变形。因此,可以在后文中用 E^{pl} 代替 E^c 用以清楚地区分弹性应变与塑性应变。这一点对于下面即将进行的应变问题分解尤为重要。回顾式(5-50),微裂纹引起的塑性应变可以表示为

$$E^{pl} = \frac{1}{3}\beta\boldsymbol{\delta} + \boldsymbol{\Gamma} \tag{5-92}$$

其中

$$\begin{cases} \beta = \mathrm{tr}E^{pl} \\ \boldsymbol{\Gamma} = \dfrac{1}{8\pi}\int_{\partial\Omega^c}(\underline{\gamma}\otimes\underline{n}+\underline{n}\otimes\underline{\gamma})\mathrm{d}S \end{cases} \tag{5-93}$$

5.5.2.1 问题分解

为了建立宏观自由能与塑性应变 E^{pl} 及间隙水压力 p 之间的关系,需要把宏观应变分解成两部分:一部分是固体基质的弹性应变($E-E^{pl}$);另一部分是微裂纹引起的塑性应变 E^{pl}。相应地,最初的问题被分解成了两个子问题,如图 5-26 所示。

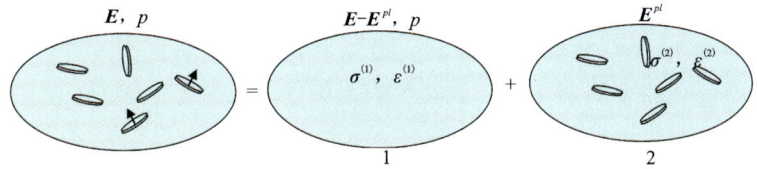

图 5-26 含微裂纹饱和孔隙介质的问题分解

在子问题 1 中,REV 包含被孔隙弱化的均匀弹性基质。因此,子问题 1 中 REV 内部的应力场和应变场都是均匀的。宏观应力和应变可以通过局部应力与应变在相应体积内的平均积分得到:

$$\frac{1}{|\Omega|}\int_{\Omega^s}\varepsilon^{(1)}\mathrm{d}V = E - E^{pl} \tag{5-94}$$

$$\boldsymbol{\sigma}^{(1)} = \frac{1}{|\Omega|}\int_{\Omega^s}\mathbb{C}^m:\varepsilon^{(1)}\mathrm{d}V - p\boldsymbol{B}^{(1)} = \mathbb{C}^m:(E-E^{pl}) - p\boldsymbol{B}^{(1)} \tag{5-95}$$

由于此时 REV 中的固体基质只包含有张开的孔隙,因此 Biot 系数张量等于式(5-89)中的 $\boldsymbol{B}_0$ 部分,即:

$$\boldsymbol{B}^{(1)} = \boldsymbol{B}_0 = b_0 \boldsymbol{\delta} \tag{5-96}$$

相应地：

$$\frac{1}{N^{(1)}} = \frac{1}{k^s}(b_0 - \varphi_0) \tag{5-97}$$

孔隙率的变化也是完全弹性的，并且可以用式(5-91)计算得到。因此，孔隙率的变化，也就是 $\varphi^{(1)}$ 与 $\varphi_0^{(1)}$ 之间的差值为

$$\varphi^{(1)} - \varphi_0^{(1)} = \varphi^e = p\frac{b_0 - \varphi_0}{k^s} + b_0 \,\mathrm{tr}(\boldsymbol{E} - \boldsymbol{E}^{pl}) \tag{5-98}$$

综合式(5-94)、式(5-95)和式(5-98)可以得到子问题1中自由能的率形式的表达式为

$$\dot{\Psi}_s^{(1)} = \frac{1}{\Omega}\int_{\Omega^s} \boldsymbol{\sigma}^{(1)}:\dot{\boldsymbol{\varepsilon}}^{(1)}\,\mathrm{d}V + p\dot{\varphi}^{(1)} = (\boldsymbol{E} - \boldsymbol{E}^{pl}):\mathbb{C}^s:(\dot{\boldsymbol{E}} - \dot{\boldsymbol{E}}^{pl}) + \frac{b_0 - \varphi_0}{k^s}p\dot{p} \tag{5-99}$$

在子问题2中，局部应力场是一个自平衡的系统，即：

$$\langle \boldsymbol{\sigma}^{(2)} \rangle_\Omega = 0 \tag{5-100}$$

局部应变场 $\boldsymbol{\varepsilon}^{(2)}$ 完全由微裂纹的位移不连续引起，因此可以用均匀化方法得到以下关系：

$$\frac{1}{\Omega}\int_{\Omega^c} \boldsymbol{\varepsilon}^{(2)}\,\mathrm{d}V = \boldsymbol{E}^{pl} \tag{5-101}$$

根据 Zhu 等(2008b)的研究，局部应力与塑性变形之间的关系可以通过式(5-102)建立：

$$\boldsymbol{\sigma}^{(2)} - p\boldsymbol{\delta} = -\mathbb{C}^{pl}:\boldsymbol{E}^{pl} \tag{5-102}$$

式中：$\mathbb{C}^{pl} = [(\mathbb{I} - \mathbb{A}^c)^{-1}:\mathbb{A}^c:\mathbb{S}^m]^{-1}$，其中 $\mathbb{S}^m = (\mathbb{C}^m)^{-1}$ 代表被孔隙弱化的固体基质的弹性柔度张量。5.4中已经介绍过，在各向同性情况下，整体的应变局部化张量 $\mathbb{A}^c$ 由式(5-86)给出，相应的 $\mathbb{C}^{pl}$ 具有与式中一样的一般形式 $\mathbb{C}^{pl} = 3k^p\mathbb{J} + 2\mu^p\mathbb{K}$，只是在 $\mathbb{A}^c$ 和 $\mathbb{C}^{pl}$ 的表达式中，都要注意将固相的弹性参数替换为被孔隙弱化的基质的弹性参数。

子问题2中所有的孔隙率的变化都是非弹性的：

$$\varphi^{(2)} - \varphi_0^{(2)} = \varphi^{pl} = \frac{1}{|\Omega|}\int_{\Omega^c} \mathrm{tr}\boldsymbol{\varepsilon}^{(2)}\,\mathrm{d}V \tag{5-103}$$

结合式(5-101)，将式(5-103)与式(5-93)对比可以看到：

$$\varphi^{pl} = \mathrm{tr}\boldsymbol{E}^{pl} = \beta \tag{5-104}$$

也就是说，塑性孔隙率的变化等于微裂纹引起的体积应变。

基于自由能的定义，可以得到子问题2中 Ψ_s 的率形式的表达式为

$$\dot{\Psi}_s^{(2)} = \frac{1}{|\Omega|}\int_{\Omega^s} \boldsymbol{\sigma}^{(2)}:\dot{\boldsymbol{\varepsilon}}^{(2)}\,\mathrm{d}V + p\dot{\varphi}^{(2)} \tag{5-105}$$

注意到两个子体积之间有如下关系 $\Omega_c \cup \Omega_s = \Omega$，因此式(5-105)等效于如下的形式：

$$\dot{\Psi}_s^{(2)} = \frac{1}{|\Omega|}\int_{\Omega} \boldsymbol{\sigma}^{(2)}:\dot{\boldsymbol{\varepsilon}}^{(2)}\,\mathrm{d}V - \frac{1}{|\Omega|}\int_{\Omega^c} \boldsymbol{\sigma}^{(2)}:\dot{\boldsymbol{\varepsilon}}^{(2)}\,\mathrm{d}V + p\dot{\varphi}^{(2)} \tag{5-106}$$

借助于式(5-102)和式(5-105)以及应力自平衡特性式(5-100)，以上的表达式进一步转换为

$$\dot{\Psi}_s^{(2)} = \mathbb{C}^{pl}:\boldsymbol{E}^{pl}:\dot{\boldsymbol{E}}^{pl} \tag{5-107}$$

注意到 $\dot{\Psi}_s^{(2)}$ 是微裂纹引起的塑性应变 $\boldsymbol{E}^{pl}$ 的函数，因此它通常被视为储存在闭合微裂纹里的被锁住的自由能。

5.5.2.2 宏观总自由能的确定

结合 $\dot{\Psi}_s^{(1)}$ 和 $\dot{\Psi}_s^{(2)}$，可以从定义上得到整个 REV 的宏观总自由能的一般表达式为

$$\dot{\Psi}_s = \frac{1}{|\Omega|}\int_{\Omega^s}(\varepsilon^{(1)}+\varepsilon^{(2)}):\mathbb{C}^m:(\dot{\varepsilon}^{(1)}+\dot{\varepsilon}^{(2)})\mathrm{d}V + p(\dot{\varphi}^{(1)}+\dot{\varphi}^{(2)}) \quad (5\text{-}108)$$

$$= \dot{\Psi}_s^{(1)}+\dot{\Psi}_s^{(2)} + \frac{1}{|\Omega|}\int_{\Omega^s}\varepsilon^{(1)}:\mathbb{C}^m:\dot{\varepsilon}^{(2)}\mathrm{d}V + \frac{1}{|\Omega|}\int_{\Omega^s}\varepsilon^{(2)}:\mathbb{C}^m:\dot{\varepsilon}^{(1)}\mathrm{d}V$$

由于 $\mathbb{C}^m:\dot{\varepsilon}^{(2)}=\dot{\boldsymbol{\sigma}}^{(2)}$ 和 $\mathbb{C}^m:\varepsilon^{(2)}=\boldsymbol{\sigma}^{(2)}$ 都是自平衡的，并且 $\varepsilon^{(1)}$ 及其率形式 $\dot{\varepsilon}^{(1)}$ 都是均匀的，因此有：

$$\frac{1}{|\Omega|}\int_{\Omega^s}\varepsilon^{(1)}:\mathbb{C}^m:\dot{\varepsilon}^{(2)}\mathrm{d}V + \frac{1}{|\Omega|}\int_{\Omega^s}\varepsilon^{(2)}:\mathbb{C}^m:\dot{\varepsilon}^{(1)}\mathrm{d}V = 0 \quad (5\text{-}109)$$

将式(5-109)代入式(5-108)可以看到，总自由能的一般形式最终简化成了 $\dot{\Psi}_s^{(1)}$ 和 $\dot{\Psi}_s^{(2)}$ 的和的形式，即：

$$\dot{\Psi}_s = \dot{\Psi}_s^{(1)} + \dot{\Psi}_s^{(2)} \quad (5\text{-}110)$$

式(5-110)满足了问题分解的必要条件，因此证实了本书问题分解的正确性。

基于式(5-110)，通过积分可以得到 REV 总的自由能 Ψ_s 的表达式为

$$\Psi_s = \frac{1}{2}(\boldsymbol{E}-\boldsymbol{E}^{pl}):\mathbb{C}^s:(\boldsymbol{E}-\boldsymbol{E}^{pl}) + \frac{1}{2}\mathbb{C}^{pl}:\boldsymbol{E}^{pl}:\boldsymbol{E}^{pl} + \frac{b_0-\varphi_0}{2k^s}p^2 \quad (5\text{-}111)$$

同样，需要在自由能的基础上通过以下的转换得到率形式的势能的表达式：

$$\dot{\Psi}_s^* = \dot{\Psi}_s - [p\dot{\varphi}+\dot{p}(\varphi-\varphi_0)] \quad (5\text{-}112)$$

最后通过积分可以得到势能的表达式为

$$\Psi_s^* = \frac{1}{2}(\boldsymbol{E}-\boldsymbol{E}^{pl}):\mathbb{C}^s:(\boldsymbol{E}-\boldsymbol{E}^{pl}) - \frac{b_0-\varphi_0}{2k^s}p^2 - pb_0\boldsymbol{\delta}:(\boldsymbol{E}-\boldsymbol{E}^{pl}) + \quad (5\text{-}113)$$

$$\frac{1}{2}\mathbb{C}^{pl}:\boldsymbol{E}^{pl}:\boldsymbol{E}^{pl} - p\mathrm{tr}\boldsymbol{E}^{pl}$$

如果设间隙水压力 $p=0$，由式(5-113)得到的势能退化成干燥条件下材料的势能，其表达式与 Zhu 等(2008b,2011)中得到的完全一致，即：

$$\Psi_s^* = \frac{1}{2}(\boldsymbol{E}-\boldsymbol{E}^{pl}):\mathbb{C}^s:(\boldsymbol{E}-\boldsymbol{E}^{pl}) + \frac{1}{2}\mathbb{C}^{pl}:\boldsymbol{E}^{pl}:\boldsymbol{E}^{pl} \quad (5\text{-}114)$$

由式(5-113)可以看到，整个 REV 的势能包含储存在固体基质内的可恢复的弹性能，以及储存在闭合微裂纹中的不可逆能量 U，其具体形式为

$$U = \frac{1}{2}\boldsymbol{E}^{pl}:\mathbb{C}^{pl}:\boldsymbol{E}^{pl} - p\mathrm{tr}\boldsymbol{E}^{pl} \quad (5\text{-}115)$$

基于不可逆过程的热力学理论，可以通过势能关于内变量的求导得到以下状态方程：

$$\boldsymbol{\Sigma} = \frac{\partial \Psi_s^*}{\partial \boldsymbol{E}} = \mathbb{C}^s:(\boldsymbol{E}-\boldsymbol{E}^{pl}) - b_0 p\boldsymbol{\delta} \quad (5\text{-}116)$$

$$\varphi-\varphi_0 = -\frac{\partial \Psi_s^*}{\partial p} = \frac{b_0-\varphi_0}{k^s}p + b_0\mathrm{tr}(\boldsymbol{E}-\boldsymbol{E}^{pl}) + \mathrm{tr}\boldsymbol{E}^{pl} \quad (5\text{-}117)$$

孔隙率的弹性变化也可以通过下式得到：

$$\varphi - \varphi^p - \varphi_0 = -\frac{\partial(\boldsymbol{\Psi}_s^* - U)}{\partial p} = p\frac{b_0 - \varphi_0}{k^s} + b_0 \operatorname{tr}(\boldsymbol{E} - \boldsymbol{E}^{pl}) \tag{5-118}$$

可以看到，其具体形式与式(5-98)相同。

5.5.2.3 讨论

基于以上模型的建立，可以得到如下有意义的讨论和比较。

(1) 从宏观自由能的表达式(5-111)可以看到，当微裂纹闭合时，Biot 系数完全由固体基质中的孔隙引起，微裂纹对 Biot 系数没有贡献。事实上，当微裂纹处于闭合状态时，微裂纹的法向刚度恢复，因此含微裂纹介质的有效体积模量将与固体基质的体积模量相等，即：

$$k^{\text{hom}} = k^m \tag{5-119}$$

将式(5-119)代入式(5-87)，可以看到：

$$\boldsymbol{B} = \left(1 - \frac{k^m}{k^s}\right)\boldsymbol{\delta} = b_0\boldsymbol{\delta} \tag{5-120}$$

这一结果与微裂纹摩擦滑移过程中，弹性变形完全由固体基质产生的假定相吻合；并且在本书的工作中，没有考虑微裂纹的摩擦滑移对孔隙变形产生的影响。此外，从式(5-116)可以看到，闭合微裂纹内部的间隙水压力对宏观应力没有贡献。

(2) 根据 Coussy(2004)的研究工作，当饱和孔隙介质发生不可逆变形时，仅仅用宏观应变 $\boldsymbol{E}$ 和 Lagrange 孔隙率 φ 不再足以获得固体骨架的自由能 $\boldsymbol{\Psi}_s$。$\boldsymbol{\Psi}_s$ 的表达式中必须包含相关的内变量，如塑性应变 $\boldsymbol{E}^{pl}$、塑性孔隙率 φ^{pl}、损伤变量 d 等，用以描述不可逆的能量耗散。因此，基质自由能 $\boldsymbol{\Psi}_s$ 的一般表达式可以写成如下形式：

$$\boldsymbol{\Psi}_s = W_s(\boldsymbol{E} - \boldsymbol{E}^{pl}, \varphi - \varphi^{pl}, d) + U \tag{5-121}$$

相应的势能可以表示为

$$\boldsymbol{\Psi}_s^* = W_s(\boldsymbol{E} - \boldsymbol{E}^{pl}, \varphi - \varphi^{pl}, d) - p(\varphi - \varphi^{pl} - \varphi_0) + U \tag{5-122}$$

式中：第一项 W_s 为外力提供的可恢复的能量；U 为被锁住的能量，它将在塑性变形的过程中被耗散，并且 U 应该是内变量 $\boldsymbol{E}^{pl}$ 和 φ^{pl} 及损伤变量 d 的函数。在等温条件下，U 的一般形式为

$$dU = dW^p = \sigma_{ij}d\varepsilon_{ij}^p + pd\varphi^p \tag{5-123}$$

通过对比式(5-122)和式(5-113)，可以得出如下结论：本书通过细观力学分析得到的自由能的表达式对 Coussy(2004)建立的宏观孔隙力学理论框架提供了不同材料尺度下的支持。

5.5.2.4 摩擦滑移准则

岩土材料的摩擦滑移大体上符合库伦型摩擦准则。因此，与 5.4 中一样，此处采用库伦摩擦准则来描述在局部尺度下微裂纹面上的摩擦滑移。基本思路和步骤与 5.4 基本一致，只需将干燥条件下对含微裂纹介质建立的公式扩展到现在的饱和状态。

首先，基于势能的表达式，可以通过状态方程得到与塑性应变相关的热力学力：

$$\boldsymbol{F}^{pl} = -\frac{\partial \boldsymbol{\Psi}_s^*}{\partial \boldsymbol{E}^{pl}} = \boldsymbol{\Sigma} - \mathbb{C}^{pl} : \boldsymbol{E}^{pl} + p\boldsymbol{\delta} \tag{5-124}$$

比较式(5-116)和式(5-124)的结果可以看到，与宏观总应变相关的热力学力是 Biot 有效

应力;与微裂纹引起的塑性应变相关的热力学力是局部 Terzaghi 有效应力。关于有效应力原理在饱和孔隙材料塑性理论及破坏准则中的有效性的详细讨论可以参考 De Buhan 和 Dormieux(1996)及 Lydzba 和 Shao(2002)。

为了建立库伦摩擦准则,需要将控制塑性应变,也就是微裂纹摩擦滑移的热力学力 $\boldsymbol{F}^{pl}$ 分解成一个平均应力 $\sigma^{pl}=1/3\mathrm{tr}(\boldsymbol{F}^{pl})$ 和一个偏应力 $\boldsymbol{S}^{pl}=\mathbb{K}:\boldsymbol{F}^{pl}$,即:

$$\boldsymbol{F}^{pl}=\mathbb{J}:\boldsymbol{F}^{pl}+\mathbb{K}:\boldsymbol{F}^{pl}=\sigma^{pl}\boldsymbol{\delta}+\boldsymbol{S}^{pl} \tag{5-125}$$

式中:$\sigma^{pl}=\Sigma_m-k^p\beta+p$,$\boldsymbol{S}^{pl}=\boldsymbol{S}-2\mu^p\boldsymbol{\Gamma}$;且 $\Sigma_m=\mathrm{tr}\boldsymbol{\Sigma}/3$ 和 $\boldsymbol{S}=\boldsymbol{\Sigma}-\Sigma_m\boldsymbol{\delta}$ 分别代表宏观应力的平均应力部分和偏应力部分。

于是摩擦准则可以表示为如下形式:

$$f=\parallel\boldsymbol{S}^{pl}\parallel+c_f\sigma^{pl}=\parallel\boldsymbol{S}-2\mu^p\boldsymbol{\Gamma}\parallel+c_f(\Sigma_m-k^p\beta+p)\leqslant0 \tag{5-126}$$

为了使模型更为简洁,并作为第一阶段的研究工作,在此将 c_f 取为常数。在 5.4.4.2 中已经讨论过,采用常摩擦系数可能导致低围压下计算得到的峰值应力偏高,但在较高围压下,这一影响不再存在。同时,作为模型的初步验证,采用关联流动法则来计算塑性流动。因此,塑性应变 β 和 $\boldsymbol{\Gamma}$ 可以基于摩擦准则,通过正交法则得以确定。

5.5.2.5 损伤准则

与损伤相关的热力学力可以通过势能的表达式(5-113)对损伤变量 d 求偏导得到:

$$F^d=-\frac{\partial\Psi_s^*}{\partial d}=-\frac{1}{2}\boldsymbol{E}^{pl}:\frac{\partial\mathbb{C}^{pl}}{\partial d}:\boldsymbol{E}^{pl} \tag{5-127}$$

从式(5-127)可以看到,损伤发展由微裂纹面上的累积塑性应变驱动。在 F^d 的表达式中并没有显示形式的间隙水压力 p。但从式(5-126)可以看到,间隙水压力 p 包含在摩擦准则中。因此,间隙水压力通过影响摩擦滑移同样对损伤演化产生间接的作用。

损伤准则选为 F^d 的指数函数,该形式的损伤准则广泛应用于岩石、混凝土等脆性材料。损伤准则的具体形式与 5.4 中用于干燥材料的损伤准则完全一致:

$$f_d=d_c-(d_c-d_0)[\exp(-c_1F^d)]-d\leqslant0 \tag{5-128}$$

同样,式中 d_0 和 d_c 分别为初始损伤值和临界损伤值;损伤变量在 d_0 和 d_c 之间的演化速率由参数 c_1 来控制。此外,可以通过条件 $\mu^p\geqslant0$ 得到临界损伤值 d_c 的具体值为

$$d_c=\frac{1}{\eta_2(1-\alpha_2)}=\frac{675(2-\nu^m)}{32(5-\nu^m)(7-5\nu^m)} \tag{5-129}$$

5.5.3 数值计算

本小节将运用本章建立的细观力学模型,对典型脆性孔隙岩石——饱和砂岩在排水及不排水三轴压缩试验中的力学行为与水力耦合行为进行数值模拟。

本章建立的模型中共含有 7 个参数:5 个材料参数及 2 个模型参数。材料参数中包括 3 个力学参数(分别为 2 个弹性常数:杨氏模量 E 和泊松比 ν;1 个摩擦系数 c_f)以及 2 个耦合参数(分别为初始孔隙率 φ_0 及初始 Biot 系数 b_0);模型参数分别为初始损伤值 d_0 及控制损伤演化速率的参数 c_1。在 5.4 中已经详细介绍了力学参数的确定方法,并对干燥条件下 2 个模型

参数对材料力学行为的影响进行了参数分析。与干燥条件下的力学模型相比，在饱和孔隙材料的水力耦合行为描述中，增加了2个耦合参数 φ_0 和 b_0。这2个材料参数均可以通过各种实验方法确定(Hu et al., 2010)。

此外，孔隙砂岩的弹性模量被广泛证实受到围压的影响。在较大的围压下，由于先前张开的微裂纹的闭合，砂岩的弹性模量相应增大。在5.4.4.2中已经讨论过，在三轴压缩试验中反映材料施加围压以后的损伤状态的参数 d_0 应该是围压的函数。尤其对于孔隙率较大的砂岩，由于材料中的空隙缺陷较多，因此围压对材料弹性模量的影响不能忽略。在本书的细观力学模型中，将通过调整初始损伤值 d_0 来考虑弹性模量随围压的变化。随后在偏压力的加载过程中，损伤将随着微裂纹的扩展进一步增大。

5.5.3.1 饱和砂岩排水三轴压缩试验的模拟

由于在排水三轴压缩试验中，间隙水压力保持不变，因此耦合参数 φ_0 和 b_0 在数值计算中是不需要的。用于饱和砂岩排水三轴压缩试验数值计算的参数值都按照5.4中介绍的方法获得，选用的参数值分别为 $E = 21\,000\,\text{MPa}$、$\nu = 0.23$、$c_1 = 1.0$、$c_f = 0.7$。

初始损伤值是围压的函数，随着围压的增大，更多的微裂纹被闭合，因此初始损伤值应相应减小。在具体的计算中，选取 $d_0 = 0.22$、0.15、0.001 和 0.001 分别对应围压 $p_c = 10\,\text{MPa}$、$20\,\text{MPa}$、$30\,\text{MPa}$ 和 $40\,\text{MPa}$。在较高围压下，如围压为 $30\,\text{MPa}$ 和 $40\,\text{MPa}$ 时，由于先前存在于砂岩中的张开微裂纹几乎全部闭合，因此初始损伤值趋近于零。然而从数值计算的角度，需要赋予初始损伤一个非零值。因此，在围压为 $30\,\text{MPa}$ 和 $40\,\text{MPa}$ 时，选取了一个很小的初始损伤值 $d_0 = 0.001$ 用于三轴压缩试验的数值模拟计算。

用上述选取的参数值，对砂岩排水三轴压缩试验中的力学行为进行模拟。模型计算的结果与试验数据的对比如图5-27所示，其中试验数据来源于 Karami(1998)。从图5-27可以看到，不同围压下计算得到的轴向和侧向应变与试验实测值都有很好的一致性，说明本书建立的模型可以很好地描述饱和砂岩的主要力学特征，包括微裂纹扩展和摩擦滑移引起的非弹性应变，体积应变从压缩到膨胀的转化，以及砂岩对围压的敏感性。

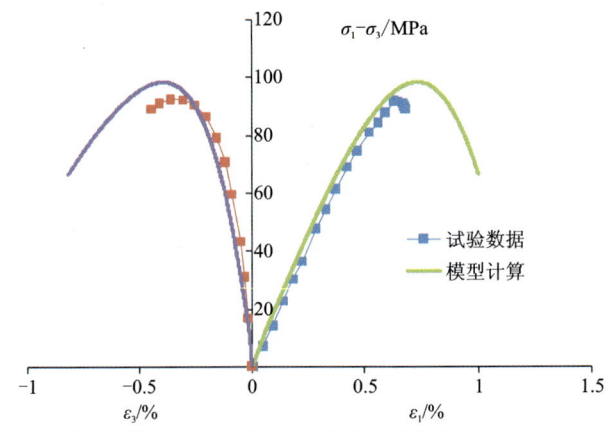

(a) 排水三轴压缩试验中饱和砂岩的应力-应变曲线(围压 $p_c = 10\,\text{MPa}$)

比均有较好的一致性。尤其在偏应力加载过程中，间隙水压力先增大然后减小，并且间隙水压力由增大到减小的转变与体积应变从压缩到膨胀的过程有很好的一致性。体积膨胀主要由微裂纹的摩擦滑移引起，并且在接近峰值应力的阶段由于微裂纹的连通而得到显著加强。在本书的模拟中，为了避免与应变局部化相关的一些材料特性的描述，计算的过程在间隙水压力减小为零时停止。损伤随轴向应变的发展曲线如图 5-30 所示，其主要特点与排水条件下的损伤发展曲线类似，可以得到相似的结论。

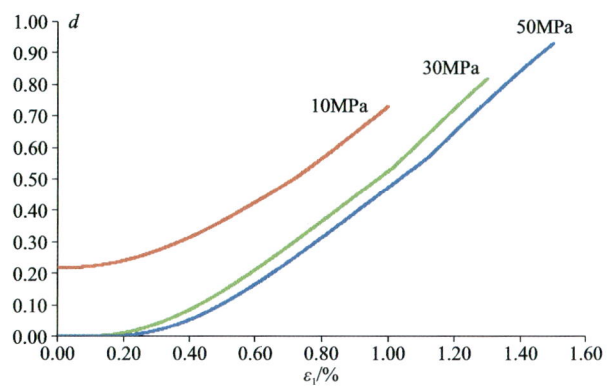

图 5-30　不同围压的不排水三轴压缩试验中损伤变量随轴向应变的发展

5.6　小结

本节建立了用于描述饱和脆性孔隙岩石损伤演化和塑性应变发展的细观力学模型。作为独创性的贡献，本书将被闭合摩擦微裂纹弱化的饱和岩土材料的势能分成两部分：一部分是存在于岩石基质的弹性能；另一部分是塑性能，完全由微裂纹面上的摩擦滑移引起。材料损伤与闭合裂纹表面的摩擦滑移直接相关，并且由一个局部标量变量来描述。材料的有效力学参数由线性均匀化方法获得，并且是损伤变量的函数，同时微裂纹的扩展对于材料弹性参数的弱化可以得到体现。通过均匀化理论及细观力学分析得到了岩石基质-微裂纹系统的自由能和势能。闭合微裂纹摩擦滑移引起的非弹性应变能由热动力学框架里的不可逆能量耗散来描述。采用库伦摩擦准则控制材料的塑性屈服，损伤准则同样在热动力学框架内建立。间隙水压力对材料力学性能的影响在摩擦准则中通过微观尺度下的局部有效应力概念得到体现。模型显示，材料宏观总应变的演化由 Biot 有效应力控制，塑性应变的发展由局部 Terzaghi 有效应力控制。同时，裂纹面的相对摩擦滑移引起的粗糙裂隙面的位移会产生体积膨胀，从而在不排水条件下导致间隙水压力减小。

用本书模型模拟了典型脆性砂岩在排水和不排水三轴压缩试验中的力学响应及不排水条件下间隙水压力的变化。模拟结果与试验结果的对比表明，本书模型可以很好地描述不同围压下脆性砂岩在排水和不排水三轴压缩试验中的力学性能，包括非线性应力-应变关系、峰值强度及不排水三轴压缩试验过程中间隙水压力的变化。

基于本章中对饱和脆性岩石材料损伤的细观力学分析，可以进一步开展一系列研究工作，如将本书中的各向同性损伤扩展到各向异性分布，用以反映微裂纹在不同加载条件下的选择性定向及其对材料宏观特性的影响；将本书模型扩展到非饱和孔隙介质的力学性能研究等。

第6章 岩石裂隙几何结构特征与渗流宏细观规律

在漫长的地质作用过程中,天然岩体受到复杂的应力条件、水文环境及工程活动等因素影响,内部普遍发育大量不同尺度的宏细观裂隙。通常完整岩块的透水性相当微弱,岩石裂隙因而成为裂隙岩体地下水运动的主要通道。真实岩石裂隙表面形貌起伏不平,开度分布不均,其介质结构具有极强的非均质性,此外,赋存于一定地质环境中的岩石裂隙,还承受着法向荷载、剪切荷载等多种形式的应力作用,导致其空隙结构处于动态演化状态。岩石裂隙几何结构特征对其内部宏细观渗流规律起着控制性作用,具体而言,岩石裂隙粗糙形貌和非均匀空隙分布,使得其间的流体运动形式十分复杂;在较大流速条件下产生的涡旋区、回流区等流动结构,使得岩石裂隙内水流流态往往呈现出显著的非线性渗流现象。本章首先介绍了粗糙岩石裂隙试样制备和几何结构信息采集的常用方法,以及刻画岩石裂隙几何结构特征的主要参数;其次在此基础上,依托室内过流试验,阐明了法向应力和剪切位移作用下的岩石裂隙渗流宏观规律;最后借助高精度数值模拟和自主研发的涡旋区检测程序,揭示了岩石裂隙非达西渗流的细观成因机制。

6.1 岩石裂隙几何结构信息采集与定量表征

6.1.1 粗糙岩石裂隙试样制备方法

6.1.1.1 劈裂法

劈裂法采用改进巴西劈裂法生成人工张拉性岩石裂隙,为了获取不同粗糙度岩石裂隙,劈裂过程中可充分利用应力集中的尺寸效应。如图6-1所示,在劈裂过程中,应力集中将在试样中心参考线附近发展,根据圣维南原理,应力集中区将随着离劈裂尖端距离的增大而逐渐消失。由于巴西劈裂法制备裂隙试样是通过应力集中实现的,因此应力集中区越大,劈裂过程中裂隙的走向就越容易沿着参考线附近发展,劈裂生成的裂隙试样面就越平整,粗糙度也越小[图6-1(a)];反之,则劈裂走向就越容易偏离参考线,生成的裂隙试样面起伏度越大,粗糙度也越大[图6-1(b)]。基于以上定性分析,为了获得较大粗糙度的裂隙试样,可采用粗颗粒大尺寸(280mm×120mm×120mm)的长方形花岗岩岩块进行劈裂[图6-1(b)、图6-2(a)],进而通过钻芯取样,获取含裂隙的圆柱状试样;为了生成较小粗糙度的裂隙试样,可采用细颗粒小尺寸(φ50mm×100mm)的圆柱状砂岩岩块直接进行劈裂[图6-1(a)、图6-2(c)]。

需要说明的是,劈裂过程中,组成岩石基质的颗粒大小也会对生成裂隙的粗糙度造成影响,颗粒越大,生成的裂隙粗糙度也往往更大。

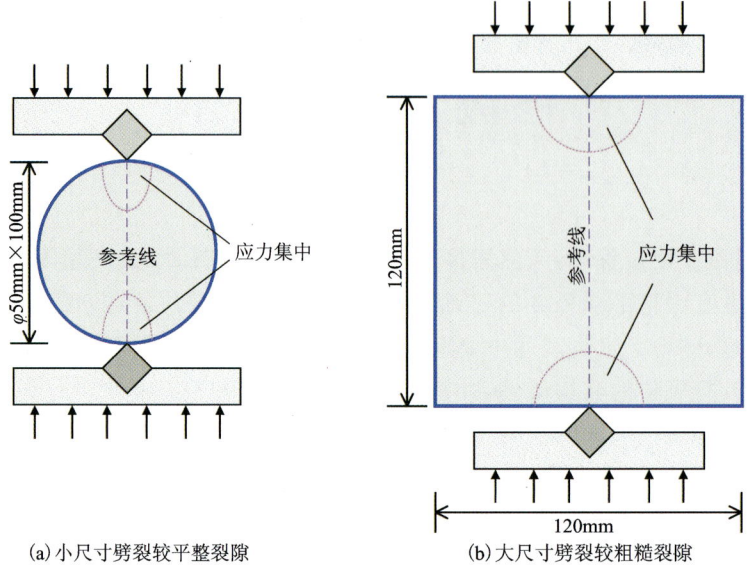

(a) 小尺寸劈裂较平整裂隙　　　　(b) 大尺寸劈裂较粗糙裂隙

图 6-1　尺寸效应影响下的改进巴西劈裂法

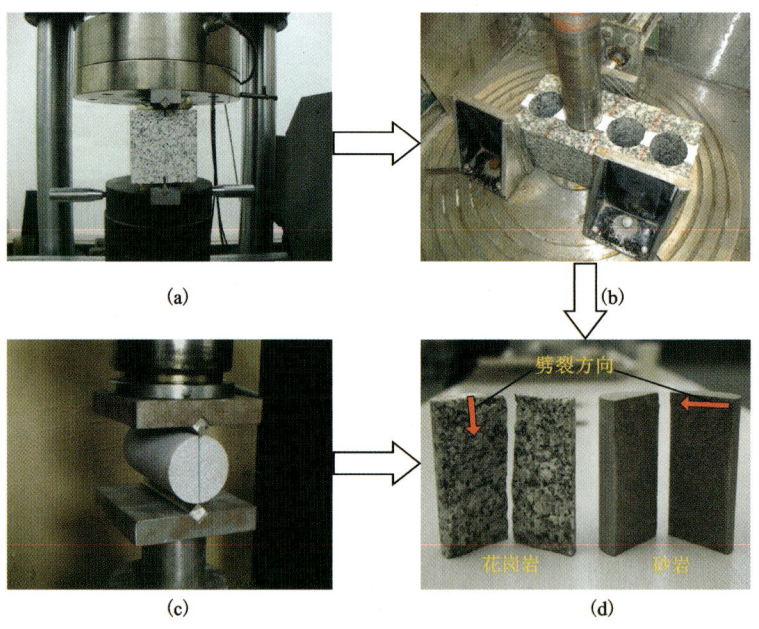

图 6-2　人工张拉裂隙试样制备过程

考虑后续岩石裂隙过流试验在三轴耦合试验系统中进行,在此以 $\varphi 50mm \times 100mm$ 标准圆柱状花岗岩和砂岩裂隙试样为例,介绍不同粗糙岩石裂隙的具体制备方法:①首先对采集的不规则花岗岩和砂岩石材进行切割,获取尺寸为 $280mm \times 120mm \times 120mm$ 的规则长方体花岗岩岩块和 $\varphi 50mm \times 100mm$ 的规则圆柱状砂岩岩块;②采用改进巴西劈裂法生成一条平行于长方体长轴方向或圆柱状轴线方向、贯穿整个岩块的人工张拉性裂隙[图 6-2(a)、图 6-2(c)],对于砂岩岩块,经该步骤可直接得到 $\varphi 50\mathrm{mm}\times 100\mathrm{mm}$ 的标准圆柱状砂岩裂隙试样;③对于花岗岩岩块,将劈裂生成的两块裂隙长方体重新拼合,采用硅胶粘合剂将其粘合固定,注意粘合过程中,尽量减少硅胶粘合剂向内部裂隙面的流入;④待粘合强度生效后,采用水钻法从长方体岩块中钻取岩芯,钻头内径约为 50mm,钻取方向沿裂隙面方向[图 6-2(b)];⑤在此基础上对获取岩芯的两端进行切割打磨,从而制备成 $\varphi 50\mathrm{mm}\times 100\mathrm{mm}$ 的标准圆柱状花岗岩裂隙试样。其展示图如图 6-2(d)所示。

6.1.1.2 雕刻法

在岩石裂隙面几何信息已知的前提下,可采用数控雕刻机雕刻岩石裂隙,获取多个相同几何形貌的岩石裂隙,用以开展多组平行试验。如 Ds-4040 三轴数控雕刻机,该设备床身稳定,主轴功率大(2.2kW),x、y、z 轴转动精度高,定位精度可达 0.01mm,可以满足岩石结构面雕刻的要求,如图 6-3 所示。

采用数控雕刻机制备岩石裂隙试样的具体方法如下。首先,将三维激光扫描的裂隙曲面数据导入数控雕刻机自带的处理软件,把曲面数据信息转化为数控雕刻机可识别的雕刻路径图。然后,将预先制备的尺寸为 100mm×100mm×50mm 的原岩试样固定到雕刻工作台,开启设备,数控雕刻机即可全自动智能进行岩石裂隙面雕刻,雕刻完成的试样如图 6-4 所示。当裂隙面试样下盘雕刻完成后,翻转雕刻路径,换上新的预先制备的原岩试样,重复上述步骤即可完成裂隙面上盘的制作。重构的裂隙面试样与原始裂隙面试样的表面形态高度相似。

图 6-3 Ds-4040 三轴数控雕刻机

图 6-4 雕刻后试样裂隙面

6.1.1.3 透明岩石裂隙复制法

为了实现同一裂隙的多组平行试验,对裂隙中流体进行可视化观测,可采用透明岩石裂隙复制法,获得与真实裂隙起伏度、各向异性高度相仿的透明试样。制备透明岩石裂隙具体步骤如下。

步骤1:将加工的楔形钢条放在块状岩(尺寸 200mm×100mm×100mm)中心位置并固定,利用岩石试验机通过巴西劈裂法进行劈裂,可以得到一组吻合的粗糙裂隙面,为了便于透明复制裂隙设置变开度垫条,在裂隙面两侧粘贴尺寸为 200mm×20mm×10mm 的亚克力板条,并使上下板条吻合。

步骤2:制作裂隙面硅胶模具。首先准备 2 个长方形亚克力模具框,上不封顶,长宽分别比岩石试样的长宽多 20mm,模具框高度为 100mm。将岩石裂隙面试样放于该长方形模具框正中,采用固态凡士林作为脱模剂,将其均匀涂抹在模具框的 4 个侧面、底部及岩石裂隙面的表面。根据岩石裂隙面及模具框空间的体积计算所需硅胶的量,先取相应体积的硅胶粘稠液至搅拌杯中,再加入大约 1% 的固化剂,使用铲刀对混合粘稠液进行充分搅拌后,将其放入真空箱抽真空 5min,达到充分消泡的效果后取出,将粘稠液缓慢沿着模具框框壁倒入,使液体淹没过岩石裂隙面并高出大约 20mm 为宜。等待液体自流平后,将模具框置于通风干燥的地方等待硅胶固化,大约 24h 后可以拆模,先用铲刀将模具框与硅胶面划透,小心脱模,即可获得真实裂隙试样的硅胶模具,用上述同样的方法可制得两块对应的粗糙裂隙面的硅胶模具。该模具如图 6-5 所示。

图 6-5　粗糙裂隙面硅胶模具图

步骤3:制作透明岩石复制裂隙试样。采用透明环氧树脂作为翻模材料,根据所需制备透明岩石复制裂隙试样的厚度(试样不要过厚,以免影响固化及光透射效果,一般以 1.5cm 左右厚度为宜),将环氧树脂 A 胶和 B 胶按 3∶1 的质量比准备,充分混合两种液体,静置 5min,将混合液沿着侧壁缓慢倒入岩石裂隙面对应的硅胶模具中,将其放入真空箱中抽真空 5min。等待混合液消泡完毕后取出,加上盖板,避免灰尘进入影响透明度,放于水平且干燥通风的位置静置 24h,小心开模后分别得到透明岩石复制裂隙试样的上盘与下盘。将透明岩石复制裂隙试样上下盘取出、放置金属垫条后拼合,由于两透明试样与原岩石裂隙具有高度自相似特征,可以简单找到吻合的拼合点。所制备的透明岩石复制裂隙试样如图 6-6 所示。

图 6-6　透明岩石复制裂隙试样图

6.1.1.4　3D 打印法

3D 打印技术在岩石裂隙渗流问题中逐步得到应用，可以对复杂的裂隙岩体进行实体建模。精确制备 3D 打印裂隙试样的步骤如下：首先用 AutoCAD 等软件构建粗糙裂隙的三维模型，确定不同的粗糙度与开度后导出各个裂隙模型的文件，然后将文件导入 3D 打印软件，设置 3D 打印机的不同参数，最终制作出粗糙裂隙试样，如图 6-7 所示。

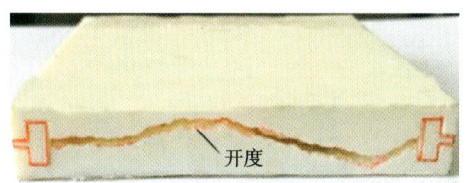

图 6-7　3D 打印粗糙裂隙试样模型图

6.1.1.5　野外拓模法

野外拓模法应用于踏勘等野外勘察中对岩石表面形貌的复刻，主要针对大型露头难以采集的试样，为了减少取样切割等对粗糙面形貌的影响，采用石膏等拓模材料对裂隙面进行复刻拓模，该方法所制备的试样能够较好地还原原样表面的形貌特征，如图 6-8 所示为溶蚀裂隙及采用石膏拓模后的复刻试样。

(a) 溶蚀裂隙复刻试样　　　　　　　　　(b) 石膏拓模复刻试样

图 6-8　复刻试样

6.1.1.6 裂隙面程序生成法

上述岩石裂隙制备方法主要用于室内岩石裂隙试验,通过对其形貌和开度场信息的获取,可以进一步对其三维几何空间结构进行精细化建模,以用于开展相关数值模拟研究。除上述岩石裂隙制备方法外,还可使用程序生成随机粗糙岩石裂隙面,用作雕刻法、3D 打印法的裂隙几何信息输入,以及岩石裂隙数值模拟建模。生成岩石裂隙面的算法主要有逐次随机增加法(successive random additions)(Dou et al.,2019)、Weierstrass-Mandelbrot(M-W)函数(Mandelbrot and Wheeler,1983)、傅里叶反变换(Ishibashi et al.,2018)。常用岩石裂隙面程序生成可借助 Synfrac 软件(Ogilvie et al.,2003)实现,Synfrac 软件是由 Ogilvie 等开发的一款可以生成与天然裂隙类似的裂隙模型软件,它可以通过输入不匹配长度、起伏度标准偏差、分形维数等参数来生成任意粗糙裂隙。该程序界面生成的岩石裂隙面如图 6-9 所示。

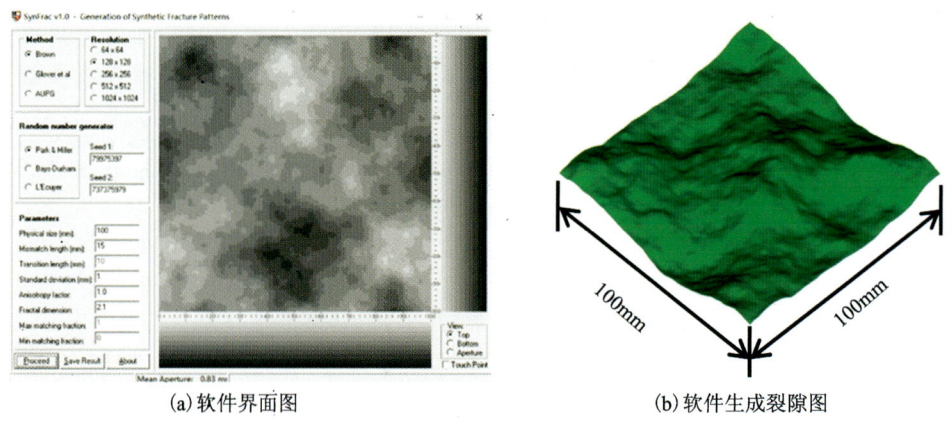

(a) 软件界面图　　　　　　　(b) 软件生成裂隙图

图 6-9　Synfrac 软件

6.1.2　岩石裂隙表面形貌与开度空间采集

岩石裂隙几何结构特征主要由两方面组成,一方面是单个岩石裂隙面的起伏度特征,另一方面是 2 个岩石裂隙面所构成的开度空间特征。对于岩石裂隙表面形貌,可以采用激光扫描方法测量获取。

具体而言,岩石裂隙表面三维形貌可选用日本 KEYENCE 公司生产的高精度 LK-H080 激光扫描仪获取。该仪器主要由自动控制平移台、激光发射器和高效数据采集系统三部分组成,如图 6-10 所示。其中,自动控制平移台由 WN230TA150M 和 WN230TA300M 两部分组成(Hou et al.,2016),分别用来控制测量过程中被扫描裂隙试样在 x 方向和 y 方向上的位移,该平台具有移动间隙小、承载能力大和抗震动性强等优点;激光发射/接收器能够发射频率为 3920Hz 的细小激光束,并通过集成的高精度 CCD 位移传感器快速准确定位;高效数据采集系统能够实时收集自动控制平移台和激光发射/接收器返还的数据信息,并存储为 Excel 格式。这种非接触式的激光扫描仪在 xy 平面内的精度为 0.1mm,而在垂直方向 z 轴方向上的精度可以达到±1 μm。采用该激光扫描仪对岩石裂隙试样表面形貌进行测量,扫描方法为等间距重复线性扫描,具体操作步骤如下。

(1)将裂隙试样置于圆弧形硅胶支座上,摆放试样时尽量确保试样的裂隙面与自动控制平移台台面平行,将裂隙平面设置为 xy 平面,以沿裂隙面长边方向为 x 轴,裂隙面短边方向为 y 轴,发射出的激光束为 z 轴,建立三维坐标系。

(2)在 xy 平面设置扫描间距为 0.2mm,自动控制平移台根据扫描过程中预设的路径自行移动,其扫描路径如图 6-10 中的红色箭头线所示,通过自动控制平移台的移动来遍历裂隙面,在这个过程中,激光发射/接收器实时获取裂隙表面离散点的 z 坐标值。

(3)扫描数据通过高效数据采集系统实时收集,这些信息包括位移平台的测量路线(裂隙表面采集数据点的 x、y 坐标值)和相应的 z 坐标值。

(4)扫描得到的数据集为裂隙起伏形貌的一维离散坐标点集,采用 Matlab 编程对这些离散数据点进行处理,形成裂隙面的数据矩阵,再将其导入 Surfer 软件,重新生成裂隙表面形貌网格,对裂隙的三维形貌进行重构。

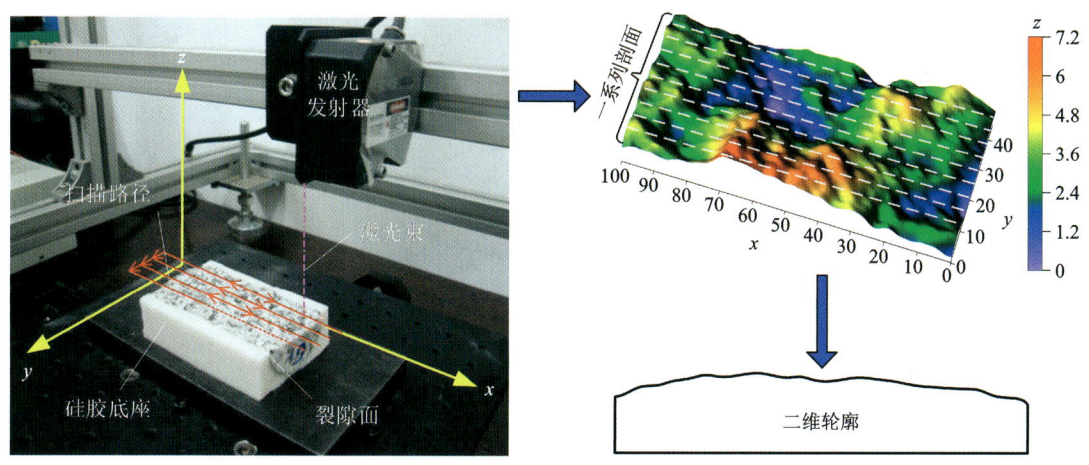

图 6-10　裂隙试样表面三维形貌测量

采用上述岩石裂隙面形貌扫描方法,对 6.1.1 中制备的人工张拉岩石裂隙试样进行扫描,基于获取的形貌数据点集,对裂隙面进行三维形貌重构。重构岩石裂隙面形貌如图 6-11 所示。由图 6-11 可知,花岗岩裂隙试样的裂隙面起伏程度较大,粗糙度较大,而砂岩裂隙试样的裂隙面则较为平整,粗糙度较小,从而也说明了 6.1.1 中基于尺寸效应劈裂生成不同粗糙度岩石裂隙的方法是有效的。

相较于岩石裂隙表面形貌测量,岩石裂隙开度空间的测量则较为复杂。岩石裂隙开度空间的测量,主要分为间接测量法和直接测量法两种,其中间接测量法主要包括注射法、浇筑法和光透射法(Hakami et al.,1996;Detwiler et al.,1999;Indraratna et al.,2015),而直接测量法则主要包括 CT 扫描和核磁共振扫描两种(Becker et al.,2003;Ketcham et al.,2010)。以下分别介绍 3 种典型岩石裂隙开度的测量方法。

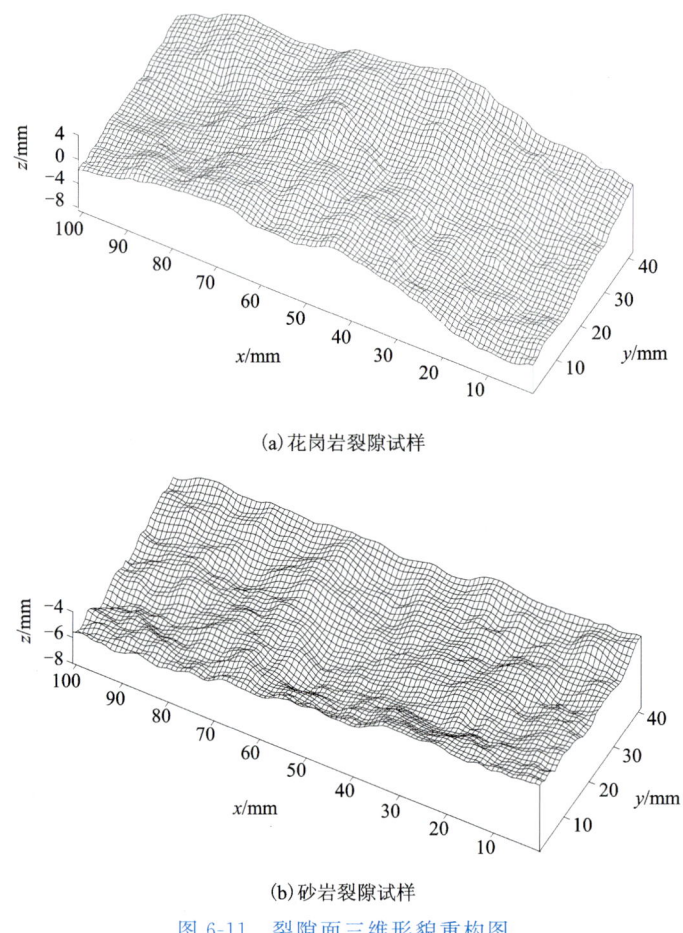

(a) 花岗岩裂隙试样

(b) 砂岩裂隙试样

图 6-11　裂隙面三维形貌重构图

6.1.2.1　压汞法

由于汞属于非极性物质,对普通固体都不润湿,欲使汞进入孔洞需施加外压,外压越大,汞能进入的孔的半径越小。测量不同外压下进入孔的量即可知相应孔大小的孔体积。该原理可应用于测试岩石的孔隙,它假定岩石中的孔隙为圆柱形,根据毛细管束孔隙模型理论,即Washburn方程,施加的压力 $p(r)$ 和半径 r 之间满足：

$$p(r) = -\frac{2\delta\cos\theta}{r} \tag{6-1}$$

式中：δ 为已知的汞表面张力；θ 为水银和岩石之间的接触角。根据施加的压力可得到裂隙、孔隙半径的分布信息(吴俊,1999)。同时,注入试样内的水银量是可以统计的,所以压汞法可以得到岩石裂隙的总体积信息。依据压汞和退汞曲线差异可以判断岩石孔隙类型和孔隙结构特征。压汞法测量的孔径范围随着压力的增大而降低,但这种方法不能获取闭孔信息,且使用的流体介质为有毒的水银,对试验的试样具有不可恢复的破坏作用。

6.1.2.2 光透射法

光透射法测量开度是基于透明岩石复制裂隙的,首先将纯甘油以慢速匀速打入透明岩石复制裂隙试样中,直至甘油充满裂隙时停止通入甘油,记录通入甘油的总质量。因为甘油黏度较大,能达到很好的排出裂隙空气的效果,通入的甘油总质量除以裂隙的投影面积即为该裂隙的平均开度。随后,配置1%浓度的胭脂红染色溶液,在透明岩石复制裂隙充满甘油的状态下以匀速通入染色溶液,直至染色溶液充填满整个裂隙,拍摄该状态的裂隙图片,该侵入过程如图 6-12 所示。

图 6-12 染色溶液侵入充填甘油的透明岩石复制裂隙图

待整个透明岩石复制裂隙充满染色溶液后,通过拍摄高清图像,借助颜色量化分析即可获取裂隙的开度场。图像分析的依据为光透射基本理论——朗伯比尔定律(Beer-Lambert Law),该理论阐述在光程上每等厚层介质吸收相同比例值的光。针对单色光源,该定律描述溶液厚度和浓度及光强之间的关系(Detwiler et al.,1999):

$$I_x = I_0 \mathrm{e}^{-KcT} \tag{6-2}$$

式中:I_0 为标准溶液的透射光强度(光密度);I_x 为在改变溶液浓度或厚度时的透射光强度(光密度);c 为溶液的浓度;T 为溶液的厚度;K 对固定溶液为一个常数,代表溶液的吸光度。

针对两种浓度(c_1 和 c_2)的溶液,两种浓度溶液对应的光强度为 I_1 和 I_2,式(6-1)可列为

$$\ln\left(\frac{I_1}{I_2}\right) = K(c_2 - c_1)T = A \tag{6-3}$$

式中:A 为溶质吸收系数,令 $c_1=0$、$c_2=c$,对于光强矩阵 ij,则有:

$$\langle A_{ij} \rangle = \left\langle \ln\left(\frac{I_{1ij}}{I_{2ij}}\right) \right\rangle = Kc\langle T_{ij} \rangle \tag{6-4}$$

式中:$\langle \ \rangle$ 为矩阵的空间平均值;I_{1ij} 为裂隙充满甘油状态下的光强矩阵;I_{2ij} 为裂隙充满染色溶剂状态下的光强矩阵;A_{ij} 为溶质吸收系数矩阵;T_{ij} 为溶液厚度矩阵。

标准化溶液厚度 T_{normij} 为

$$T_{\mathrm{normij}} = \frac{T_{ij}}{\langle T_{ij} \rangle} = \frac{A_{ij}}{\langle A_{ij} \rangle} \tag{6-5}$$

则需要获得的开度矩阵 T_{ij} 可由式(6-6)计算：

$$T_{ij} = \langle T_{ij} \rangle T_{\text{norm}ij} = \langle T_{ij} \rangle \frac{A_{ij}}{\langle A_{ij} \rangle} = T_{\text{avg}} \frac{\ln\left(\frac{I_{1ij}}{I_{2ij}}\right)}{\left\langle \ln\left(\frac{I_{1ij}}{I_{2ij}}\right)\right\rangle} \quad (6-6)$$

式中：T_{avg} 为裂隙开度平均值，可以通过质量法测得。CCD 相机（带有电荷耦合器件图像传感器的数码相机）拍摄的图像通过处理容易获得充满甘油及充满染色溶液状态下透明裂隙的光强矩阵，使用式(6-6)计算即可获得裂隙开度矩阵 T_{ij}，开度场分布特征如图(6-13)所示。

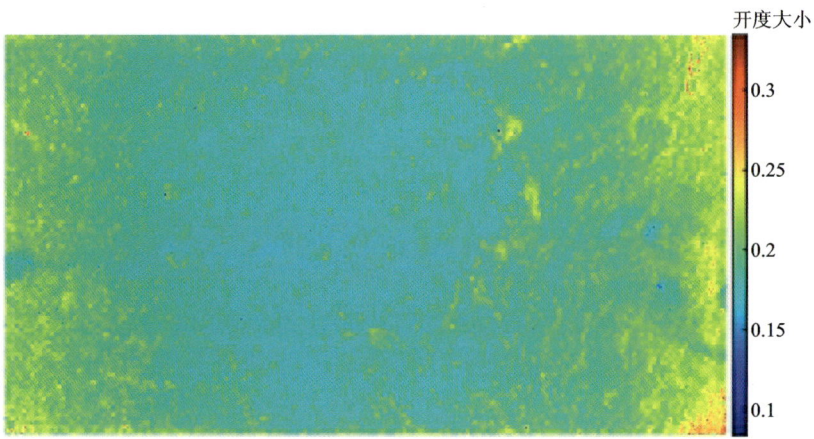

图 6-13　裂隙开度云图

6.1.2.3　CT 法

CT 法是岩石裂隙开度测量最为直接有效的方法，该方法借助高精度 CT 扫描技术，通过扫描断面不同密度材质反射出的不同信号来确定裂隙空腔的位置和大小，以此获取岩石裂隙开度空间分布。可选扫描仪为美国得克萨斯大学奥斯汀分校的高精度 X 射线微型计算机断层扫描设备（X-ray Micro-CT）。如图 6-14 所示，该设备具有极高的扫描精度，其空间精度范围可以从约 55m 变化到 1m 以下，被广泛应用于生物、考古、材料、电子和地质等领域。

采用微型 CT 扫描制备的人工张拉裂隙试样，扫描过程中，裂隙试样外层采用碳纤维热缩管进行固定；采集的天然凝灰岩裂隙试样，其开度空间同样是借助该

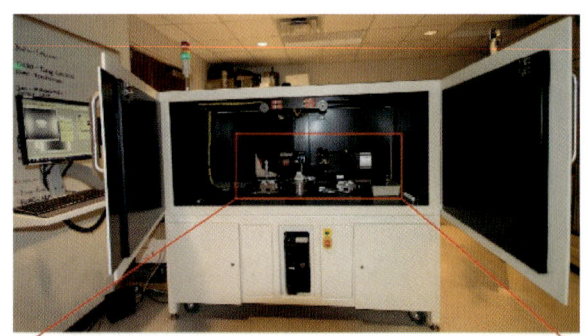

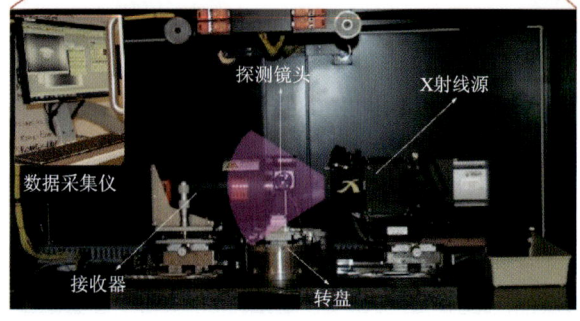

图 6-14　高精度 X 射线微型 CT

微型CT扫描获取的(Ketcham et al.,2010)。扫描得到的CT数据采用Ketcham等(2010)提出的反向点扩展函数(inverse point-spread function,IPSF)算法进行后处理,该算法能够有效地解决裂隙开度极小区引起的模糊效应,从而能够精确地重构裂隙三维开度空间。人工制备裂隙和天然采集裂隙试样的重构精度在裂隙面内为0.24mm,在垂直于裂隙面方向为50m。

图6-15给出了制备的2个花岗岩裂隙试样和2个砂岩裂隙试样重构的开度分布图,由图6-15可知,花岗岩裂隙试样的开度值普遍较大,且分布较不均匀,即使是吻合裂隙,仍旧存在明显的局部大开度区域,这主要是由于劈裂过程中,较大的花岗岩颗粒破损脱落造成的;砂岩裂隙试样的开度值普遍较小,且分布较均匀,局部大开度区域范围较小。图6-16给出了天然凝灰岩裂隙重构的三维开度展布图,由该图可知,天然岩石裂隙开度场的非均一性更强。

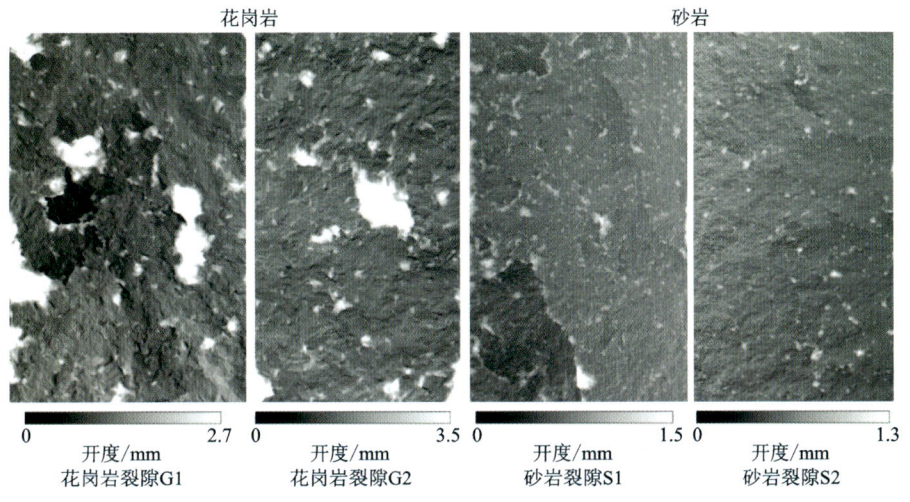

图6-15 人工裂隙重构开度分布图

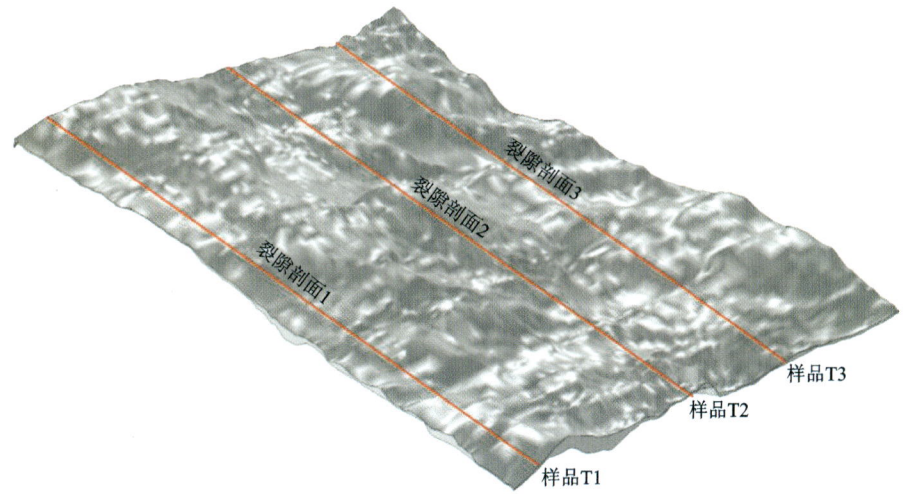

图6-16 天然凝灰岩裂隙重构的三维开度展布图

6.1.3 岩石裂隙几何特征描述

岩石裂隙几何特征描述主要借助于粗糙度参数,描述粗糙度的方法有很多,包括起伏度统计分析、随机场分析和分形表征等,为了定量评价岩石裂隙几何粗糙特征,本章列举了10种代表性岩石裂隙形貌统计参数,它们分别是总起伏度(H)、起伏度标准偏差(σ_H)、曲折系数(τ)、平均相对高度(R_{ave})、最大相对高度(R_{max})、高度的标准偏差(σ_h)、平均起伏角(θ_{ave})、起伏角标准偏差(σ_θ)、起伏角一阶导数的均方根(Z_2)、结构函数(SF)。其中 R_{ave} 代表渗流路径的平均起伏特征,R_{max} 代表渗流路径的最大起伏特征,σ_h 代表凸起高度的分布特征,θ_{ave} 代表起伏角的平均水平,σ_θ 代表起伏角的变异程度,τ 代表渗流路径的曲折程度,Z_2 代表小的起伏角特征,SF 代表岩石节理剖面结构的变化。上述8个参数可以从起伏程度、凸起高度分布特征,以及曲折程度等全方位刻画岩石裂隙形貌特征,其具体计算公式如下所示。

6.1.3.1 平均起伏角 θ_{ave}

平均起伏角反映了渗流路径起伏程度的平均水平,可以由总起伏度与裂隙投影长度之比取正切值得到,如下:

$$\theta_{ave} = \tan^{-1}\left(\frac{H}{L}\right) \tag{6-7}$$

$$H = \int_{x=0}^{x=L} \left(\frac{dy}{dx}\right)dx = \sum_{i=1}^{i=N-1} |y_{i+1} - y_i| \tag{6-8}$$

式中:θ_{ave} 为起伏角(平均起伏角);H 为总起伏度;L 为裂隙的投影长度;x、y 分别为裂隙剖面在水平和垂直方向的坐标值。

6.1.3.2 起伏角标准偏差 σ_θ

起伏角标准偏差反映了流动路径起伏角的离散程度,计算公式如下:

$$\begin{aligned}\sigma_\theta &= \tan^{-1}\left[\frac{1}{L}\int_{x=0}^{x=L}\left(\frac{dy}{dx} - \tan\theta_{ave}\right)^2 dx\right]^{1/2} \\ &= \tan^{-1}\left[\frac{1}{N-1}\sum_{i=1}^{i=N-1}\left(\frac{y_{i+1}-y_i}{x_{i+1}-x_i} - \tan\theta_{ave}\right)^2 (x_{i+1}-x_i)\right]^{1/2}\end{aligned} \tag{6-9}$$

式中:σ_θ 为起伏角的变异程度(起伏角标准偏差);θ_{ave} 为起伏角的平均水平(平均起伏角)。

6.1.3.3 曲折系数 τ

裂隙的曲折特征使得流体流动的路径增长,增加了流动过程中的阻力,对裂隙渗流具有较大的影响。曲折系数定量表征裂隙的曲折程度,计算公式如下:

$$\tau = \frac{1}{L}\sum_{i=1}^{i=N-1}\sqrt{(y_{i+1}-y_i)^2 + (x_{i+1}-x_i)^2} \tag{6-10}$$

式中:τ 为渗流路径的曲折程度(曲折系数);L 为裂隙的投影长度。

6.1.3.4 平均相对高度 R_{ave}

$$R_{ave} = \frac{h_{ave}}{L} \tag{6-11}$$

$$h_{ave} = \frac{1}{L}\int_{x=0}^{x=L} |y| dx = \sum_{i=1}^{i=N-1} \frac{|y_{i+1} + y_i|(x_{i+1} - x_i)}{2L} \tag{6-12}$$

$$L = \sum_{i=1}^{i=N-1}(x_{i+1} - x_i) \tag{6-13}$$

式中：R_{ave} 为渗流路径的平均起伏特征（平均相对高度）；h_{ave} 为平均起伏度；L 为裂隙的投影长度。

6.1.3.5 最大相对高度 R_{max}

$$R_{max} = \frac{h_{max}}{L} \tag{6-14}$$

$$h_{max} = h_p - h_v \tag{6-15}$$

式中：R_{max} 为渗流路径的最大起伏特征（最大相对高度）；h_{max} 为最大高度。

6.1.3.6 高度的标准偏差 σ_h

$$\sigma_h = \left[\frac{1}{L}\int_{x=0}^{x=L}(y - h_{ave})^2 dx\right]^{1/2} = \left\{\frac{1}{L}\sum_{i=1}^{i=N-1}\frac{x_{i+1} - x_i}{2}\left[(y_i - h_{ave})^2 + (y_{i+1} - h_{ave})^2\right]\right\}^{1/2} \tag{6-16}$$

式中：σ_h 为凸起高度的标准偏差；h_{ave} 为平均起伏度；L 为裂隙的投影长度。

6.1.3.7 起伏角度一阶导数的均方根 Z_2

$$Z_2 = \left[\frac{1}{L}\int_{x=0}^{x=L}\left(\frac{dy}{dx}\right)^2 dx\right]^{1/2} = \left[\frac{1}{L}\sum_{i=1}^{i=N-1}\left(\frac{y_{i+1} - y_i}{x_{i+1} - x_i}\right)^2\right]^{1/2} \tag{6-17}$$

式中：Z_2 为起伏角度一阶导数的均方根；L 为裂隙的投影长度。

6.1.3.8 结构函数 SF

$$SF = \frac{1}{L}\int_{x=0}^{x=L}[f(x+dx) - f(x)]^2 dx = \frac{1}{L}\sum_{i=1}^{i=N-1}(y_{i+1} - y_i)^2(x_{i+1} - x_i) \tag{6-18}$$

式中：SF 为岩石节理剖面的结构函数；L 为裂隙的投影长度。

6.2 不同荷载条件下岩石裂隙渗流宏观规律

赋存于一定地质环境中的岩体裂隙，承受着多种形式的应力作用，导致其裂隙空腔发生显著变化，造成其流体流动规律更加复杂。本章介绍不同法向应力和剪切位移下的岩石裂隙宏观渗流规律，其中不同法向应力下吻合岩石裂隙和非吻合岩石裂隙渗流规律，借助室内过流试验研究，不同剪切位移下岩石裂隙渗流规律借助数值模拟方法研究。

6.2.1 不同法向应力下岩石裂隙渗流宏观规律

法向应力作用下的岩石裂隙渗流试验，选取不同粗糙度的吻合花岗岩裂隙和非吻合错动砂岩裂隙，以此探究不同岩石类型和不同吻合状态下的岩石裂隙宏观渗流规律。在每个岩石裂隙试样过流过程中，施加一系列的法向荷载，以此研究应力作用下的渗流规律。砂岩裂隙试样通过在2个裂隙盘面端部，交错粘贴0.20mm厚度的钢片，来实现剪切错动非吻合岩石裂隙试样制备，如图6-17(a)所示。花岗岩裂隙试样和砂岩裂隙试样两侧均采用水封胶进行粘合，以防止水流通过侧向边界流出，制备好的岩石裂隙试样如图6-17(b)所示，裂隙试样的尺寸信息见表6-1。

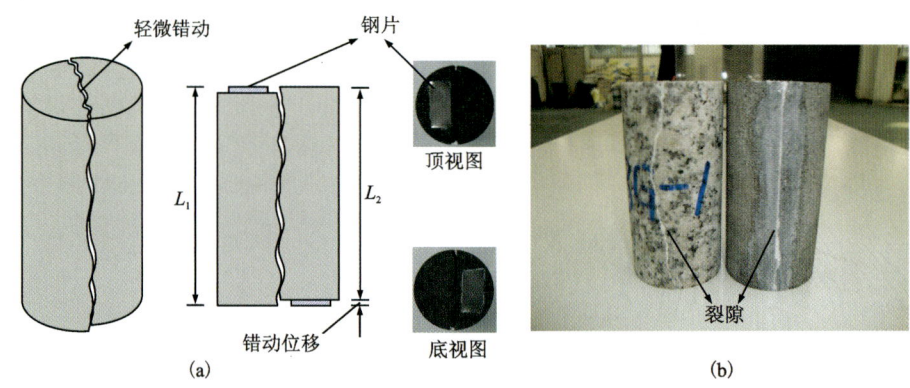

图 6-17　室内过流试验裂隙试样制备

表 6-1　岩石裂隙试样尺寸信息

试样编号	裂隙类型	吻合状态	裂隙宽度 w/mm	裂隙长度 L/mm	两盘长度/mm		错动距离/mm
					L_1	L_2	
G1	花岗岩	吻合	48.78	99.83	—	—	—
G2			49.23	99.75	—	—	—
S1	砂岩	错动	49.16	99.83	100.30	99.71	0.59
S2			49.19	99.96	100.05	99.91	0.14

注：岩石裂隙长度 L 为裂隙两盘长度平均值，对于砂岩裂隙，其两盘尺寸（L_1，L_2）及错动位移如图6-17(a)所示。砂岩裂隙试样试验前的错动距离均为0.20mm，表6-1中所列错动距离为试验结果后测量所得。

岩石裂隙渗流试验采用武汉大学与法国 Top Industrie 公司联合研制的三轴多场耦合试验系统进行，如图6-18所示。该三轴多场耦合试验系统主要由力学加载系统、渗流系统和数据采集系统三部分组成。①力学加载系统包括轴压和围压两套伺服系统，可实现静水压缩、三轴压缩全过程及加卸载循环等复杂应力路径过程，可施加最大围压为60MPa，最大轴向偏应力为 375MPa，轴向加载可以选用位移、轴向应变率、常压力梯度和变应力梯度 4 种方式控制，围压加载可以选用环向应变率、常压力和变应力 3 种方式控制；②渗流系统主要包括高精度液压泵系统和流量实时监测系统，高精度液压泵系统的渗透压力由 PHMP 50~1000 型高精度液压泵提供，该型流量泵具有流量大和稳流稳压的特点，容积为 100mL，可施加最大渗透压力为 50MPa，流量范围为 0.00041~66.8mL/min，流量实时监测系统位于渗流出口端，采用 SA2202S-CW 型高精度自动电子天平，天平测量精度为 0.01g，可以实时测量并记录出口端水流流量；③数据采集系统主要包括压力传感器和环向应变计，可以实时监测并记录试验过程中的压力信息（围压、偏压、进出口端水压）和变形位移信息（轴向变形和环向应变）。岩石裂隙渗流试验过程如下。

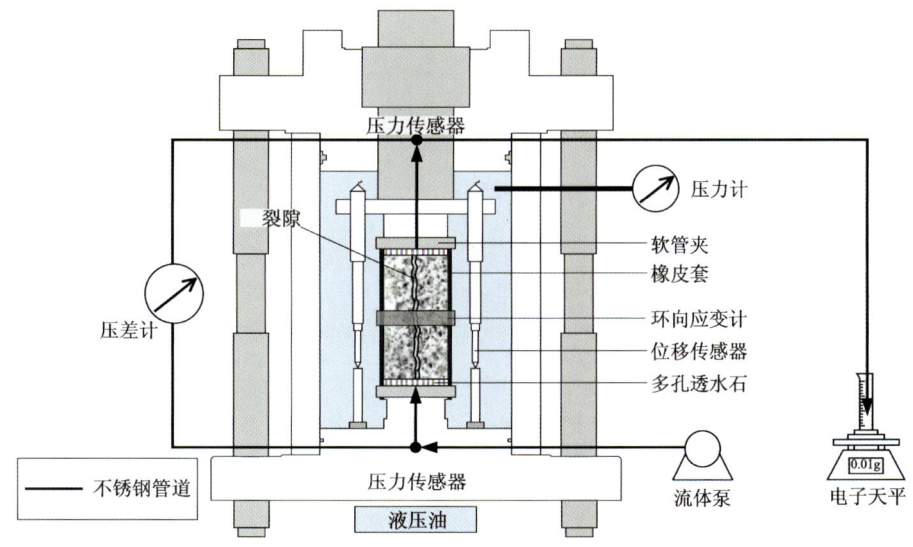

图 6-18 三轴多场耦合试验系统

(1) 将制备好的岩石裂隙试样放入厚度为 3mm 的耐高压氟橡胶皮套中包裹绝油，试样两端放置 φ50mm×1mm 的孔隙透水钢板，使试验过程中水流能够均匀流入和流出，再将其安装在三轴室内。试样高度中心的环向应变计主要用来测量裂隙在法向荷载作用下的裂隙闭合量。

(2) 合上三轴室，施加法向荷载至预定值 1.0MPa。打开流量泵，采用低流量（1mL/min）的蒸馏水饱和岩石裂隙，水流从试样底部进入，经岩石裂隙后从试样顶部经细钢管导出。饱和的目的主要是驱赶岩石裂隙空隙中的空气，并浸润岩石裂隙周围的岩石基质，而试样底部作为进口端能够更好地驱替裂隙空腔内的空气。

(3) 待试样完全饱和后，开展不同法向荷载下的过流试验。法向荷载 σ_3 从 1.0MPa 逐级施加至 30MPa，在 σ_3 = 1.0~5.0MPa 范围内，法向荷载增量为 0.5MPa，在 σ_3 = 5.0~30.0MPa 范围内，法向荷载增量为 2.5MPa，共计 19 级法向荷载。法向荷载加载过程中，可以根据岩石裂隙试样闭合情况灵活调整法向荷载增量。对每一个岩石裂隙试样，在设定的法向荷载作用下，逐级施加渗透压（平均 12 个渗透压梯级），开展不同水力梯度下的岩石裂隙过流试验。试样出口端与大气相连，待渗透压稳定后，通过自动天平测量并记录岩石裂隙的流量，上述梯级渗透试验重复进行,直至最大法向荷载 30MPa。

(4)试验过程中,渗透水压值和流量大小通过数据采集系统实时记录并保存。

岩石裂隙渗流试验过程中,采用的渗透水压加载方案为变压力范围的加载方案,其典型过程曲线如图 6-19 所示:施加的最小水压值随着法向荷载的增大逐渐增大,其变化范围为 0.01～1.00MPa,这样做的目的是确保该法向荷载下,最小水压下的流量测量有足够的精度;施加的最大水压值不超过法向荷载的一半,以此确保渗流过程中,不会由于水压过大导致试样失稳,设置的最大水压值根据前一个法向荷载的最大水压加一个合理的增量来确定。

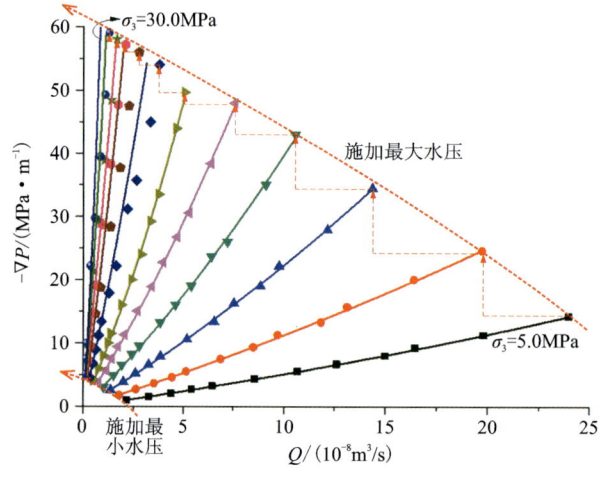

图 6-19 渗透水压变压力范围施加路径图

岩石裂隙渗流试验采用 2 个花岗岩裂隙(试样 G1、试样 G2)和 2 个砂岩裂隙(试样 S1、试样 S2),每个岩石裂隙试样平均施加 19 组法向荷载,在每个法向荷载下平均开展 12 组过流试验。由于裂隙试样岩石基质渗透性极低,可假设水流仅在裂隙空腔内流动;相较于施加的渗透水压力(最小值为 0.01MPa),重力对水流流动的影响可忽略不计(水头 $\rho g l = 9.77 \times 10^{-4}$ MPa)(ρ 为水的密度,g 为重力加速度);水流流动过程中,岩石裂隙两侧为隔水边界,进出口为恒定压力边界,可视为一维流动问题(图 6-20)。

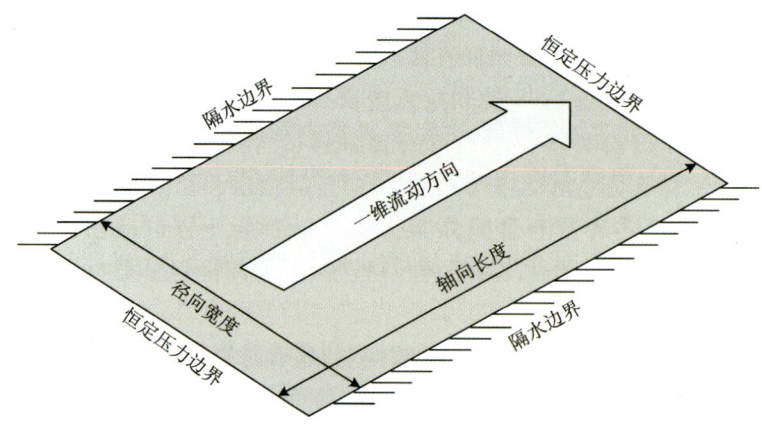

图 6-20 过流试验边界条件示意图

图 6-21 和图 6-22 分别给出了吻合花岗岩裂隙试样与非吻合砂岩裂隙试样的水力梯度($-\nabla P$)-流量(Q)曲线。水力梯度($-\nabla P$)由试样进、出口端压力差确定,即$(P_{inlet}-P_{outlet})/l$,其中 P_{inlet} 和 P_{outlet} 分别为试样进、出口端压力值。由图 6-21 可知,在同一法向荷载作用下,随着水力梯度的逐渐增大,岩石裂隙渗流出现明显的非线性渗流特征,水力梯度-流量曲线(∇P-Q 曲线)呈显著的下凸(多数∇P-Q 曲线呈现)或上凸(高法向荷载作用或高水力梯度下呈现)状;在同一水力梯度下,裂隙的过流流量随着法向荷载的增大而逐渐减小,∇P-Q 曲线倾斜度逐渐变大。此外,由图 6-22(b)可知,非吻合砂岩裂隙试样的∇P-Q 曲线在法向荷载加载初期,呈现相互交错现象(1.0~5.0MPa 范围内),这主要是由于非吻合岩石裂隙在法向荷载加载过程中的接触重分布导致的,这一点由试验前后测得的砂岩裂隙错动位移也可看出(表 6-1)。

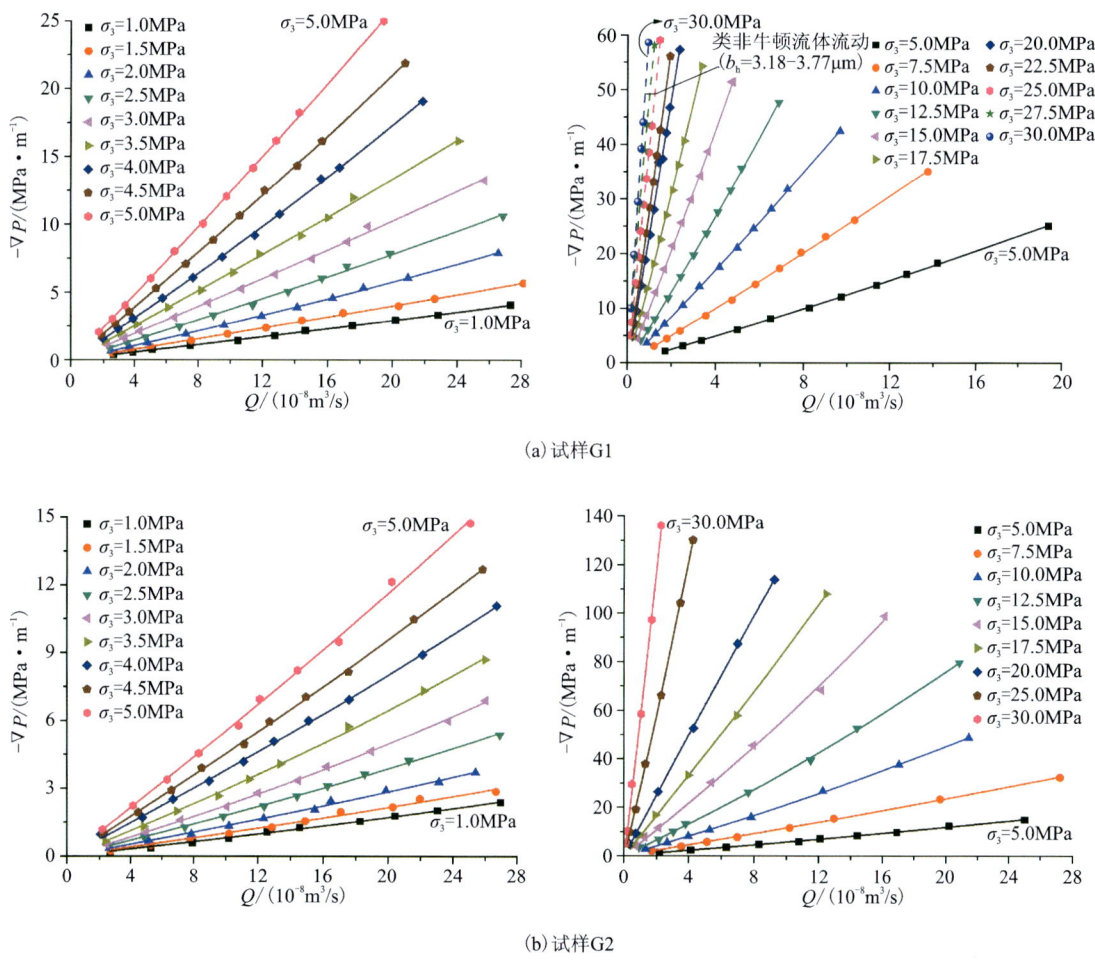

图 6-21 法向荷载作用下吻合花岗岩裂隙水力梯度-流量曲线

随着法向荷载和水力梯度的逐渐增大,岩石裂隙渗流表现出复杂的流动现象,针对岩石裂隙渗流试验过程中出现的非线性流动行为,系统总结了岩石裂隙中的 3 种非线性渗流规律,如图 6-23 所示。

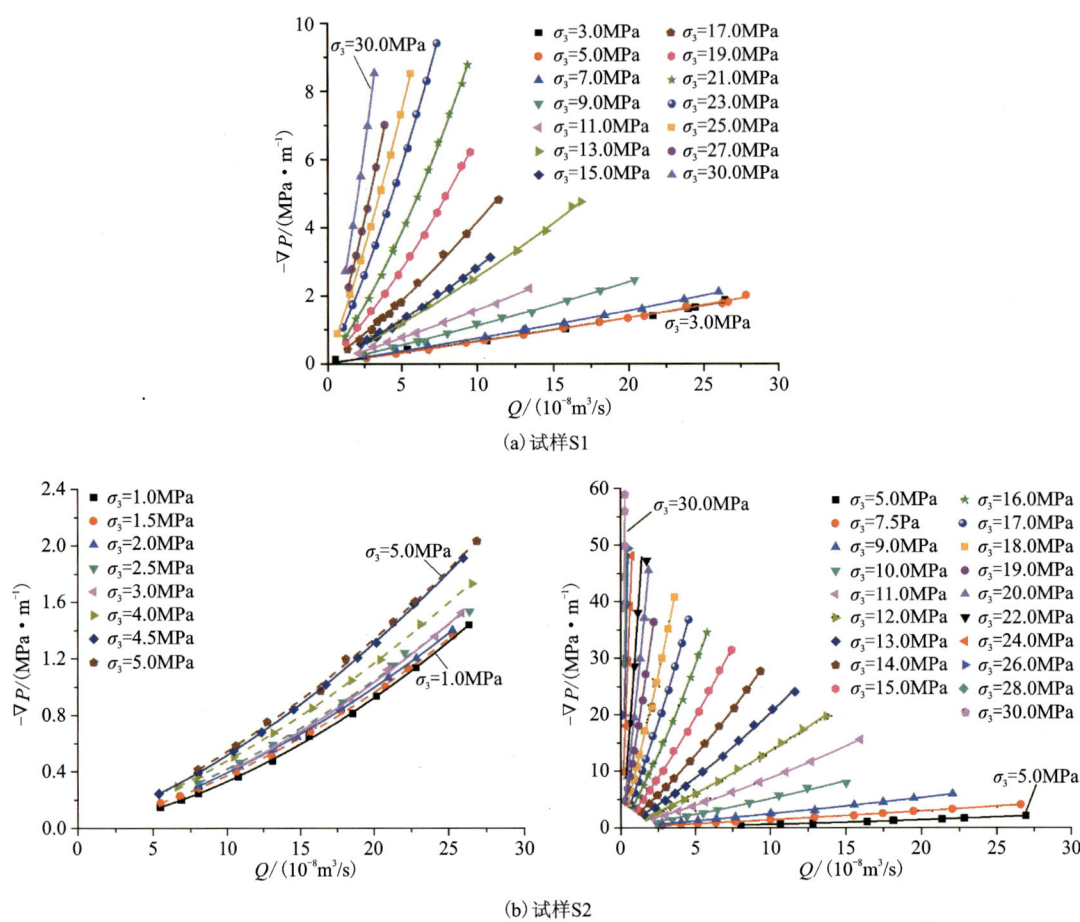

图 6-22　法向荷载作用下非吻合砂岩裂隙水力梯度-流量曲线

(1) 惯性效应：试验过程中，大部分岩石裂隙的非线性渗流符合这种特征，即随着流速的增大，单位水力梯度增量所增加的流量值逐渐减小，$(-\nabla P)$-Q 曲线逐渐偏离线性而呈下凸状（凸向 Q 轴）[图 6-23(a)]。这主要是由于流速的增大，造成水流惯性效应不可忽略，从而导致水流流动需要更多的能量来克服由惯性力导致的水头损失，从而引起流动的非线性。这种由惯性效应导致的非线性流动是工程实践中最常见的一种非线性渗流，通常称为非达西渗流，是研究的重点。

(2) 水-力耦合效应：这种非线性流发生在高法向荷载作用的高渗透压力情况下，即随着渗透压力进一步增大，$(-\nabla P)$-Q 曲线逐渐偏离线性且呈上凸状（凸向 $-\nabla P$ 轴）。图 6-23(b)给出了试样 G1 在 22.5MPa 法向荷载作用下的渗流过程曲线，由图可知，在渗透压力值较小时，随着渗透压力增大，一开始 $(-\nabla P)$-Q 曲线由于水流惯性效应表现出非达西渗流特征[图 6-24(a)]；随着渗透压力进一步增大，$(-\nabla P)$-Q 曲线逐渐由下凸状转变为上凸状，整个渗流曲线呈现出 S 型特征。出现这种现象主要是因为随着渗透压力增大到相对法向荷载不可忽略时，施加的有效法向荷载降低，从而使得裂隙表现出显著的水-力耦合效应，此时的裂隙开

第6章 岩石裂隙几何结构特征与渗流宏细观规律

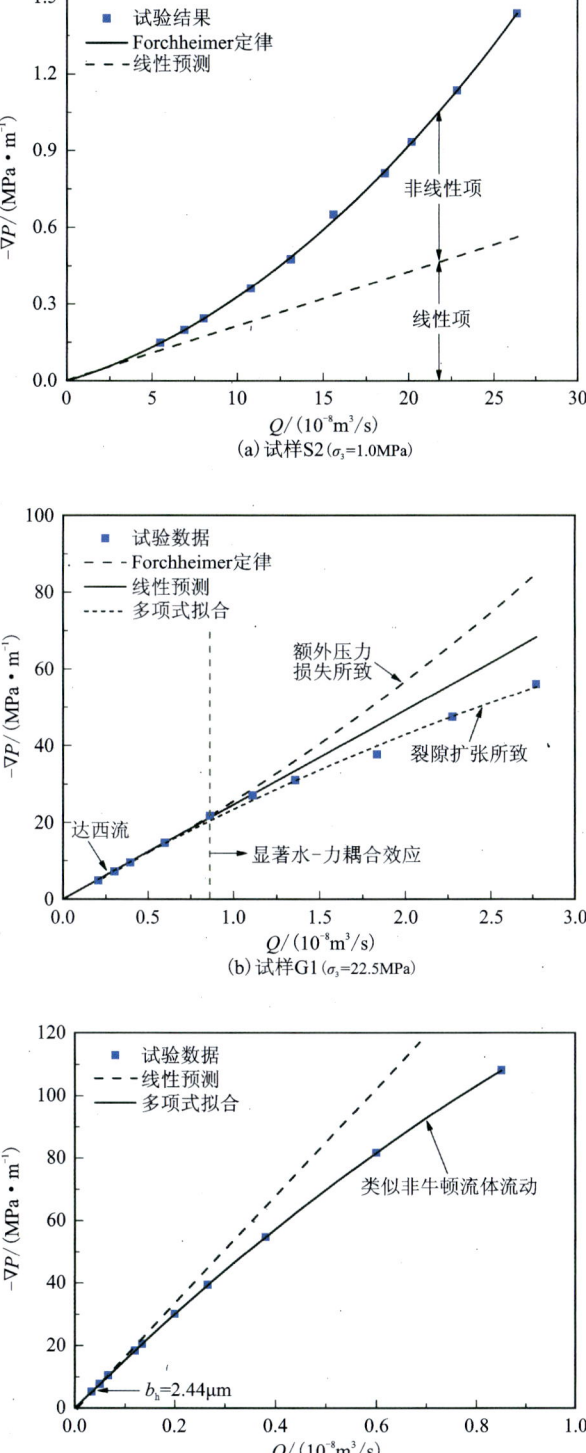

图 6-23 岩石裂隙中的 3 种典型非线性渗流规律

度比较低渗透压下的开度值大,导致相同渗透压下的流量偏大,引起流动的非线性。图 6-24(b)给出了表观渗透系数[$k_a = \mu Q/(\nabla P \times A_h)$,$A_h$ 为岩石裂隙平均截面积]随渗透压力增大的变化曲线,可知 k_a 先由于惯性效应降低,随后又由于水-力耦合效应而增大,验证了以上分析。实际工程中,在高水力梯度情况下,有必要考虑裂隙岩体由显著的水-力耦合效应导致的非线性渗流效应。

(3)固-液界面效应:对于岩石裂隙试样 G1 在最高围压(30MPa 和 27.5MPa)情况下,($-\nabla P$)-Q 曲线全段呈现出类似非牛顿流体流动现象,即裂隙中的水流运动规律是随着水力梯度 $-\nabla P$ 的增大,过流流量 Q 的增加高于线性递增[图 6-23(c)]。图 6-24(c)给出了试样 G1 在 30.0MPa 法向荷载作用下 k_a 随渗透压力的变化过程,可知这种非线性流动特征为随着渗透压力的增大,k_a 持续性增大。结合超高围压下裂隙的开度量级(小于 5 μm),初步推断在微裂隙中,流体与固壁之间除了通常意义下的摩阻力作用之外,还存在极强的固壁吸附力作用,而这种吸附力随着水流动能的增大,其增长速率降低,从而使岩石裂隙中的水流流动表现出类似于非牛顿流体流动的特征,引起流动的非线性。实际上,这种由于固液界面效应导致的类似非牛顿流体流动现象在黏土等空隙极小的多孔介质中已有报道和研究(Miller and Low,1963),而微米及微纳米级裂隙的流动规律和成因机制有待进一步深入研究。

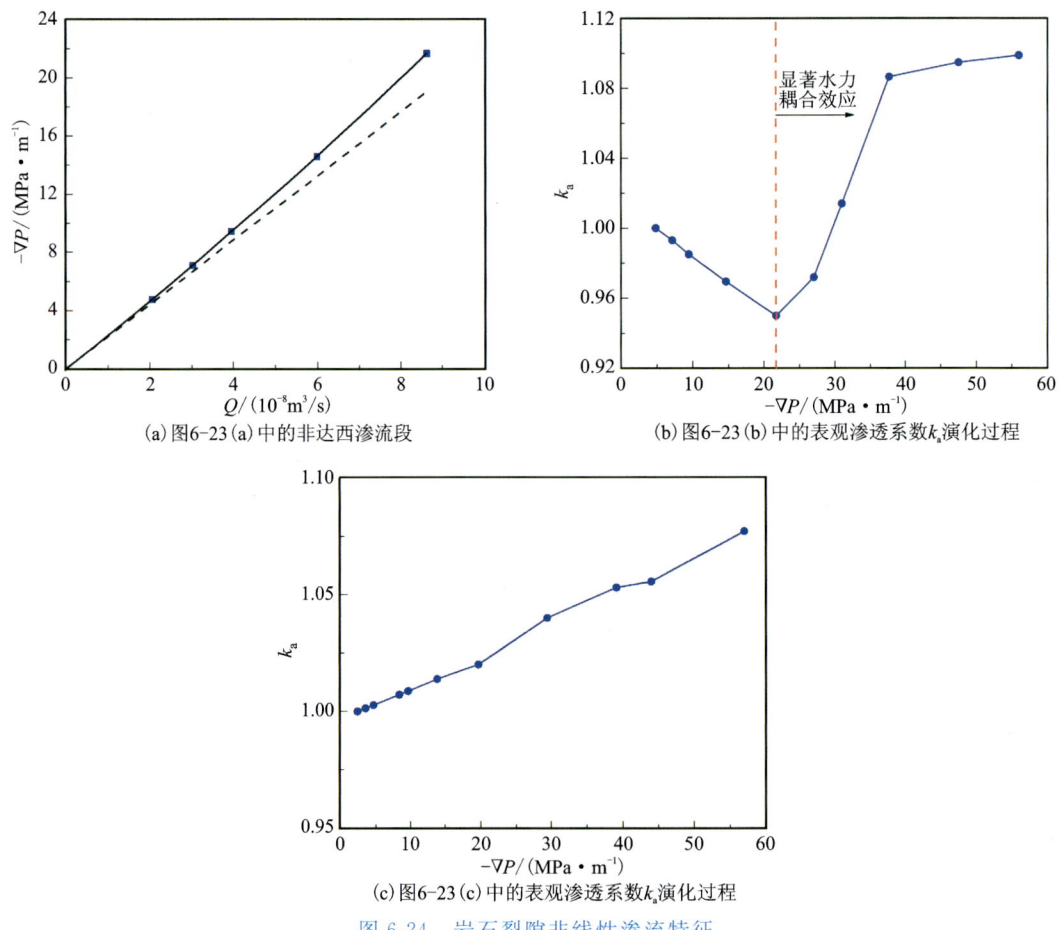

图 6-24 岩石裂隙非线性渗流特征

需要说明的是,本书研究中,非线性渗流指的是随着水力梯度($-\nabla P$)的增大,过流流量Q增加不再服从线性递增现象的统称,包括上述总结出的3种类型,而非达西渗流则是特指由于水流惯性效应导致的非线性渗流。

采用二次多项式形式的Forchheimer方程(详细介绍参见7.1)描述上述非线性渗流中普遍出现的非达西渗流类型,如图6-21和图6-22拟合线所示,Forchheimer方程很好地表征了岩石裂隙中因惯性效应导致的非线性渗流特性。通过拟合得到的Forchheimer方程系数A和B,可以进一步地计算出等效水力开度b_h和非达西系数β(具体计算公式参见7.1)。

岩石裂隙的等效水力开度b_h是裂隙介质几何形貌和过流能力的综合反映,图6-25给出了b_h随法向荷载的变化曲线。对于吻合花岗岩裂隙试样,b_h随着法向荷载的增大呈现出明显的双曲线型下降,即一开始迅速下降,然后下降速率逐渐放缓,最终趋于稳定,这种变化规律满足Bandis等(1983)提出的裂隙面闭合量与法向应力间的双曲线经验公式;在法向荷载持续增大过程中,b_h不会降低为零,而是会为最终区域某一恒定值,这一研究与Berkowitz和Balberg(1993)的试验研究一致,而这一恒定值通常称为临界等效水力开度;试样S1和试样S2最终的临界等效水力开度均约为3 μm,对应的渗透性量级在10^{-13} m²,相较于花岗岩基质渗透性而言仍然较大,这说明即使在很高的法向荷载作用下,吻合裂隙仍旧是岩体透水的重要通道。

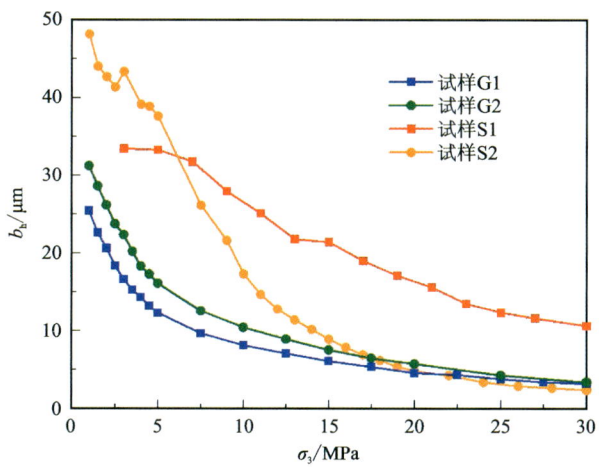

图6-25 等效水力开度b_h和法向荷载σ_3关系曲线

对于非吻合砂岩裂隙试样,b_h随法向荷载的变化规律与花岗岩裂隙试样类似,但是由于裂隙错动的影响,导致试样S2的等效水力开度在法向荷载加载初期存在一个波动,这主要是由于错动裂隙面在围压加载初期的吻合-非吻合交替过程所致。相较于吻合岩石裂隙在法向荷载作用过程中的接触闭合,非吻合岩石裂隙的接触闭合更为复杂,波动性也更强:试样S1在吻合-非吻合交替过程中最终达到非吻合平衡状态,因此在最大围压30MPa时,其仍保留着较大的等效水力开度(12 μm),这一点可以通过试验前后测得的错动位移对比看出(表6-1),试验前的错动位移为0.20mm,历经一系列的法向荷载作用,在试验结束后错动位移变为0.59mm,说明试样S1最后处于一个非吻合性更强的离合状态[图6-26(c)];试样S2则最终达到吻合平衡状态,因此最大围压30MPa时,其等效水力开度较小,与吻合花岗岩裂隙试样相近,试验前后的错动位移分别为 0.20mm 和 0.14mm,说明试样 S2 最后重新恢复到一个吻合性更强的贴合状态[图 6-26(a)]。

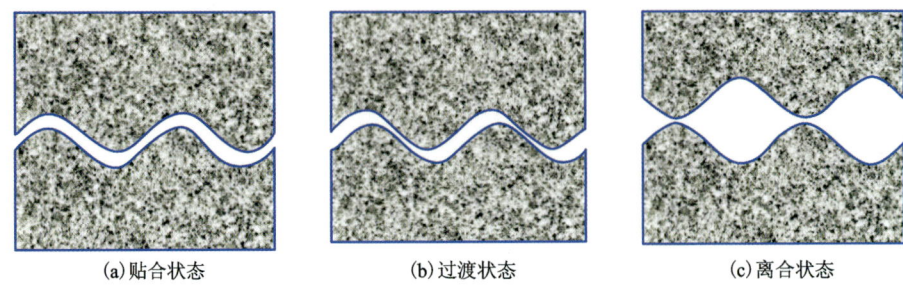

图 6-26 法向荷载作用下错动裂隙的位势状态

非达西系数 β 表征了岩石裂隙中水流流态发展为非达西渗流能力的大小,β 值越大,二次多项式的 Forchheimer 方程下凸性也越强,裂隙中的水流也越容易出现非达西渗流特征。图 6-27 给出了 β 随法向荷载的变化曲线,由图可知,β 随法向荷载的增加迅速增大,法向荷载从 1.0MPa 增大到 30.0MPa 过程中,β 增大了 3~4 个数量级。分析其原因,主要是由于法向荷载增大过程中,岩石裂隙接触面积增大,流动通道曲折,造成水流惯性效应逐渐显著,从而导致非达西系数 β 增大。Kang 等(2016)通过数值模拟方法研究了法向荷载作用过程中的岩石裂隙流速场分布特征,其研究表明,法向荷载作用引起裂隙接触面积增大,使得裂隙流速场形成优势通道流和水流涡旋区及不动区,导致岩石裂隙呈现出复杂的流体流动和物质传输现象,因此岩石裂隙非达西渗流的形成与这些细观流动结构密切相关。

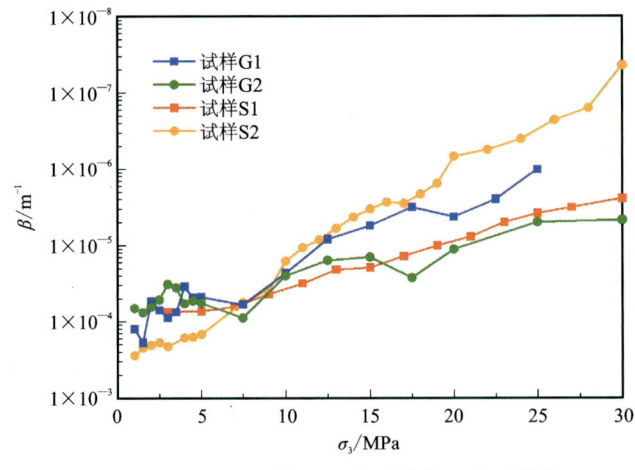

图 6-27 非达西系数 β 和法向荷载 σ_3 关系曲线

6.2.2 不同剪切位移下岩石裂隙渗流宏观规律

赋存于一定地质环境中的岩石裂隙,通常受到复杂的应力荷载作用。当岩石裂隙发生剪切位移时,岩石裂隙粗糙度(此处定义为开度均方差 σ 与平均机械开度 b 的比值)、表面吻合度(即 2 个裂隙表面匹配度)、剪胀、接触面积均会发生显著变化,如图 6-28 所示。这可能导致取决于几何特征的岩石裂隙水力特性发生显著变化(Zou et al.,2017)。为了探明剪切位移条件下的岩石裂隙渗流演化规律,本书开展了一系列不同剪切位移条件下、不同雷诺数条件下的二维岩石裂隙渗流数值模拟研究。

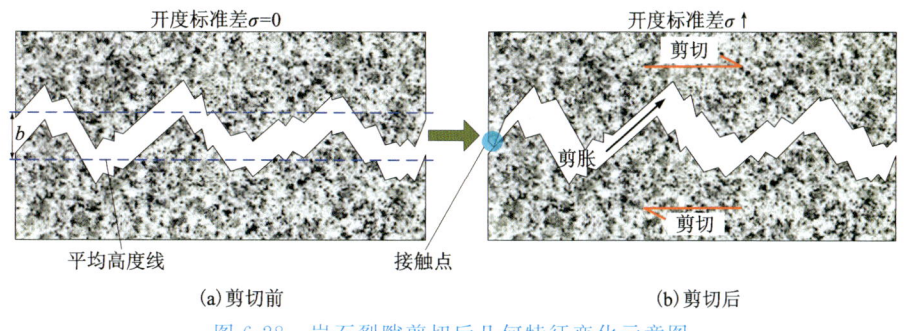

图 6-28　岩石裂隙剪切后几何特征变化示意图

首先,生成不同剪切位移下的二维裂隙数值模型。采用巴西劈裂法制备圆柱状花岗岩裂隙[图 6-28(a)],裂隙几何形态由高分辨率非接触式三维激光扫描仪获得,如图 6-28(b)所示。选择裂隙一半宽度处平行于轴向的剖面(图 6-28)作为剪切前的二维裂隙,设定裂隙平均机械开度为 1.0mm[图 6-29(c)中红色和蓝色实线],标记为模型 0。然后,维持裂隙下盘轮廓线不变,在吻合裂隙上盘轮廓线施加一系列水平剪切位移(d_s=1mm、2mm、3mm、4mm),生成 4 条人工剪切裂隙(标记为模型 1~4),其中模型 4 的上盘和下盘轮廓线如图 6-29(c)中黑色虚线和蓝色实线所示。剪切裂隙的详细几何信息如表 6-2 所示。

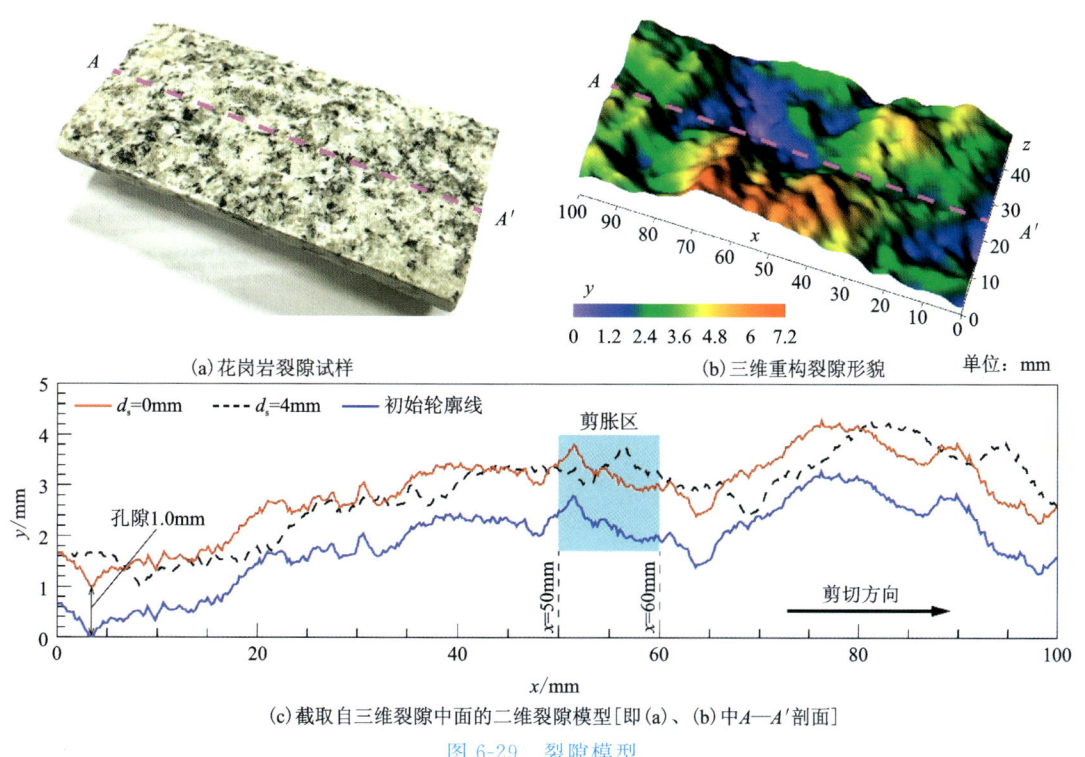

图 6-29　裂隙模型

表 6-2 剪切位移条件下的裂隙几何和流动特征参数

试样编号	剪切位移 d_s/mm	匹配度/R	粗糙度/$(\sigma \cdot b^{-1})$	Forchheimer 系数 A/$(kg \cdot s^{-1} \cdot m^{-5} \times 10^7)$	Forchheimer 系数 B/$(kg \cdot m^{-8} \times 10^{10})$
模型 0	0	1.000	0.00	1.32	1.62
模型 1	1	0.980	0.16	1.53	1.92
模型 2	2	0.950	0.26	2.24	3.59
模型 3	3	0.917	0.34	4.00	10.30
模型 4	4	0.884	0.40	7.45	33.80

匹配度是用来描述 2 个相对裂隙面吻合程度的术语,它对岩石裂隙力学和水力特性有着显著影响。匹配度的定义方式有很多种,在此,我们采用基于数理统计理论的相关系数 R 来评估剪切过程中岩石裂隙面的吻合程度。

$$R(\mathbf{U},\mathbf{D}) = \frac{C(\mathbf{U},\mathbf{D})}{\sqrt{C(\mathbf{U},\mathbf{U})C(\mathbf{D},\mathbf{D})}} \tag{6-19}$$

式中:$C(\mathbf{U},\mathbf{D})$ 为协方差矩阵;$\mathbf{U}$ 和 $\mathbf{D}$ 分别为裂隙上盘和下盘轮廓线的起伏度高度数据集;R 的范围从 0 到 1,代表裂隙 2 个盘面从极度不吻合($R=0$)到完全吻合($R=1$)状态。显然,剪切位移会导致裂隙面吻合度(R)的降低和粗糙度的增加(σ/b)。

采用格子玻尔兹曼方法(lattice boltzmann method, LBM),通过直接求解 Navier-Stokes(NS)方程来模拟裂隙中的水流流动。LBM 是基于动力学理论开发的,并已发展成为模拟复杂几何形状中流体流动的常用方法。本研究使用了具有二维 D2Q9(D 表示空间维度,Q 是离散速度向量的数量)晶格的多重弛豫时间模型[图 6-30(c)]。D2Q9 的分布函数表示流体粒子在不同方向上的运动。LBM 模拟单元和物理单元之间的维度映射可参看有关文献。对于每个模拟,裂隙壁被假定为无滑移边界,入口被设定为垂直于平面边界的恒定速度剖面边界条件,出口被设定为恒定的零压力边界条件[图 6-30(a)]。对每个裂隙模型,共模拟了从 0.01 到 150 的 12 级雷诺数工况,5 个裂隙模型共计开展了 60 组流动模拟。使用方形网格覆盖裂隙流域,并采用了非平衡外推方法对裂隙不规则壁面边界进行了插值[图 6-30(b)]。

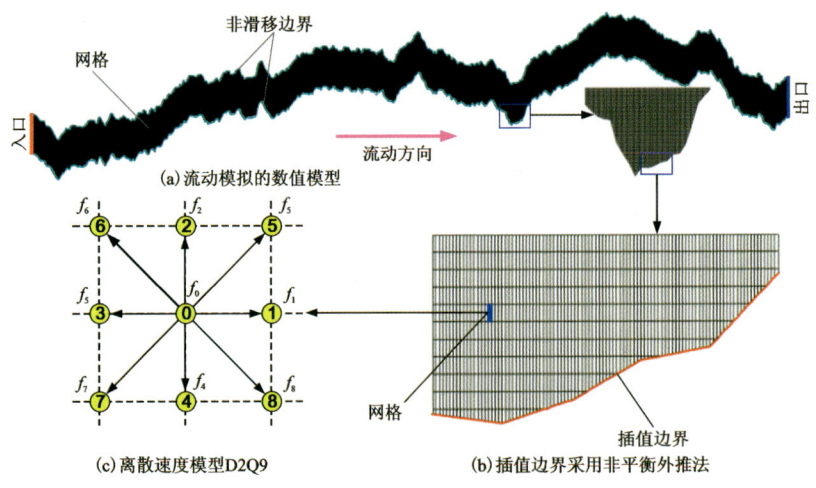

图 6-30 裂隙流动数值模拟示意图

图 6-31 展示了模拟得到的裂隙压力-流量(∇P-Re)曲线,以及采用 Forchheimer 方程拟合的曲线。由图可知,Forchheimer 方程能够很好地描述和刻画裂隙在不同剪切位移下的非达西流动特征。随着剪切位移 d_s 的增加,($-\nabla P$)-Re 曲线在任意给定$-\nabla P$处的斜率逐渐变陡,曲线形状逐渐呈凹形,表明随着 d_s 的增加,裂隙内出现的非达西流特征越来越显著。为了更定量地评估不同剪切位移下的非线性流动特征,基于拟合得到的 Forchheimer 方程系数,根据 6.2.1 中临界雷诺数定量计算公式,计算出不同剪切位移下的裂隙临界雷诺数值,如图 6-31 所示。临界雷诺数定量表征了水流流态从达西流态转变为非达西流态的临界点,临界雷诺数值越小,裂隙内部的水流流态越容易转变为非达西流态。因此,图 6-31 表明,随着剪切位移 d_s 的增加,临界雷诺数 Re_c 不断减小,表明裂隙内部水流流态越来越容易发展为非达西流态。由此可见,剪切位移在一定程度上增强了岩石裂隙内部水流流动的非线性。

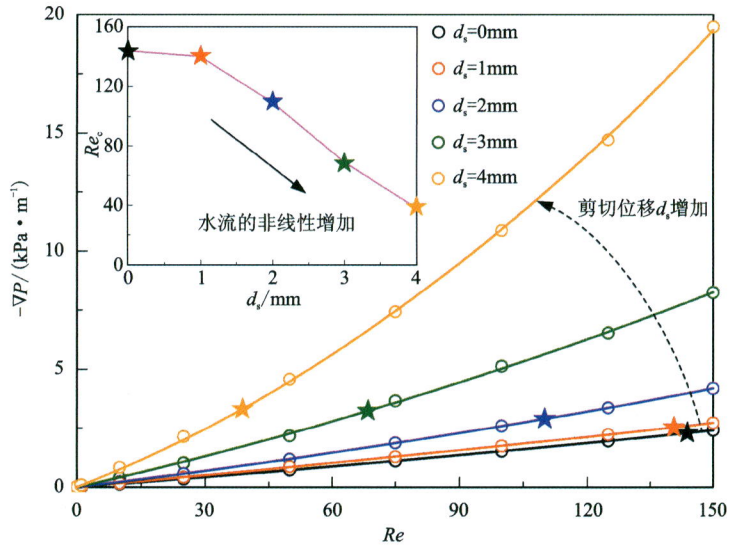

图 6-31 剪切位移下宏观渗流规律(图中五角星标记为裂隙临界雷诺数)

6.3 岩石裂隙非达西渗流的细观成因机制

岩石裂隙非线性渗流的试验研究表明,在渗流流动过程中,随着水力梯度的逐渐增大,渗流速度逐步增大,流体速度损失不再是黏性力起主导作用,而是惯性力逐渐取代黏性力,成为流体速度损失的主要原因,此时渗流流速和水力梯度之间不再服从线性达西定律,而呈现出单位水力梯度增量所增加的流量值逐渐减小的非达西渗流特征。岩石裂隙非达西渗流规律由水动力学条件和介质几何形貌条件同时决定,而更好地探明岩石裂隙中非达西渗流的成因机制,对于正确认识和有效表征裂隙非达西渗流过程有着重要意义。6.2 采用室内试验的方法研究了岩石裂隙宏观非达西渗流规律,但是试验过程中裂隙内部为一个"黑箱",无法探知裂隙内部的细观流动结构和作用机制。为此,本节采用数值模拟方法并结合理论分析,开展不同雷诺数条件下、不同几何特征的岩石裂隙非达西渗流模拟研究,以阐明岩石裂隙非达西渗流细观成因机制。

6.3.1 岩石裂隙非达西渗流数值模拟

基于 6.1 重构的高精度凝灰岩裂隙试样几何信息，根据其开度空间分布特征，选取 3 个典型二维剖面，其剖面位置在三维裂隙中的空间分布如图 6-32 所示。图 6-32 给出了这 3 个典型二维剖面试样(T1~T3)的轮廓线图，剖面裂隙试样的长为 150mm，由图可知，这 3 个裂隙试样有着不同的开度分布形式，试样 T1 的开度突变区集中在裂隙进口端附近，试样 T2 的开度突变区沿裂隙长度方向上不均匀分布，试样 T3 的开度突变区沿裂隙长度方向上较为均匀地分布。

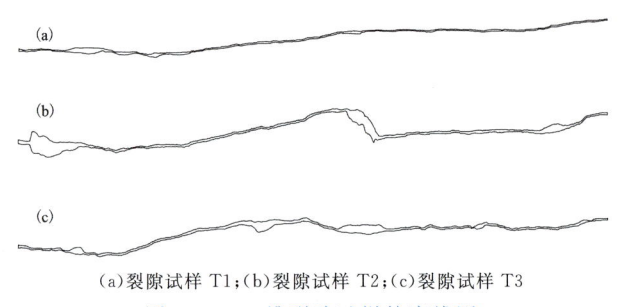

(a)裂隙试样 T1；(b)裂隙试样 T2；(c)裂隙试样 T3
图 6-32 二维裂隙试样轮廓线图

图 6-33 和表 6-3 分别给出了 3 个裂隙试样的开度分布特征及开度统计参数，由此可知，裂隙的开度分布基本服从截断高斯分布，3 个裂隙试样的开度分布主要集中在平均开度值附近，但均存在一定的局部大开度区域；通常采用开度方差 σ 与开度均值 b 的比例来衡量裂隙开度分布的不均匀性，该比值越大，裂隙开度分布的不均匀性也越大，由统计结果可知，试样 T2 的开度分布不均匀性最大，试样 T3 次之，试样 T1 开度分布不均匀性最小，这与图 6-32 的裂隙轮廓线所展示的结果一致。

采用多物理场建模与仿真软件 COMSOL Multiphysics 求解 NS 方程，来模拟裂隙中的水流流动。COMSOL Multiphysics 以有限单元法为基础，通过求解偏微分方程或方程组来实现对真实物理现象的仿真，本书在采用该软件求解 NS 方程的过程中，并未忽略方程中的惯性项，从而能够获取裂隙水流随着流速不断增大的真实流动状况。裂隙壁面设定为非滑移边界条件，裂隙进出口边界设定为恒定压力边界条件(进口边界 $p_{\text{inlet}}=p_0$，出口边界 $p_{\text{outlet}}=0$)。对于每一个裂隙试样，共施加 5 级水力梯度 $dh/dl=(p_{\text{inlet}}-p_{\text{outlet}})/\rho gl$($\rho$ 为水的密度，g 为重力加速度)，如表 6-4 所示，水力梯度在 0.2~10 范围内变化，确保每一级水力梯度条件下，水流流态均处于非达西渗流流态。

采用拉格朗日三角形单元对裂隙空隙域进行离散，在进出口边界和裂隙壁面边界采用局部加密的网格剖分方法(网格尺寸约为 0.002mm)，而在其他区域则采用较为稀疏的网格剖分(网格尺寸约为 0.006mm)，如图 6-34 所示。为了评估计算结果对网格尺寸的依赖性，对于每个计算工况，均采用一系列的网格密度来进行敏感性分析，网格加密直至计算得到的裂隙出口流量不随网格数量变化。图 6-35 给出了试样 T2 在水力梯度为 0.2 条件下的收敛性分析，图中流量为除以稳定出口流量(网格量为 24530861 情况下的计算值)后的标准化流量，由图可知，当网格量达到 6×10^5 时，计算结果达到稳定。为了增加高雷诺数条件下的收敛能力，计算中借助参数化求解器来逐级施加压力值，直至计算达到设定工况下的量值。

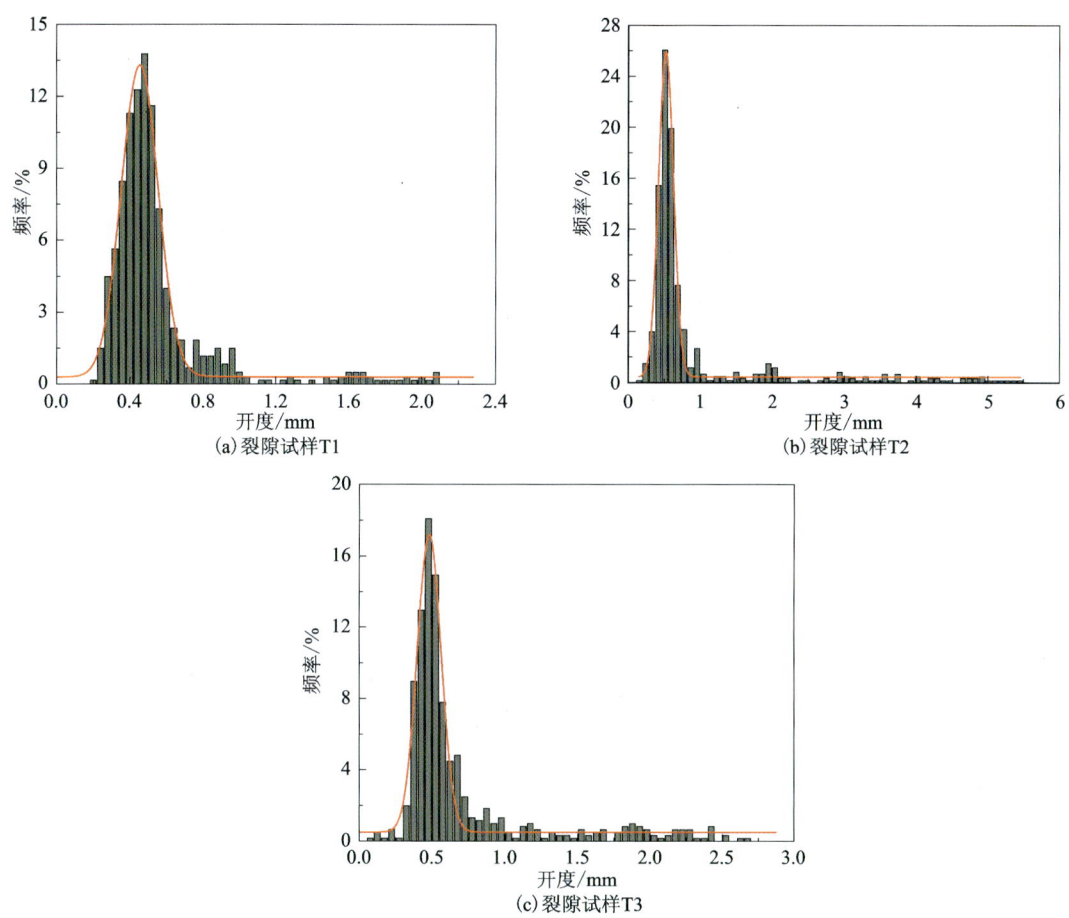

图 6-33　裂隙试样开度分布特征

表 6-3　数值模拟试样尺寸信息

试样编号	开度均值 b/mm	开度方差 σ/mm	不均匀系数/$(\sigma \cdot b^{-1})$	开度突变区分布特点
T1	0.563	0.323	0.57	集中于裂隙进口端
T2	0.948	1.031	1.09	沿程不均匀分布
T3	0.712	0.497	0.70	沿程均匀分布

表 6-4　非达西渗流计算条件

试样编号	水力梯度 dh/dl	雷诺数 Re	平均流体速度 v/(m·s^{-1})
T1	6	59.5	0.261
	7	68.5	0.301
	8	77.3	0.341
	9	85.9	0.381
	10	94.3	0.420

续表 6-4

试样编号	水力梯度 dh/dl	雷诺数 Re	平均流体速度 $v/(m \cdot s^{-1})$
T2	0.2	16.0	0.035
	0.4	30.8	0.068
	0.6	43.9	0.099
	0.8	56.1	0.128
	1.0	67.3	0.156
T3	1	46.4	0.122
	2	79.7	0.220
	3	107.0	0.306
	4	129.4	0.381
	5	149.1	0.452

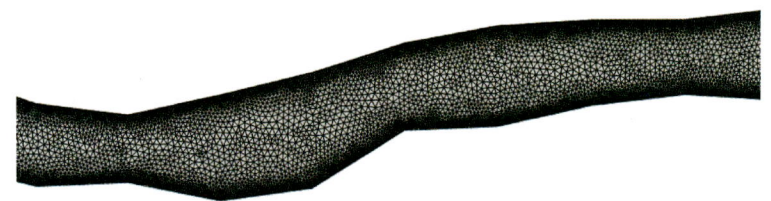

图 6-34 裂隙网格剖分图

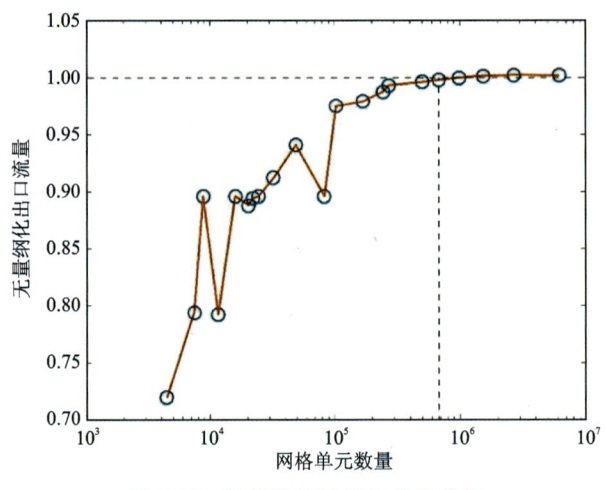

图 6-35 数值计算结果收敛性分析

根据数值计算得到的流速场结果，沿出口边界对速度值进行积分，可得到二维裂隙试样的单宽流量 q，进一步可根据立方定律 $q=\rho g b^3 (dh/dl)/12\mu$（$\mu$ 为水的运动粘滞系数）由水力梯度 dh/dl 和单宽流量 q 计算得到等效水力开度 b_h（此处等效水力开度由立方定律直接确定，其值随流速增大而逐渐变化，是表观渗透性的表征），最后计算得到裂隙试样的平均流速

$v=q/b_h$。图 6-36 给出了裂隙试样平均流速随水力梯度的变化曲线,由图可知,通过直接求解 NS 方程得到的水力梯度-流量关系曲线,与 6.2 中试验得到的水力梯度-流量关系曲线一样,随着水力梯度的逐渐增大,均表现出显著偏离线性达西定律的非达西渗流现象,而该非达西渗流现象同样可以采用二次多项式形式的 Forchheimer 方程进行很好地表征。

为了探明裂隙非达西渗流现象的成因机制,图 6-37 给出了 3 个裂隙试样的流速场分布图(以最大水力梯度下的计算工况为例),

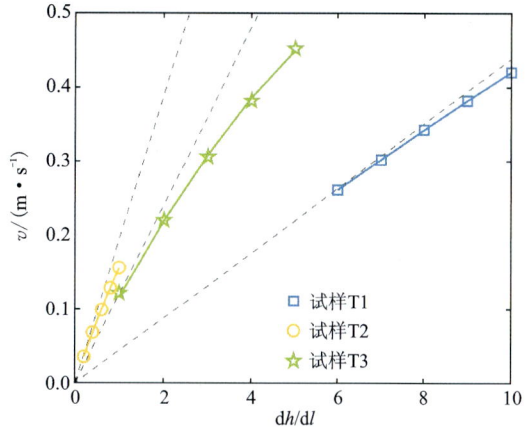

图 6-36 裂隙水力梯度-流量关系曲线

图中速度场云图显示的是经流速场中最大速度值标准化后的速度值,其中 U 为速度矢量的模量值,U_{max} 为速度场中的最大模量值;速度矢量图中的箭头仅代表速度矢量方向。由图 3-37 可知,高流速区主要分布在裂隙开度突变区内,沿着裂隙上下壁面,发展了不同大小和不同形状的水流涡旋区(recirculation zone),这与之前许多学者在试验中观察到涡旋区往往在开度突变区内形成的现象一致(Zhang et al.,2013;Lee et al.,2014)。水流涡旋区的形成,极大地束窄了主流动通道(main flow channel)的过流面积,从而减小了裂隙的过流能力,且涡旋区的出现,导致了裂隙过流系统额外的能量耗散。Cardenas 等(2009)对比研究了求解 NS 方程和

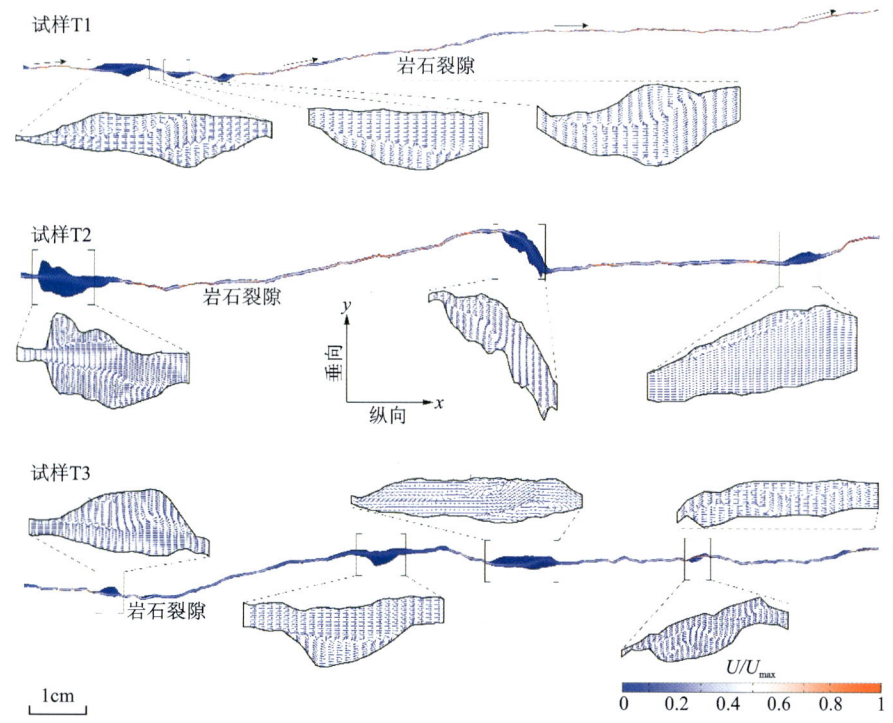

图 6-37 裂隙速度场云图及矢量图

求解 Stokes 方程得到的裂隙流速场特征,发现采用 NS 方程求解得到的水流涡旋区随着雷诺数的增大,其尺寸不断变大,而忽略水流惯性项的 Stokes 方程,其水流涡旋区仅由裂隙的几何形貌确定而不随雷诺数的变化而变化。因此,涡旋区的形成和演化与水流惯性效应密切相关,而这种密切关系又与非达西渗流现象的形成有着重要的因果关系。

6.3.2 非达西渗流成因机制

水流涡旋区对于流体流动和物质传输有着重要的影响,因此,涡旋区的检测和定量化评估有着重要意义。需要说明的是,涡旋区通常会与涡流体(vortex)的概念相混淆,然而这二者有着本质上的区别。涡流体通常指的是旋转流体微团的统称,在流体力学领域,有许多方法来判别涡流区,其中包括速度梯度张量分析、涡量分析和流体轨迹分析等。不同于涡流体,涡旋区指的是封闭的流体微团,这种从主流道分离开来的流体微团,其边界流量交换为零,即涡旋区与主流动通道之间的交界面处没有流量交换,涡旋区对介质的过流能力没有贡献。针对涡旋区的特点,Zhou 等(2019)提出了一种精确检测涡旋区的理论方法,并成功实现了裂隙介质的涡旋区程序化检测。

本书借助该方法对图 6-37 中的涡旋区进行自动识别和检测,以此定量研究岩石裂隙非达西渗流的成因机制。将水流涡旋区检测技术应用于 6.3.1 的裂隙试样,其检测到的涡旋区如图 6-38 所示,图中红色曲线即为检测到的涡旋区与主流动通道之间的交界面,由图可知,涡旋区的几何形状各异,与其依附的裂隙壁面起伏密切相关;涡旋区基本形成于开度突变区,对主流动通道的束窄效应显著。

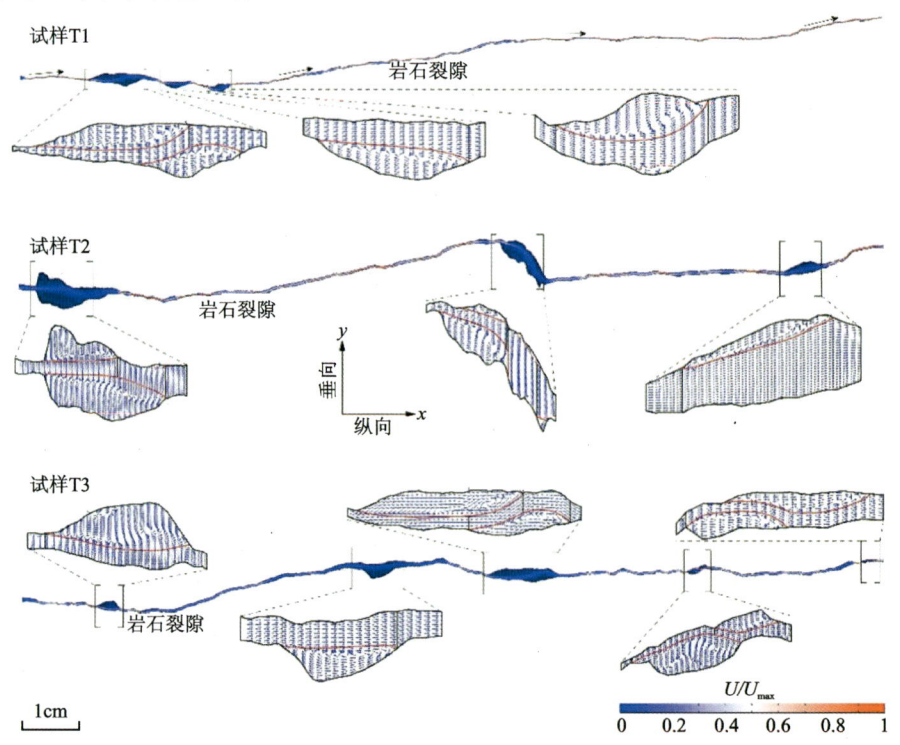

图 6-38　检测到的涡旋区与主流通道分界线(红色实线)

为了评估检测到的涡旋区界面的准确性，表6-5给出了由于数值误差引起的界面误差流量值，该流量值通过对流速与单位法向向量的点积（$n_x \cdot u_x + n_y \cdot u_y$）沿界面曲线积分，并经裂隙单宽流量$q$标准化后得到。由表6-5可知，在不同水力梯度条件和不同涡旋区，穿过涡旋区界面的误差流量几乎为零，这说明在裂隙流速场中，确实存在一个对主流动通道无流量贡献的封闭流体涡旋区，且这种封闭流体涡旋区可以采用本书提出的涡旋区检测技术来准确刻画。

表 6-5 数值误差引起的涡旋区界面流量

试样 T1	$dh/dl=6$	$dh/dl=7$	$dh/dl=8$	$dh/dl=9$	$dh/dl=10$
涡旋区 1	0.000 627	0.000 440	0.000 963	0.000 618	0.001 978
涡旋区 2	0.000 592	0.000 739	0.000 221	0.001 553	0.001 997
涡旋区 3	0.000 456	0.000 842	0.001 628	0.001 465	0.001 925
涡旋区 4	0.002 487	0.004 951	0.001 924	0.003 564	0.004 033
试样 T2	$dh/dl=0.2$	$dh/dl=0.4$	$dh/dl=0.6$	$dh/dl=0.8$	$dh/dl=1.0$
涡旋区 1	0.027 076	0.000 664	0.002 209	0.001 713	0.001 237
涡旋区 2	0.011 316	0.001 268	0.002 708	0.001 653	0.003 121
涡旋区 3	—	0.006 968	0.002 308	0.001 011	0.002 498
涡旋区 4	—	0.000 719	0.002 340	0.003 474	0.004 364
涡旋区 5	—	0.000 077	0.000 074	0.000 099	0.000 017
涡旋区 6	—	—	—	0.000 257	0.000 710
试样 T3	$dh/dl=1$	$dh/dl=2$	$dh/dl=3$	$dh/dl=4$	$dh/dl=5$
涡旋区 1	0.000 140	0.002 492	0.003 034	0.030 099	0.050 075
涡旋区 2	0.000 011	0.000 390	0.000 440	0.002 135	0.002 380
涡旋区 3	0.000 082	0.003 034	0.002 387	0.033 433	0.051 462
涡旋区 4	0.003 879	0.057 365	0.089 847	0.056 949	0.025 371
涡旋区 5	0.058 164	0.002 242	0.020 302	0.025 815	0.041 307
涡旋区 6	0.000 170	0.000 640	0.000 061	0.025 953	0.045 026
涡旋区 7	—	0.000 021	0.000 265	0.002 455	0.002 091
涡旋区 8	—	0.004 170	0.007 608	0.055 778	0.011 911

注：表中流量值为除以裂隙单宽流量q后的标准化百分比，界面流量采用沿界面曲线对（$n_x \cdot u_x + n_y \cdot u_y$）积分得到。

通过涡旋区检测技术能够准确地刻画裂隙水流流动中的涡旋区结构，从而能够定量化的评估水流涡旋区对流动和传输过程的影响。图6-39给出了不同水力梯度条件下检测到的涡旋区演化过程，图中的涡旋区分别取自3个裂隙试样（T1~T3）的典型段。由图可知，裂隙中涡旋区的形成和发展过程十分复杂，一开始，涡旋区在特定的介质几何结构条件下形成，其大小不随水动力学条件的改变而改变，这种涡旋区通常被称为黏性Moffatt涡旋区；随着水力梯度的不断增大,涡旋区体积不断发展,但其体积发展速度会逐渐放缓;水力梯度增大过程中,涡旋区的位置可能会出现滑移[如图 6-39(a)中依附于裂隙下壁面的涡旋区]、涡旋区的大小可能会发生突变[如图 6-39(b)中依附于裂隙下壁面的涡旋区]。

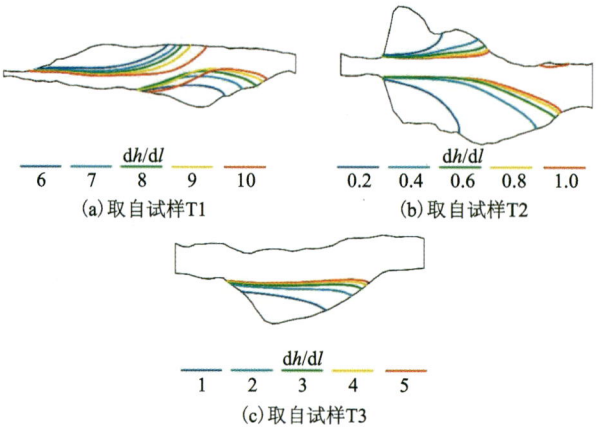

图 6-39 涡旋区演化过程

涡旋区的形成和演化,在水流黏性力和惯性力的作用下,受介质几何结构和水动力学条件共同影响,本书展示出的结果与许多研究一致(Cardenas et al.,2009;Lee et al.,2014),即涡旋区往往容易在开度突变区形成,而其演化形式在很大程度上取决于水流流动方向和开度突变方向的角度。对于涡旋区和介质几何结构特征的定量化关系有待进一步研究。这些细观小尺度上的涡旋区演化过程,均可能会造成宏观流动和传输现象的突变。

在涡旋区界面准确确定后,可以进一步计算出涡旋区的总体积。图 6-40 给出了裂隙试样表观渗透系数和涡旋区总体积随雷诺数的变化过程,其中表观渗透系数 k_a 由极小水力梯度($dh/dl=0.001$,此时水流惯性效应可忽略不计)下计算得到的固有渗透系数 k_0 进行标准化,而涡旋区总体积(θ)则由裂隙整个流动区间的体积进行标准化,雷诺数 Re 由 $\rho q/\mu$ 计算得到。由图 6-40 可知,标准化后的表观渗透系数值均小于 1,说明所有的算例均处于惯性流流态,而表观渗透系数的下降则是非达西渗流的体现;雷诺数从 15 左右增加至约 150 的过程中,涡旋区总体积从 0.06 增加至 0.25,导致表观渗透系数下降量从 5% 增加至 40%。

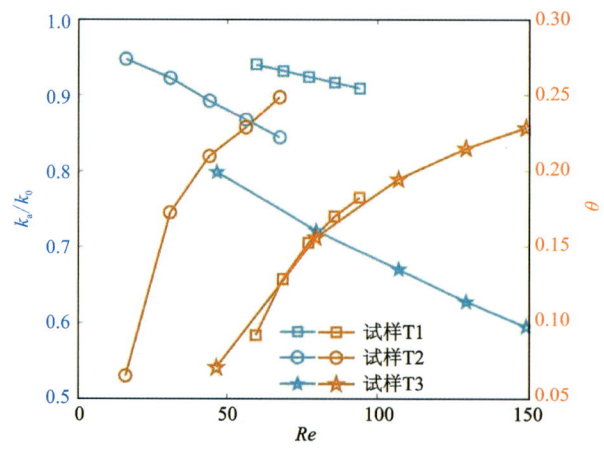

图 6-40 表观渗透系数和涡旋区总体积随雷诺数变化曲线

由以上分析可知,裂隙介质宏观非达西渗流现象与随着雷诺数不断增大而形成并发展的涡旋区密切相关,水流涡旋区作为一个封闭的、对过流能力无贡献的流体区域,随着雷诺数的增加,其体积不断扩大,这一方面束窄了主流动通道的过流面积,另一方面也引起了额外的动能消耗,从而导致裂隙整体的传导能力随着雷诺数的增大而逐渐下降,使得水流流动表现出单位水力梯度下,流量增量逐渐减小的宏观非达西现象。

第7章 岩石裂隙渗流表征模型与流态划分方法

由水流惯性效应导致的非达西渗流是岩石裂隙非线性渗流中最为常见的一种类型,在岩石裂隙非达西渗流问题研究中,存在 2 个关键性的科学问题,即非达西渗流参数化表征和非达西流流态判别。在工程实践和理论分析中,广泛采用 Forchheimer 方程作为非达西渗流的本构方程,其线性项系数表征了介质的固有传导特性,在渗流分析中通过理论模型或估算公式较为容易得到,而非线性项系数则表征了介质的惯性效应,其值的获取需要测得介质的压力-流量曲线后经分析得到,这在很多情况下难以实现且获取成本较高。因此,有必要开展 Forchheimer 方程系数参数化的研究。与此同时,在实际工程渗流分析中,过高估计岩石裂隙渗流的非达西效应将增加求解问题的成本,而过低估计又会增大工程设计和运行的风险,因此正确合理地判别和评估岩石裂隙的非达西渗流效应具有十分重要的意义。此外,岩石裂隙介质非达西渗流在现场尺度下的模拟研究,仍然是尚未解决的关键性难题,极大地阻碍了相关研究在工程尺度中的应用。本章首先介绍岩石裂隙宏观渗流控制方程,随后介绍岩石裂隙渗流参数取值模型,最后介绍岩石裂隙水流流态划分的 3 种典型方法。

7.1 岩石裂隙宏观渗流控制方程

7.1.1 立方定律及其修正公式

针对裂隙介质流体流动规律,基于微观控制方程,相应也发展出了一系列的达西尺度表征方程。其中最为经典的描述裂隙介质一维流动的宏观控制方程为立方定律:

$$-\nabla P = \frac{12\mu}{wb^3}Q \tag{7-1}$$

式中:$\nabla P = (h_o - h_i)/l$ 为压力梯度;$Q = U_x(wb)$ 为流量;h_o 和 h_i 分别为裂隙出口端与进口端水头值;b 为裂隙开度;l 为裂隙沿流动方向上的长度;U_x 为流动方向上的平均流速;μ 为水的运动粘滞系数;w 为裂隙沿垂直于流动方向上的宽度(图 7-1),在一维情况下取单位宽度 1m。

立方定律从理论上给出了平行板裂隙模型中流体流量与裂隙开度三次方的正比关系,同时也是达西定律在裂隙介质中的体现,根据达西定律,引入裂隙渗透系数的概念,立方定律可以写成如下形式:

$$-\nabla P = \frac{\mu}{(b^2/12)(wb)} = \frac{\mu}{kA_h}Q \tag{7-2}$$

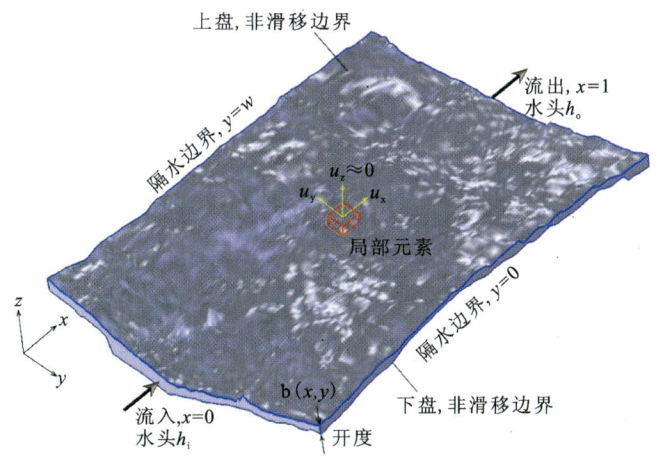

图 7-1　裂隙介质三维空间展布及流体流动边界条件

式中：$k=b^2/12$ 为裂隙渗透系数；$A_\mathrm{h}=wb$ 为过流面积。

真实的裂隙介质是粗糙不平的，裂隙开度分布是空间上的函数，此外，天然裂隙往往存在接触部分，在许多情况下，裂隙空腔内部还包含有充填物，因此直接采用基于平行板模型的立方定律来预测裂隙的渗透特性，将会产生存在较大误差甚至完全错误的结果。为了考虑立方定律在建模过程中丢失的粗糙度、接触、充填等因素的影响，进一步引入等效水力开度 b_h 来替代立方定律中的真实几何开度，通过建立等效水力开度与几何开度间的关系公式，建立修正立方定律。

立方定律及其修正公式（即线性达西定律）自提出以来，被广泛应用于裂隙介质渗流特性的计算分析中，但由于该定律的建立忽略了水流惯性效应，仅适用于线性层流流态，即该定律仅能描述水力梯度和流量之间的线性比例关系，而不能描述随着水流惯性效应不断增强而出现的水力梯度和流量呈非线性特征的情形，如图 7-2 所示。

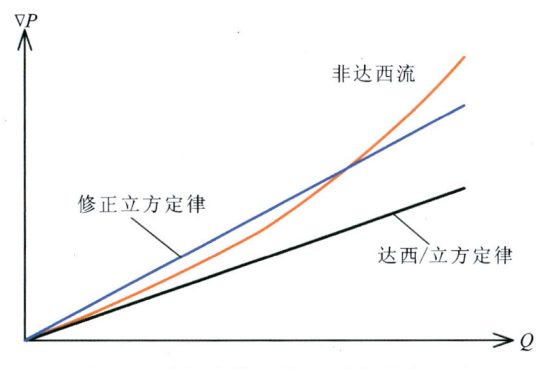

图 7-2　线性定律和非达西渗流对比图

7.1.2　Forchheimer 方程

多年来在室内试验、计算流体力学模拟和实际工程建设中均发现对于裂隙介质渗流，随着流体流动速度或压力梯度的增大，通过裂隙的流体流量与压力梯度之间逐渐偏离线性关系而呈现出非线性关系。与这种非线性关系对应的流动行为称为非达西流动，此时用以描述裂隙达西流动行为的线性达西定律及其修正形式不再适用。针对非达西流动，许多学者对其流动规律进行了研究，并提出了一系列宏观表征公式。其中由 Forchheimer 于 1901 提出的零截距二次多项式方程最为经典，即 Forchheimer 方程（Forchheimer，1901）：

$$\begin{cases} -\nabla P = AQ + BQ^2 \\ A = \dfrac{\mu}{kA_h} = \dfrac{12\mu}{wb_h^3} \\ B = \dfrac{\beta\rho}{A_h^2} = \dfrac{\beta\rho}{w^2 b_h^2} \end{cases} \tag{7-3}$$

式中：A（单位为 $kg \times m^{-5} s^{-1}$）和 B（单位为 $kg \times m^{-8}$）分别为描述黏性力和惯性力的能量损耗系数；b_h（单位为 m）为等效水力开度；β（单位为 m^{-1}）为非达西系数或惯性系数，其值取决于介质的几何结构特征；ρ 为流体的密度。

尽管 Forchheimer 方程是通过观察通过多孔煤样的气体过流试验总结得到的经验方程，大量的试验研究和数值模拟结果均验证了 Forchheimer 方程描述裂隙与多孔介质非达西流动的正确性及有效性，并且其理论基础也已经被许多学者证实。当流体的流动速度足够小时，流体流态为线性流动，此时 Forchheimer 方程的非线性压降项 BQ^2 可忽略，方程可以退化为线性达西定律；当流体流速足够大时，流体流态会发展为全紊流流态，此时可将 Forchheimer 方程的线性压降项 AQ 忽略，方程仅保留二次非线性项，许多研究表明，对于多孔介质或裂隙介质，在水流流态进入全紊流流态时，其压力梯度与流量的平方成正比。因此 Forchheimer 方程能够适用于整个线性层流、惯性流和紊流流态范围的表征。有学者采用量纲分析法对 Forchheimer 方程进行改写，将方程的线性项系数 A 和非线性项系数 B 分别无量纲化为 a_D 和 b_D，改写后的方程表达式为

$$-\nabla P = a_D \frac{\mu}{b_h^3 w} Q + b_D \frac{\rho}{b_h^3 w^2} Q^2 \tag{7-4}$$

式中：系数 a_D 的值取决于介质定义的特征长度，即 b_h，对于平行板模型而言，b_h 定义为平行板之间的间距，此时 $a_D=12$，对于圆管而言，b_h 定义为管道直径，此时 $a_D=32$；系数 b_D 正比于摩擦因子系数 f_D，通常取 $b_D = f_D/2$（Louis，1969）。

需要说明的是，对于粗糙裂隙，等效水力开度 b_h 最初的定义是基于立方定律[式（7-1）]的，其值等于采用与粗糙裂隙过流能力等效的平行板模型开度，如果基于这种定义，随着非达西效应的显著，裂隙过流能力降低，计算得到的等效水力开度是随着流量的增加而逐渐减小的一个物理量。对于 Forchheimer 方程中的等效水力开度 b_h，沿用 Fourar（Fourar et al.，1993）和 Nowamooz（Nowamooz et al.，2009）等建立非达西渗流模型的方法，将其设定为一个不随流量大小变化仅由裂隙几何形状决定的常量，其值由 Forchheimer 方程线性项系数 A 计算得到。

Forcheimer 方程中的二次非线性项描述了由流动加速度引起的不可逆动能损失所引起的纯惯性效应，在惯性力的影响下流体流动方向会紊乱，从而产生交叉黏性-惯性效应，此时需要在 Forchheimer 方程的基础上添加表征交叉黏性-惯性效应的三次项，称为完全立方定律。

$$\begin{cases} -\nabla P = AQ + BQ^2 + CQ^3 \\ A = \dfrac{\gamma \rho^2}{\mu A_h^3} = \dfrac{\gamma \rho^2}{\mu \omega^3 b_h^3} \end{cases} \quad (7\text{-}5)$$

式中：γ 为无量纲惯性系数，其值取决于介质的几何结构特征；C 为三次项系数。

7.1.3 Izbash 方程

另一个被广泛用于描述裂隙介质非达西流动的纯经验公式是著名的 Izbash 方程（Izbash et al.，1931）：

$$-\nabla P = \lambda Q^n \quad (7\text{-}6)$$

式中：λ 和 n 为经验系数。n 的值介于[1,2]，当 $n=1$ 时代表流体流态为线性达西流动，此时 Izbash 定律退化为达西定律；当 $n=2$ 时代表流体流态为完全发展的湍流；当流体流态为非达西流动时，$1<n<2$（Zhang and Nemcik，2013）。相比于 Forchheimer 方程，幂函数形式的 Izbash 方程具有更强的经验性质，并且其理论背景仍然还未被建立，但是在推导和开发解析模型时 Izbash 方程更为便捷。

7.2 岩石裂隙渗流参数取值模型

目前最被广泛采用的表征岩石裂隙渗流的宏观表征方程是 Forchheimer 方程。前面岩石裂隙非达西渗流分析过程中，均采用式（7-3）形式的 Forchheimer 方程来进行结果分析，其非达西渗流参数涉及到 2 个关键参数，即渗透系数 k 和惯性系数 β。为了从更为广义统一、适用性更强的角度来研究这个过程中岩石裂隙的非线性渗流演化规律，将式（7-3）形式的 Forchheimer 方程改写为

$$\nabla P = \dfrac{\mu}{k_v} v + \dfrac{\rho}{k_i} v^2 \quad (7\text{-}7)$$

式中：$k_v = b_h^2/12$（单位为 m^2）和 $k_i = 1/\beta$（单位为 m^{-1}）分别为黏性渗透系数和惯性渗透系数；v 为流速。需要指出的是这两种渗透系数的量纲并不相同。

7.2.1 黏性渗透系数取值模型

黏性渗透系数 k_v 本质上是对立方定律的修正，由于有 $k_v = b_h^2/12$，所以修正立方定律的本质就是确定等效水力开度 b_h。自立方定律提出以来，其修正得到了充分的研究，表 7-1 列出了多年来不同学者通过裂隙渗流的室内试验和数值模拟研究，得出的不同形式等效水力开度和几何开度间的关系公式。

表 7-1 等效水力开度和几何开度关系公式

参考文献	表达式	符号描述
Lomize(1951)	$b_h = b[1.0 + 6.0\,(\xi/b)^{1.5}]$	b_{h0} 为初始等效水力开度;b_1、b_2 分别为裂隙进出端口处开度;Δb 为几何开度增量;ξ 为绝对凸起高度;ξ_a 为平均凸起高度;σ_b 为几何开度均方差;D_h 为水力半径;C_v 为几何开度变异系数;f 为介于 $0.5\sim1.0$ 之间的经验常数;ε 为裂隙面接触面积率;η 为经验常数;n、d 分别为裂隙充填物的孔隙率和颗粒直径;JRC 为粗糙度系数;JRC_0 为初始粗糙度系数;JRC_{mob} 为滑动粗糙度系数;σ_{JRC} 为 JRC 的均方差;u_s 为剪切位移;u_{sp} 为峰值剪应力对应的剪切位移;τ 为平均曲折因子;T_s 为裂隙曲折系数;L_z 和 L_f 分别为裂隙的视长和真实长度;m 为粗糙度影响系数;σ_{bs} 为剪切过程中机械孔径的标准偏差;D_T 为一个经验常数;α' 为分形维数;b_m 为力学开度
Louis(1969)	$b_h = b[1.0 + 8.8\,(\xi_a/D_h)^{1.5}]$	
Patir 和 Cheng(1978)	$b_h = b\,(1 - 0.9\xi^{-0.56/C_v})^{1/3}$	
Witherspoon 等(1980)	$b_h = b_{h0} + f\Delta b$	
Walsh(1981)	$b_h = b[(1+\eta\varepsilon)/(1-\varepsilon)]^{-1/3}$	
Barton 等(1985)	$b_h = b^2 JRC^{-2.5}$	
Amadei 和 Illangasekare(1994)	$b_h = b[1.0 + 0.6\,(\sigma_b/b)]^{-1/3}$	
速宝玉等(1994)	$b_h = 1.7^{1/2}b[1 + 3(1-n)b/d]n^{-3/2}$	
速宝玉等(1995)	$b_h = b[1.0 + 1.2\,(\xi/b)^{-0.75}]^{-1/3}$	
Renshaw(1995)	$b_h = b\exp(-\sigma_b^2/2)$	
Zimmerman 和 Bodvarsson(1996)	$b_h = b[(1 - 1.5\sigma_b^2/b^2)(1-2\varepsilon)]^{1/3}$	
柴军瑞和仵彦卿(2000)	$b_h = [2b_1^2 b_2^2/(b_1+b_2)]^{1/3}$	
Olsson 和 Barton(2001)	$\begin{cases} b_h = b^2 JRC_0^{-2.5} & u_s \leqslant 0.75 u_{sp} \\ b_h = b^{1/2} JRC_{mob} & u_s \geqslant u_{sp} \end{cases}$	
钱春香等(2009)	$b_h = b\,(L_f/L_z \cdot m)^{-1/3}$	
Rasouli 和 Hosseinian(2011)	$b_h = b[1 - 2.25(\sigma_{JRC}/b)]^{1/3}$	
肖维民等(2011)	$b_h = b[\tau^2 T_s^2 + 0.22\tau^2 T_s^2\,(\xi/b)^{-2.0}]^{-1/3}$	
Xie 等(2015)	$b_h = b_m(0.94 - 5\sigma_{bs}^2/b_m^2)^{1/3}$	
Liu 等(2016b)	$b_h = [(4/\pi\alpha')^{4-2D_T}\,e^{6-D_T}]^{1/3}$	

7.2.2 惯性渗透系数取值模型

由于惯性渗透系数 k_i(即惯性系数 β 或非线性项系数 B)的影响因素更为复杂,相较于黏性渗透系数,其取值模型研究仍在探索中。鉴于裂隙粗糙度是控制裂隙渗流特性最为重要的控制变量,也是促成裂隙介质非达西渗流产生和发展的关键因素,为此有必要制备一系列不同粗糙度的裂隙试样,并在此基础上开展大量裂隙非达西渗流试验,从而定量化分析和研究粗糙度对裂隙非达西渗流的影响机制,并进一步建立裂隙粗糙度系数和非达西渗流参数(惯性渗透系数 k_i 或惯性系数 β)之间的关系式。根据 6.1.1 中制备人工张拉裂隙试样的方法,采用不同劈裂尺寸和不同基岩颗粒大小,制备 12 个不同粗糙程度的花岗岩裂隙(编号 F1~F12),如图 7-3 所示。采用制备得到的 12 个花岗岩裂隙试样,开展不同粗糙度裂隙非达西渗流试验,试验方案和方法与 6.2 中采用的试验方法一致,对每个试样,从 1.0MPa 到 30.0MPa 共施加 19 级法向荷载,在每级法向荷载作用下,平均开展 10 个不同水力梯度条件下的过流试验,试验共获取到 2280 组压力-流量试验数据,这些数据加上 6.2 中的压力-流量试样数据,为裂隙非达西渗流参数化表征提供了丰富的数据基础。

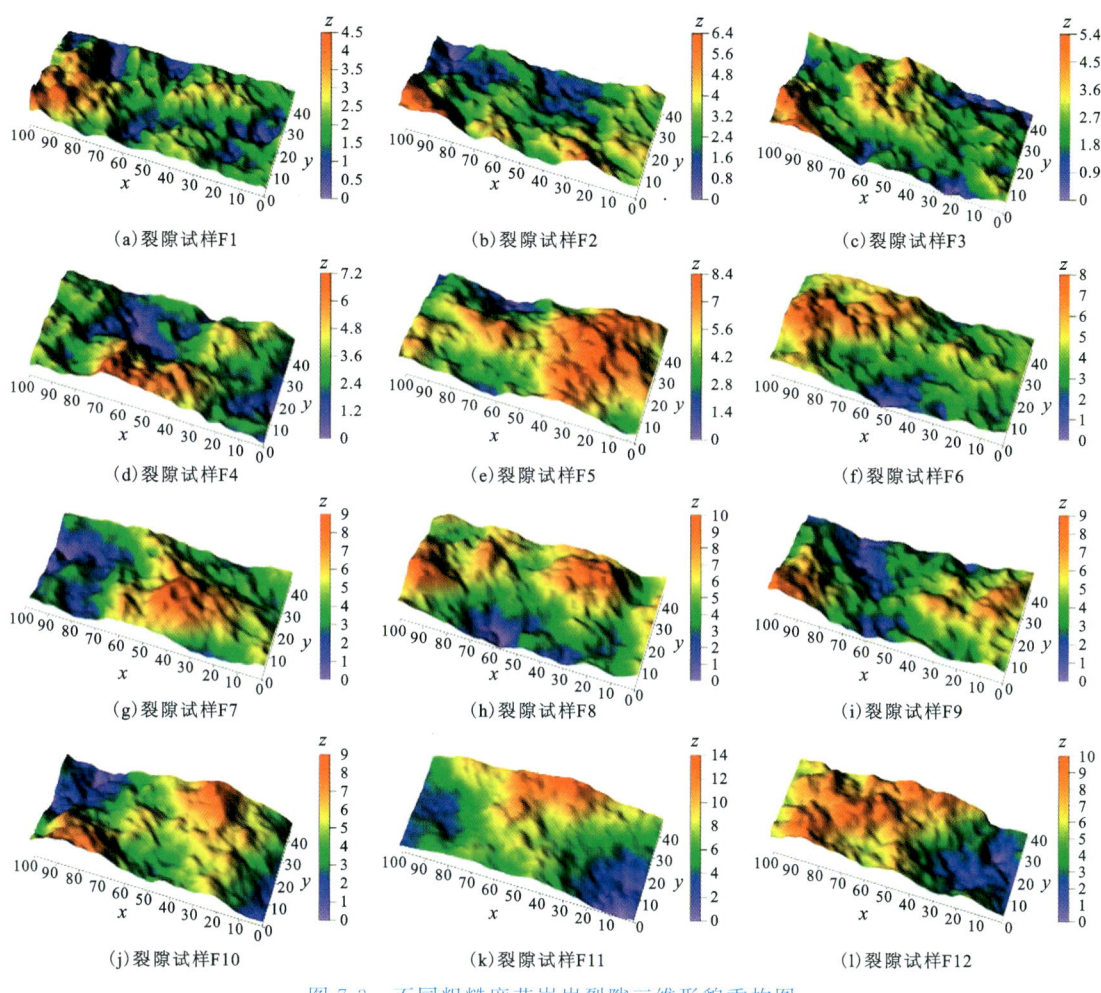

图 7-3　不同粗糙度花岗岩裂隙三维形貌重构图

通过对试验数据点的拟合,可以得到裂隙试样在每级围压荷载作用下,Forchheimer 方程线性项系数 A 和非线性项系数 B。Forchheimer 方程中的 2 个关键性参数 A 和 B 分别包含了固有渗透系数 k_0 ($k_0 = b_h^2/12$) 和惯性系数 β,其中固有渗透系数 k_0 表征了裂隙的几何空隙大小,描述裂隙不随流态变化的固有过流能力,该系数与裂隙机械开度大小及其分布密切相关;惯性系数 β 表征了裂隙中水流流态发展为非达西流能力的大小,而非达西流的内在原因为水流涡旋区的形成和发展,涡旋区的形成和发展又取决于裂隙面的形貌特征,因此 β 与裂隙面形貌特征密切相关。

通过以上分析可知,非线性项系数 B 主要与介质的几何结构(β)和流体性质(ρ)有关,而易于获取的固有渗透系数 k_0 也反映的是介质的本质几何属性,因此推测这二者之间应该存在一定的联系。在多孔介质的相关研究中,通常采用一个幂函数公式来表征惯性系数 β 和固有渗透系数 k_0。借鉴多孔介质的相关研究,考虑到固有渗透系数 k_0 和等效水力开度 b_h 的关系 $k_0(k_0=b_h^2/12)$,将非线性项系数 B 绘制成等效水力开度 b_h 的函数曲线,如图 7-4 所示。由图 7-4 可知,类似于多孔介质,裂隙介质中的非线性项系数 B 与等效水力开度 b_h 之间可以采用如下幂函数形式的公式进行描述:

$$B = \lambda b_h^{-\eta} \tag{7-8}$$

式中:λ、η 为拟合系数。

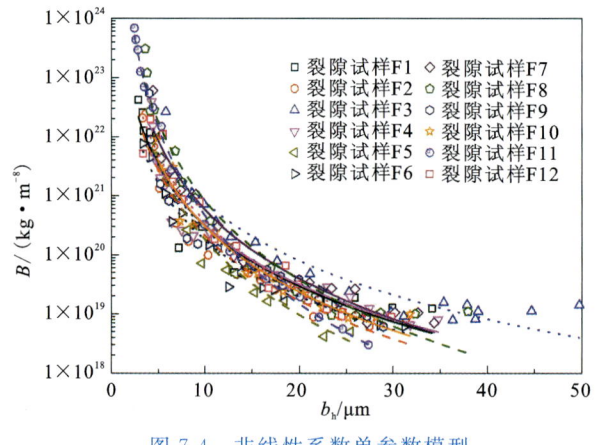

图 7-4 非线性系数单参数模型

式(7-8)给出了 Forchheimer 公式非线性项系数 B 以等效水力开度 b_h 为基本变量的单参数模型,由该模型可知,随着等效水力开度 b_h 的逐渐减小,非线性项系数 B 逐渐增大。幂函数形式的单参数模型能够较好地表征 Forchheimer 方程非线性项系数 B 和等效水力开度 b_h 之间的关系。

以等效水力开度 b_h 为基本变量对非线性项系数 B 进行参数化表征的单参数模型,能够很好地表征并预测非线性系数。然而 λ、η 对介质几何特性的依赖性,导致在具体应用过程中,对于不同粗糙度的裂隙介质,单参数模型系数取值相差较大。此外,单参数模型并不能有效地退化为平行板模型(粗糙度为零时,非线性系数取值为零),且量纲不一致,其物理意义并不明确。因此,有必要在单参数基础上引入裂隙粗糙度系数,提出一个更为广义的参数化模型,探明裂隙非达西渗流参数表征模型的内在作用机制。

Louis(1969)通过开展粗糙裂隙的非达西渗流试验,建立了无量纲化非线性系数 B(即参数无量纲化的 Forchheimer 方程式中的系数 b_D)与裂隙峰值起伏度 ξ 和等效水力开度 b_h 的经验关系式,其表达式如下:

$$b_D = f_D/2 = \frac{1}{8\left(\log c - \log \dfrac{\xi}{D_h}\right)^2} \tag{7-9}$$

式中:D_h 为特征长度,对裂隙介质而言,其值取 $2b_h$;系数 c 的值取决于参数 S,而参数 S 是衡量裂隙粗糙度的指标,定义为 $S=\xi/2D_h$。

受此启发,结合非线性项系数 B 的幂函数单参数模型,假定无量纲化系数 $b_D=f(\xi,D_h)$,提出如下幂函数形式的表达式:

$$b_{\mathrm{D}} = m \cdot \left(\frac{\xi}{D_{\mathrm{h}}}\right)^n = m \cdot \left(\frac{\xi}{2b_{\mathrm{h}}}\right)^n \tag{7-10}$$

式中：m 和 n 为无量纲化的拟合系数；$\xi/D_{\mathrm{h}} = \xi/2b_{\mathrm{h}}$ 为描述裂隙面形貌特征的相对粗糙度。

将 Forchheimer 公式和式(7-10)联立，可以推导出如下形式的双参数模型：

$$B = \frac{m}{2^n} \frac{\rho \xi^n}{w^2 b_{\mathrm{h}}^{n+3}} \tag{7-11}$$

相较于单参数模型[式(7-8)]，双参数模型一个明显的优势是量纲一致性，模型中非线性项系数 B 的量纲为 ML^{-8}，流体密度 ρ 的量纲为 ML^{-3}，裂隙宽度 w、峰值起伏度 ξ 和等效水力开度 b_{h} 的量纲均为 L。此外，由于引入了裂隙形貌的表征参数，因此，模型的拟合系数 m 和 n 将不随裂隙试样的改变而改变，从而能更方便地应用于裂隙非达西渗流的模拟之中。更为重要的是，双参数模型具有更为明确的物理意义，其能够退化为表征平行板模型，即峰值起伏度 $\xi = 0$ 时，非线性项系数 $B = 0$。

图 7-5 给出了 12 个不同粗糙度花岗岩的非线性项系数 B 与参数 (ξ, b_{h}) 之间的曲面形式，由图可知，除了单参数模型描述的非线性项系数 B 与等效水力开度 b_{h} 的幂函数变化趋势之外，峰值起伏度系数 ξ 也对其存在一定程度的影响，但较等效水力梯度 b_{h} 而言较小，以参数 (ξ, b_{h}) 为变量的双参数模型则能够更为全面地描述图中的曲面变化。借助 Levenberg-Marquardt(LM) 优化算法，采用双参数模型式(7-11)对图 7-5 中的数据进行拟合分析，得到拟合系数 $m = 0.022$、$n = 0.666$，相关系数 $R^2 = 0.903\,2$。

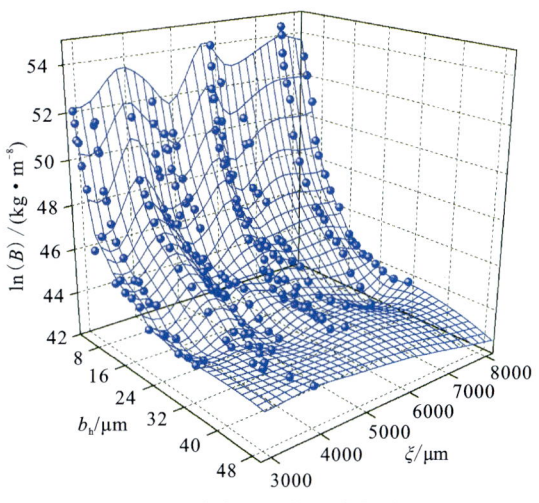

图 7-5　非线性系数双参数模型

需要说明的是单参数模型是对试验结果的局部最佳拟合（针对单个裂隙试样），而双参数模型则是对试验结果的全局最佳拟合（针对不同粗糙度的裂隙试样）。在实际应用中，单参数模型和双参数模型均不可或缺，在裂隙形貌难以获取的情况下，仍然可以借助单参数模型对非达西渗流参数进行一个初步合理的估值；而在裂隙形貌已知的情况下，则可以借助双参数模型评估粗糙度对裂隙非达西渗流的影响。

7.3　岩石裂隙水流流态划分方法

7.3.1　临界雷诺数模型

基于 Forchheimer 方程定义的非线性程度因子 α，衡量了非线性压降项占总压降项的比例，为裂隙渗流流态的判定提供了一种有效的思路。非线性程度因子 α 表达式如下：

$$\alpha = \frac{BQ^2}{AQ+BQ^2} = \frac{F_O}{1+F_O} \tag{7-12}$$

式中：$F_O = BQ/A$ 为 Forchheimer 系数。

对于某一特定裂隙，在获取了水力梯度-流量曲线后，采用 Forchheimer 方程进行拟合，可以确定 Forchheimer 方程的线性项系数 A 和非线性项系数 B，进而绘制出非线性程度因子 α 随流量的变化曲线。

图 7-6 给出了法向荷载作用下非线性程度因子随流量变化的关系曲线，由图可知，所有裂隙试样在任意流量情况下，其流态均未达到紊流流态(紊流流态对应非线性程度因子 $\alpha = 1$)；在特定法向荷载作用下的某一特定裂隙，随着过流流量的不断增大，非线性程度因子 α 也随之增加，即非线性压降项占比逐渐增大；随着裂隙粗糙度的增大[图 7-6(a)中试样 F1~F12]，总体上，非线性程度因子 α 随流量的变化曲线也逐渐抬升，表明相同流量条件下，越粗糙的裂隙，其非线性程度因子 α 也越大，非线性压降项占比也越大；图 7-6(b)给出了一个典型

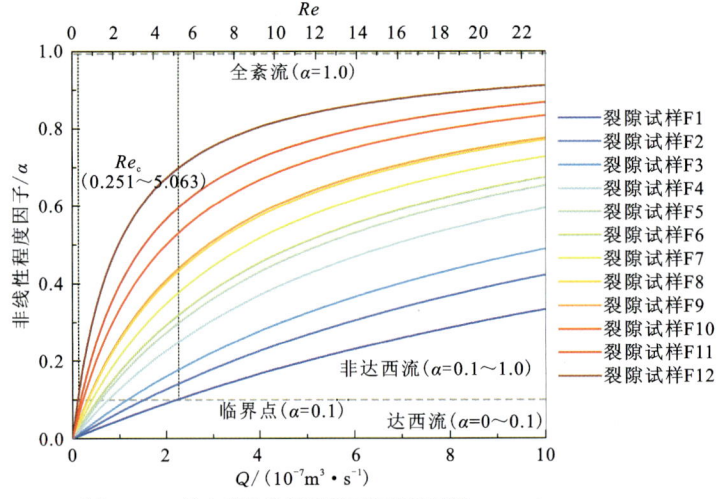

(a) 15.0MPa 法向荷载作用下不同粗糙度裂隙(F1~F12)

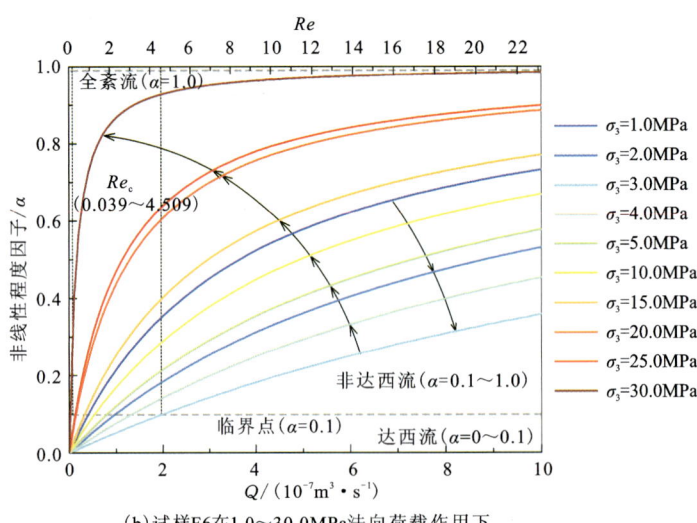

(b) 试样 F6 在 1.0~30.0MPa 法向荷载作用下

图 7-6　法向荷载作用下的非线性程度因子变化规律

的法向荷载作用过程中的 α-Q 变化曲线,由图可知,在法向荷载作用过程中,α-Q 曲线并不是单调变化的,一开始,随着法向荷载的增大,α-Q 曲线逐渐下降,随着法向荷载的进一步增大,α-Q 曲线开始抬升,说明法向荷载作用过程中,水流流态的变化十分复杂。

选定非线性程度因子 $\alpha = 10\%$ 作为达西流和非达西流的临界点,如图 7-6 所示,此时对应的流量 Q 即为区分达西流和非达西流的临界流量,进一步根据雷诺数的表达式:

$$Re = \frac{\rho v b_h}{AQ + BQ^2} = \frac{\rho Q}{\mu w} \tag{7-13}$$

可以计算出临界雷诺数值 Re_c,Re_c 数值越大,表明水流需要越大的流量值才会进入非达西流流态,反之,Re_c 数值越小,水流则更容易进入非达西流流态。为了能够更简洁明了地评估裂隙水流流态,将非线性程度因子引入到雷诺数的公式定义之中,可以得到如下表达式:

$$Re_c = \frac{A\rho\alpha}{B\mu w(1-\alpha)} \tag{7-14}$$

因此基于图 7-6 确定的临界雷诺数值 Re_c,本质上是在确定非线性程度因子 α、Forchheimer 方程系数 (A,B) 后,采用式(7-14)计算得到的。

图 7-7 给出了基于式(7-14)计算得到的临界雷诺数 Re_c 随法向应力 σ_3 的变化曲线,其中图 7-7(a)为吻合花岗岩裂隙,图 7-7(b)为非吻合砂岩裂隙。由图可知,对于所有裂隙试样,在 0~30MPa 范围的法向应力作用下,区分达西流和非达西流的临界雷诺数值均在 10 以下。

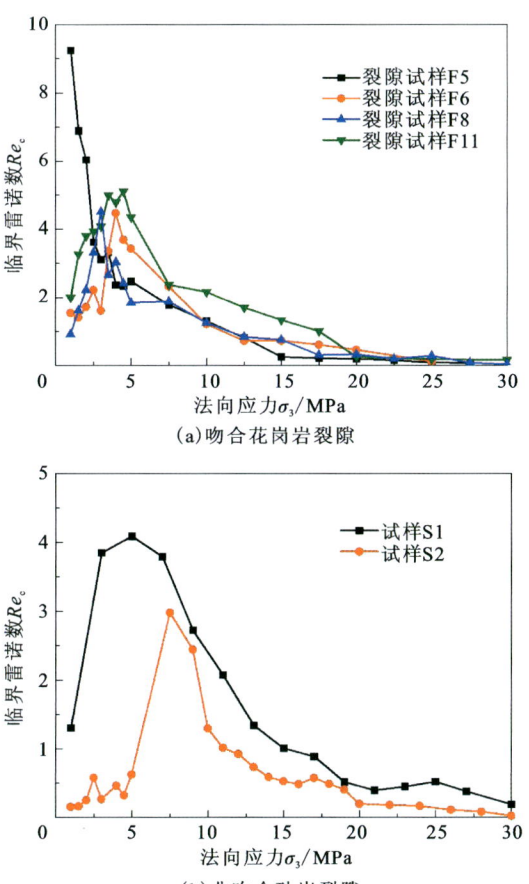

图 7-7 法向荷载作用下临界雷诺数演化规律

最初的非达西渗流研究是在粗糙管道中进行的,非达西渗流现象通常在雷诺数较大的情况下才会出现。而由图 7-7 可知,对于裂隙介质而言,由于其裂隙面起伏度更大,对流动起着重要的控制性作用,相较于管道流,裂隙中的流动更容易发展为非达西渗流,其临界雷诺数也较小。因此,对于裂隙渗流而言,即使在较低雷诺数条件下,仍然有非达西渗流发生的可能性。

由图 7-7 还可以看出,临界雷诺数随着法向荷载作用的变化,主要表现为两种形式,即随着法向荷载的加载单调下降(裂隙试样 F5)或在法向荷载加载初期先上升、随后下降(其余试样)。临界雷诺数随着法向荷载作用逐渐下降,这个过程主要是由于裂隙面接触面积增大、渗流通道曲折,导致水流惯性效应增强所致;而临界雷诺数在法向荷载加载初期,可能出现的上升趋势,结合裂隙面试验前后的起伏度对比分析,推测其原因为法向荷载加载过程引起裂隙面变形破碎,造成裂隙面平整化,最终导致水流难以发展为非达西流流态,临界雷诺数值增大。

图 7-8 给出了试验前后裂隙面的起伏度分布图,图中起伏度值为相对于裂隙面中平面的距离,由图可知,在法向荷载作用下,裂隙面起伏度的分布逐渐向中平面位置靠近,使得裂隙面粗糙度下降,由式(7-11)可知,粗糙度的下降会导致裂隙非线性项系数减小,从而导致水流更难发展为非达西流态,造成临界雷诺数的增大。

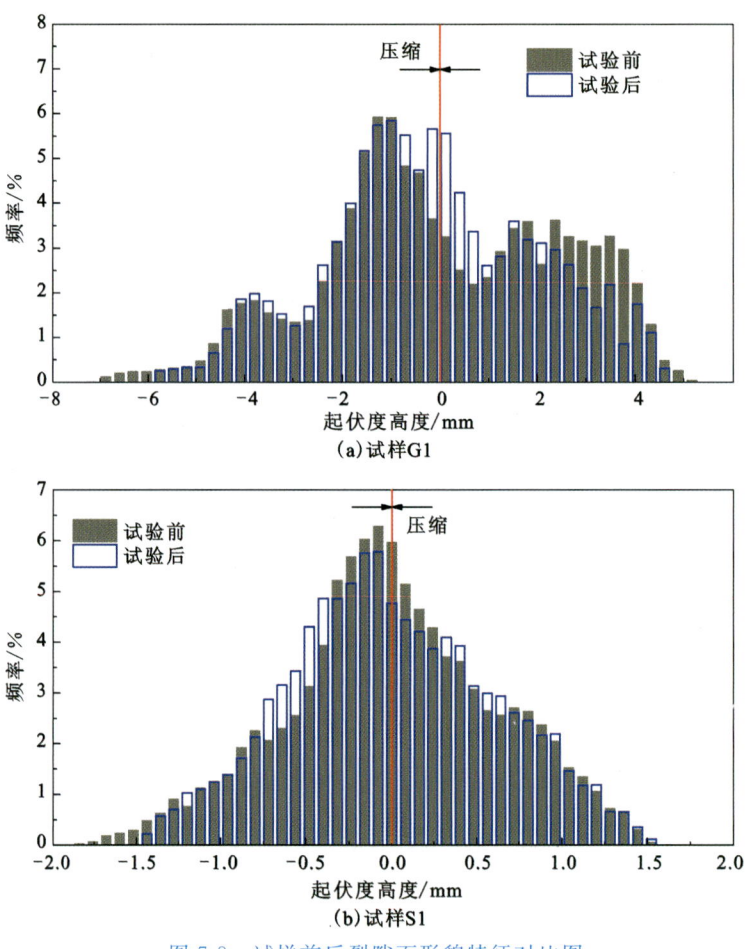

图 7-8　试样前后裂隙面形貌特征对比图

第7章 岩石裂隙渗流表征模型与流态划分方法

实际上,裂隙面在荷载作用过程中的平整化对水流流态的影响在其他文献中也有报道,Javadi 等(2014)开展了剪切位移作用下的裂隙非达西流试验研究,试验结果表明,裂隙在剪切过程中,起伏度变形破损,随着剪切位移的增大,临界雷诺数逐渐增大,其试验结果摘录如图 7-9 所示;通过室内试验和直接求解 NS 方程的数值模拟研究,Al-Yaarubi(2003)也发现,随着裂隙粗糙度的减小,裂隙中水流的临界雷诺数逐步增大。因此,在裂隙非达西渗流-应力耦合分析中,有必要考虑应力作用过程中裂隙形貌的变化对渗流流态的影响。

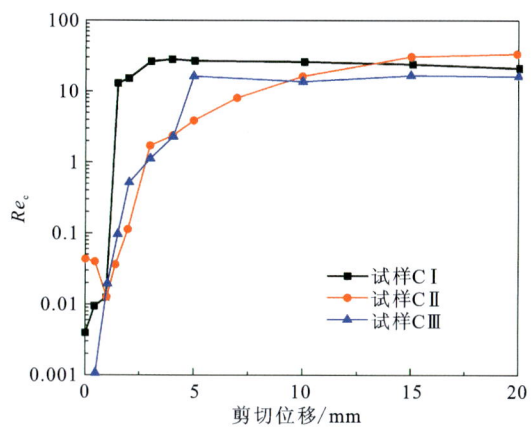

图 7-9 临界雷诺数在剪切位移作用下的演化规律[据 Javadi 等(2014)]

将雷诺数代入 Forchheimer 方程式(7-3)中,并取临界雷诺数 Re_c 作为此时的雷诺数值,可以得到达西流和非达西流分界点处的临界水力梯度,其表达式如下:

$$(-\nabla P)_c = \frac{\mu w}{\rho} A Re_c + \frac{\mu^2 w^2}{\rho^2} B Re_c^2 \tag{7-15}$$

借助临界雷诺数 Re_c,可以绘制出法向荷载作用过程中(1.0~30.0MPa)裂隙渗流压力-流量曲线的流态分区图。图 7-10 给出了吻合花岗岩裂隙和非吻合砂岩裂隙的典型压力-流量曲线分区图,图中上下边界线分别为最大和最小法向荷载作用下的压力-流量曲线,采用 Forchheimer 方程对其进行拟合,上下边界线划定了这个法向荷载作用范围内的压力-流量取值区间;其间的红色曲线即为每一级法向荷载作用下的临界水力梯度点连线所得,该临界曲线将压力-流量取值区间划分为两部分,曲线左下角区间为线性达西流区,曲线右上角区间为非达西流区。由图 7-10 可知,分隔裂隙达西渗流和非达西渗流的临界雷诺数不是一条垂直于雷诺数轴的直线[图 7-10(a)中绿色虚线],即临界雷诺数不是一个常数。因此,传统采用某一固定临界雷诺数作为达西渗流和非达西渗流分界点的判别方法将严重错估水流流态。借助非线性程度因子 α 建立的流态分区方法和准则将更为科学合理,且可操作性更强。

以上基于临界雷诺数的流态判别和分区划定,均是在已知 Forchheimer 方程系数的基础上进行的,在 Forchheimer 方程系数未知的情况下,可以借助 Forchheimer 方程系数参数化模型来实现流态的判别。将线性项系数 A 和非线性项系数 B[式(7-3)]的表达式代入式(7-14),可得雷诺数的如下表达式:

$$Re = \frac{12\alpha k_i}{(1-\alpha)b_h} \tag{7-16}$$

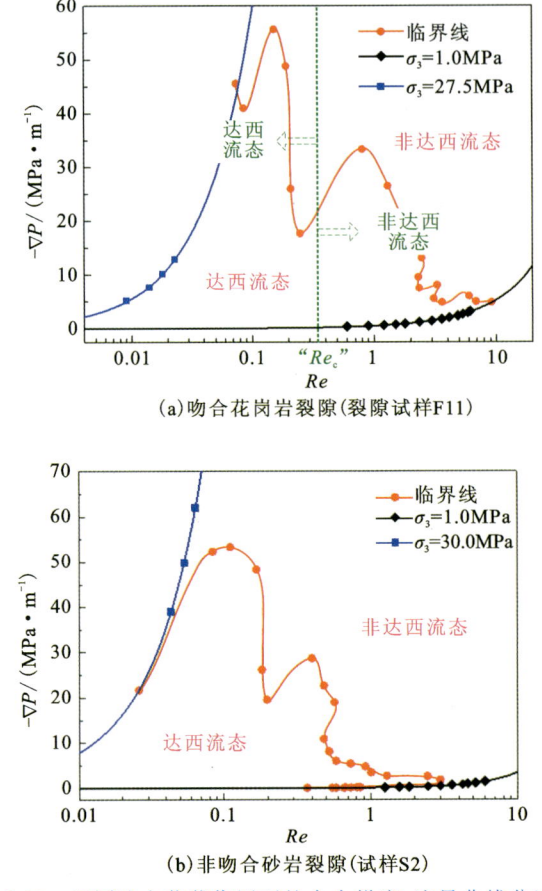

图 7-10 不同法向荷载作用下的水力梯度-流量曲线分区图

分别引入单参数模型[式(7-8)]和双参数模型[式(7-11)]，且选定达西流和非达西流的临界非线性程度因子 α，可推导出如下形式的临界雷诺数模型(critical Reynolds number model，CRN model)：

$$\begin{cases} Re_c = \dfrac{12\rho}{w^2} \dfrac{1}{10^6 \eta \lambda} \cdot \dfrac{\alpha}{1-\alpha} b_h^{\eta-3} \\ Re_c = \dfrac{12 \cdot 2^n \cdot 10^{6n}}{m} \cdot \dfrac{\alpha}{1-\alpha} \dfrac{1}{\xi^n} b_h^n \end{cases} \quad (7\text{-}17)$$

式中：$10^{6\eta}$ 和 10^{6n} 为等效水力开度 b_h 的量纲换算(拟合单参数模型和双参数模型时等效水力开度采用的单位是 μm)。

以裂隙非达西渗流的参数化模型为基础，临界雷诺数模型定量地给出了裂隙非达西渗流的发生条件，模型中等效水力开度 b_h 表征了裂隙的本征过流能力，系数 (λ, η) 或 (m, n) 反映了裂隙介质的几何特性，而非线性程度因子 α 则表征了流动的非线性偏离程度，其取值可根据实际情况灵活选取，在石油工程领域通常取 5%，在水利水电工程中取 10%。对于以双参数模型为基础的临界雷诺数模型[式(7-17)]，还包含了裂隙面形貌特征的影响，即峰值起伏度 ξ。

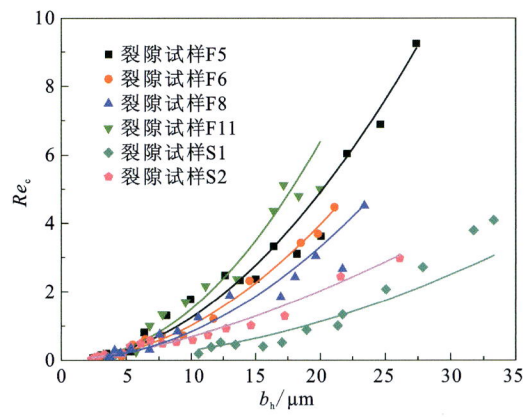

图 7-11　临界雷诺数模型表征的 Re_c-b_h 关系曲线

图 7-11 给出了采用临界雷诺数模型[式(7-15)]拟合的吻合花岗岩裂隙(裂隙试样 F5、F6、F8、F11)和非吻合砂岩裂隙(试样 S1、S2)结果,由图可知,临界雷诺数模型能够很好地描述临界雷诺数和等效水力开度之间的关系,在已知等效水力开度值后(较容易获取),可以预测临界雷诺数,从而判别裂隙水流流态;由图还可以看出,在等效水力开度相同的情况下,非吻合砂岩裂隙比吻合花岗岩裂隙的临界雷诺数小,这说明相较于吻合裂隙而言,错动裂隙中的水流流态更容易发展为非达西流流态(尽管本书研究中的花岗岩裂隙比砂岩裂隙更为粗糙)。临界雷诺数模型[式(7-17)]中,临界雷诺数值与等效水力开度的幂次方成正比关系,表明裂隙介质传导率越低,裂隙中的水流流态越容易发展成非达西流流态。在实际情况中,传导率越低往往伴随着接触面积越大和流动通道越曲折,从而导致更为显著的惯性效应。临界雷诺数模型反映出的这种物理机制和相关关系在前人许多研究中均有体现,通过开展花岗岩裂隙中的气体过流试验,Ranjith 和 Viete(2011)发现,随着裂隙承受的围压逐渐增大,裂隙中的气体流动更容易表现出非达西流流态;Cherubini 等(2012)提出 Forchheimer 公式非线性项系数与渗流曲率(定义为等效水力开度与机械开度比的三次方)之间存在类似于临界雷诺数模型的幂函数关系式;通过开展与本书相类似的试验研究,Zhang 和 Nemcik(2013a,2013b)发现,在相同流量条件下,裂隙传导率越低的试样,其水流流态更易发展为非达西流。

除了室内试验研究,现场压水试验也被广泛用于大尺度下的裂隙岩体非达西渗流研究。通过开展恒定水头的现场压水试验,Quinn 等(2011)给出了现场尺度下裂隙岩体渗流过程中,临界雷诺数和等效水力开度的数据点集(Re_c,b_h),其中一个(Re_c,b_h)数据点代表一个钻孔试验段,如图 7-12 所示。由图可知,现场压水试验得到的临界雷诺数和等效水力开度之间也呈现出幂函数形式的关系式。需要说明的是,Quinn 等(2011)在确定临界雷诺数时,并没有借用非线性程度因子 α,而是依据测试段的压力-流量曲线的偏离通过主观判断得到的。由于现场试验中,裂隙几何信息未知,故采用基于单参数模型推导得到的临界雷诺数模型[式 7-17(a)]来拟合图 7-12 中的数据,拟合过程中,非线性程度因子 α 和系数(λ,η)均未知。拟合得到的非线性程度因子 α 和系数 η 分别为 8.68% 和 5.05,相关系数 $R^2=0.9658$,由此可知,本书提出的临界雷诺数模型同样也能够很好地适用于现场大尺度;拟合得到的非线性程度因子 α 为 8.68%,说明该压水试验主观判定临界雷诺数的标准为非线性压降项占总压降项的

8.68%,比通常采用的 $\alpha=10\%$ 的标准更为严格;拟合得到的系数 η 为 5.05,比室内试验拟合得到的值(3.2~4.6)略大。由以上分析可知,在临界雷诺数和等效水力开度已知的前提下,本书提出的临界雷诺数模型还能够对已有的渗流流态分区结果进行有效的评价。

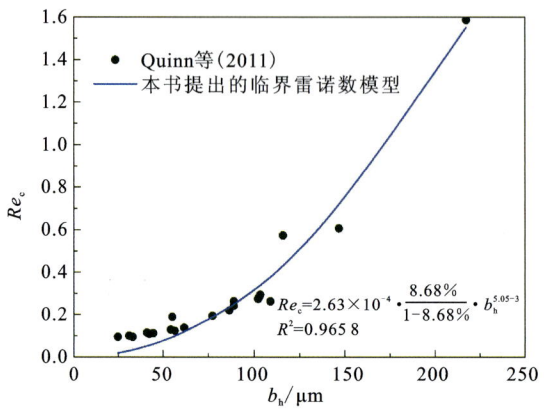

图 7-12 临界雷诺数模型的应用

7.3.2 基于压力梯度比和流量比的流态判别准则

由于水流惯性效应,在相同流量下,会使得实际压力梯度值高于线性达西定律预测值,而在相同压力梯度下,则又会导致实际流量值低于线性达西定律预测值。实际工程应用中,在确定渗流流态时,针对不同的工程问题,有着不同的考量:如石油工程领域关注的是产油率,因此更多的是关注非达西渗流对流量的影响,而水利工程中,很多时候需要考虑水力梯度可能引起的渗透破坏,此时需要关注非达西渗流对压力梯度的影响。本书提出的临界雷诺数模型是基于限定压降偏差理念的,在关注流量偏差的问题研究中则有所不足。为此,通过考虑限定压降偏差和限定流量偏差的流态分区概念,借助 Forchheimer 系数参数化模型,进一步推导出基于 Forchheimer-Darcy 压力梯度比和基于 Forchheimer-Darcy 流量比的裂隙流态判别准则。为了简洁,以下推导过程中的 Forchheimer 系数参数化模型采用单参数模型[式(7-8)],其中系数 (λ, η) 取表 7-2 中 12 个花岗岩裂隙试样的平均值,分别为 5.17×10^{24} 和 3.964。

表 7-2 非线性系数单参数模型系数取值表

试样编号	峰值起伏度 ξ/mm	系数 $\lambda / 10^{24}$	系数 η	相关系数 R^2
1	2.885	0.767 0	3.397 9	0.944 7
2	3.248	0.937 4	3.655 5	0.955 1
3	3.852	1.505 8	3.287 6	0.921 8
4	4.397	5.142 2	4.165 0	0.970 2
5	4.631	3.195 3	4.248 3	0.967 7
6	4.895	2.823 4	4.043 0	0.963 5

续表 7-2

试样编号	峰值起伏度 ξ/mm	系数 λ /10^{24}	系数 η	相关系数 R^2
7	5.690	7.451 8	4.066 8	0.954 5
8	5.753	9.374 2	4.364 4	0.995 9
9	5.962	1.131 6	3.614 9	0.918 4
10	6.440	1.464 2	3.688 1	0.953 4
11	7.599	13.981 4	4.534 1	0.995 9
12	8.154	14.290 3	4.505 6	0.970 2

注：非线性系数 B 的单位为$(kg \times m^{-8})$；等效水力开度 b_h 的单位为(mm)。

7.3.2.1　Forchheimer-Darcy 压力梯度比

根据线性 Darcy 定律 $|-\nabla P|_D = AQ$ 和非线性 Forchheimer 定律 $|-\nabla P|_F = AQ + BQ^2$ 的压力梯度，可以定义如下形式的 Forchheimer-Darcy 方程压降比 φ_P：

$$\varphi_P = \frac{|-\nabla P|_F}{|-\nabla P|_D} = 1 + \frac{B}{A}Q \quad (7\text{-}18)$$

根据 Forchheimer 系数 F_O，可将上式写成以下形式：

$$\varphi_P = 1 + F_O \quad (7\text{-}19)$$

分析式(7-19)可知，Forchheimer-Darcy 压力梯度比 φ_P 为流量 Q 和 Forchheimer 方程系数(A, B)的函数。将单参数模型[式(7-8)]和关系式 $k_0 = b_h^2/12$ 代入式(7-19)可得：

$$\begin{cases} \varphi_P = 1 + s_1 \dfrac{1}{k_0^{0.5}\eta^{-1.5}}Q \\ s_1 = \dfrac{10^{-6}\eta\lambda}{12^{0.5}\eta^{-0.5}} \dfrac{w}{\mu} \end{cases} \quad (7\text{-}20)$$

式(7-20)给出了 Forchheimer-Darcy 压力梯度比 φ_P 与固有渗透系数 k_0 和流量 Q 的函数关系式。

图 7-13(a)给出了由式(7-18)绘制的 Forchheimer-Darcy 压力梯度比 φ_P 随 Forchheimer 系数 F_O 的关系曲线，图 7-12(b)给出了由式(7-20)绘制的裂隙渗流流量 Q 和固有渗透系数 k_0 关系曲线随 F_O 变化的等值线图，图 7-12(b)中的等值线对应于图 7-12(a)中的实心点。由图可知，Forchheimer-Darcy 压力梯度比 φ_P 恒大于 1，这是因为在非达西流流态下，为了得到与 Darcy 定律相同的流量值，需要消耗更多的能量，也即压力梯度值更大。依据图 7-13，在选定非达西流流态判别准则后，便可得到达西流和非达西流的分区，如 φ_P 取 1.11，此时对应的 $F_O = 0.11$，表明该准则以非达西渗流引起的压力梯度偏差达 11% 作为达西流和非达西流的分界线，根据式(7-20)可以绘制出此时的达西流区和非达西流区，如图 7-13(b)中的粉红色曲线所示，粉红色分界线以上为非达西流区，以下为达西流区。

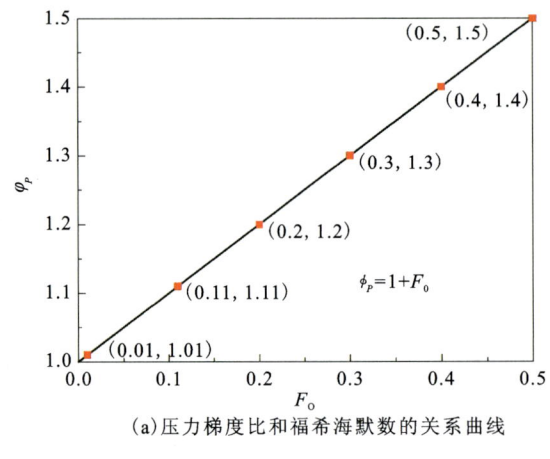

(a) 压力梯度比和福希海默数的关系曲线

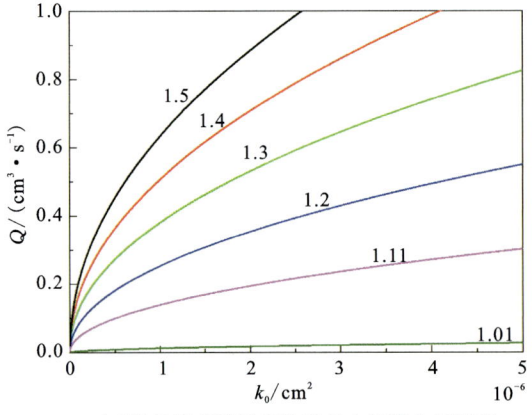

(b) 流量固有渗透系数和压力梯度比等值线

图 7-13 压力梯度比的流态判别准则

7.3.2.2 Forchheimer-Darcy 流量比

将流量 Q 视为变量，求解 Forchheimer 定律所描述的一元二次方程 $|-\nabla P| = AQ + BQ^2$，可得：

$$Q_F = \frac{-A + \sqrt{A^2 + 4B|-\nabla P|}}{2B} = \frac{2|-\nabla P|}{A + \sqrt{A^2 + 4B|-\nabla P|}} \tag{7-21}$$

而 Darcy 定律描述的流量 $Q_D = |-\nabla P|/A$，因此可得 Forchheimer-Darcy 流量比 φ_Q 表达式：

$$\varphi_Q = \frac{Q_F}{Q_D} = 1 - \frac{\sqrt{A^2 + 4B|-\nabla P|} - A}{\sqrt{A^2 + 4B|-\nabla P|} + A} \tag{7-22}$$

将式 (7-21) 代入 F_O 中，可得：

$$F_O = \frac{BQ_F}{A} = \frac{B}{A} \cdot \frac{2|-\nabla P|}{A + \sqrt{A^2 + 4B|-\nabla P|}} \tag{7-23}$$

联立式 (7-22) 和式 (7-23) 可得：

$$\Phi_Q = \frac{1}{1+F_O} \tag{7-24}$$

分析式(7-24)可知,Forchheimer-Darcy 流量比 φ_Q 为压力梯度 $|-\nabla P|$ 和 Forchheimer 方程系数(A,B)的函数。将单参数模型[式(7-8)]和关系式 $k_0=b_h^2/12$ 代入式(7-24)可得:

$$\begin{cases} \varphi_Q = 1 - \dfrac{\sqrt{1+4|-\nabla P|s_2 k_0^{3-0.5\eta}}-1}{\sqrt{1+4|-\nabla P|s_2 k_0^{3-0.5\eta}}+1} \\ s_2 = \dfrac{10^{-6\eta}\lambda}{12^{0.5\eta-1}}\dfrac{w^2}{\mu^2} \end{cases} \tag{7-25}$$

式(7-25)给出了 Forchheimer-Darcy 流量比 φ_Q 与固有渗透系数 k_0 和压力梯度 $|-\nabla P|$ 的函数关系式。图 7-14(a)给出了由式(7-24)绘制的 Forchheimer-Darcy 流量比 φ_Q 随 F_O 的关系曲线,而图 7-13(b)则给出了由式(7-25)绘制的裂隙渗流压力梯度 $|-\nabla P|$ 和固有渗透系数 k_0 关系曲线随 F_O 变化的等值线图,图 7-14(b)中的等值线对应于图 7-14(a)中的实心点。由图可知,Forchheimer-Darcy 流量比 φ_Q 恒小于 1,这是因为在相同的水力梯度条件下,相较于达西渗流,非达西渗流情况下的过流能力更小,也即流量值更小。同样地,依据图 7-14,

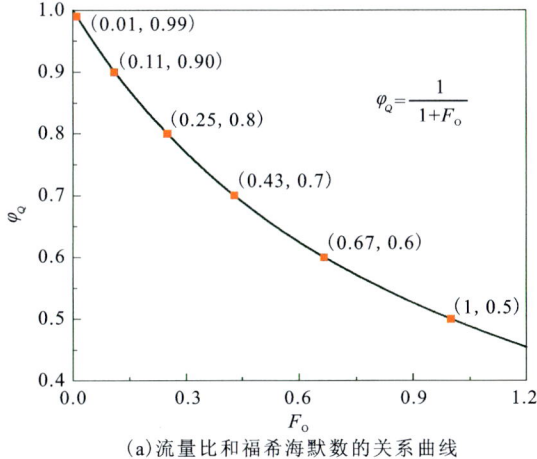

(a)流量比和福希海默数的关系曲线

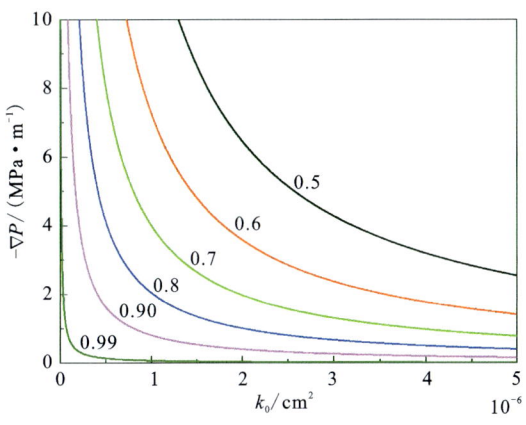

(b)基于压力梯度和固有渗透系数的流量比等值线

图 7-14 流量比的流态判别准则

在选定非达西流流态判别准则后，便可得到达西流和非达西流的分区，如 φ_Q 取 0.90，表明该准则以非达西渗流引起的流量偏差达 10% 作为达西流和非达西流的分界线，根据式(7-25)可以绘制出此时的达西流区和非达西流区，如图 7-14(b)中的粉红色曲线所示，粉红色分界线以上为非达西流区，以下为达西流区。

压降比 φ_P 和流量比 φ_Q 分别表征了非达西渗流条件下，压力梯度和流量与线性达西定律预测值之间的偏差比例，其值可以明确地表征非达西渗流对压力梯度和流量的影响机制，即渗流的非达西效应导致更大的压力梯度($\varphi_P>1$)或更小的渗流流量($\varphi_Q<1$)。在此基础上，推导并建立了限压降渗流流态分区准则和限流量渗流流态分区准则，这些分区准则为裂隙渗流流态的判别提供了简洁、直观、灵活的判据，为岩体工程非达西渗流分析奠定了坚实的理论基础。对于关心流量的油气开采领域，建议采用限流量渗流流态分区准则，以便准确预测油气开采量，确保经济效益；对于注重裂隙岩体渗透稳定性的水利工程领域，则建议采用限压降渗流流态分区准则，以便有效评估渗透破坏，确保工程安全。

7.3.3 基于三段式拟合的流态判别准则

通过对裂隙介质渗流的进一步研究，发现 Forchheimer 方程和 Izbash 方程并不如通常认为的一样适用于整个雷诺数范围。在低雷诺数下，2 个方程预测的流体流量值与实际的流量值之间存在着不可忽略的误差。图 7-15 给出了对于具有不同几何特征（开度、表面粗糙度）的粗糙岩石单裂隙，在整个雷诺数范围内由 Forchheimer 方程和 Izbash 方程预测流量所产生的误差情况。如图 7-15，空心点和实心点分别代表了 Forchheimer 方程和 Izbash 方程所产生的误差，可见在低雷诺数下会产生相当大的误差，误差随着雷诺数的增大而减小，当雷诺数足够大时误差趋近于零。裂隙的开度和表面粗糙度都对 2 个方程所产生的误差有着重要的影响，误差随着开度的增大或者粗糙度的减小而增大。总体而言 Forchheimer 方程所产生的误差要略高于 Izbash 方程。

如前所述，使用 Forchheimer 方程和 Izbash 方程来预测流量在相对较低的雷诺数下会产生不可忽略的误差，为了限制这 2 个方程的适用范围我们定义可接受的最大误差为 5%。具体来讲，如果误差的绝对值大于 5%，则认为方程不再适合用来预测流量。误差 Error 的计算公式如下：

$$\text{Error} = \frac{Q_s - Q_c}{Q_s} \times 100\% \tag{7-26}$$

式中：Q_s 为实际测量得到的流量；Q_c 为由 Forchheimer 方程(Q_F)或者 Izbash 方程(Q_I)计算的流量。根据式(7-26)可知误差 Error 的正负分别代表着控制方程低估和高估了流量。

接下来选择一个具体的案例来进行误差的进一步评估，该案例对应粗糙单裂隙的平均开度 $b_m=0.5$ mm、分形维数 $D=2.40$。如图 7-16 所示，黑色空心方块和红色圆圈代表用 Forchheimer 方程和 Iabash 方程基于整个范围的压力梯度-流量数据拟合得到的系数来计算流量所产生的误差。基于 ±5% 的误差控制线（图 7-16 中蓝色直线），可以确定 2 个方程所适用雷诺数范围的下限，分别是 Re_s^F（对应 Forchheimer 方程）和 Re_s^I（对应 Izbash 方程）。Re_s^F 比 Re_s^I 略大，表明 Izbash 方程的适用范围更大一些。为了降低在雷诺数低于 Re_s^F 和 Re_s^I 时的流量

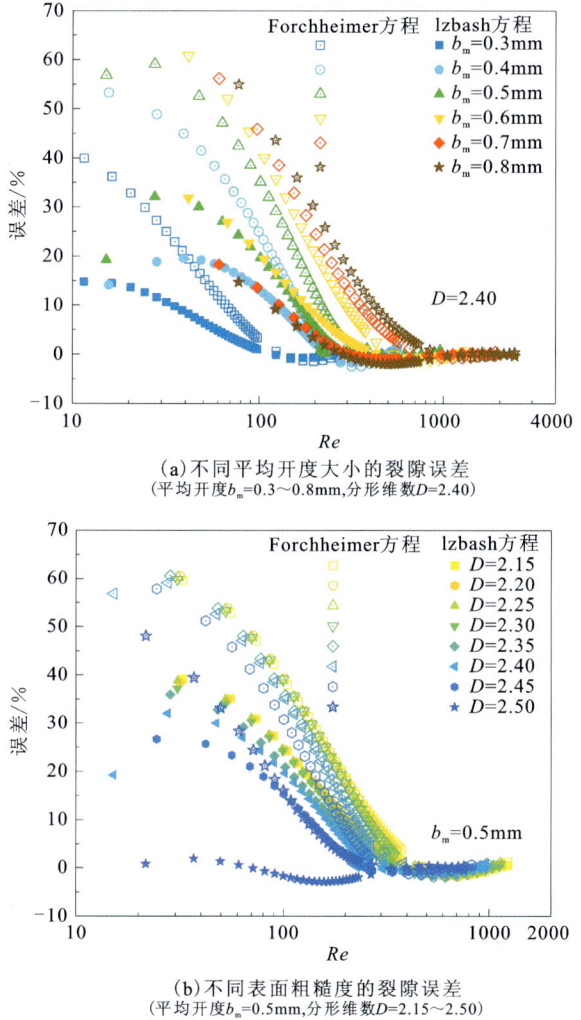

(a) 不同平均开度大小的裂隙误差
（平均开度b_m=0.3~0.8mm，分形维数D=2.40）

(b) 不同表面粗糙度的裂隙误差
（平均开度b_m=0.5mm，分形维数D=2.15~2.50）

图 7-15　整个雷诺数范围内 Forchheimer 和 Izbash 方程预测流量产生的误差

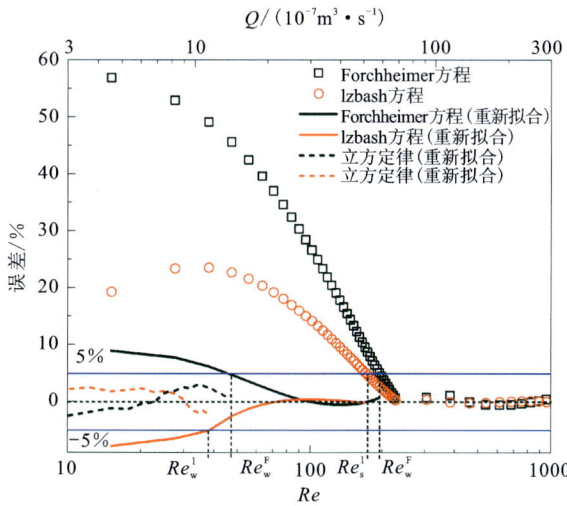

图 7-16　采用三段式拟合方法减小流量预测误差

预测误差,对这部分的流量数据分别用 Forchheimer 方程和 Iabash 方程重新进行了拟合。重新拟合后产生的误差如图 7-16 中的黑色和红色曲线所示,分别对应 Forchheimer 方程和 Iabash 方程。明显地,重新拟合后在雷诺数低于 Re_s^F 和 Re_s^I 的范围内用 2 个方程预测流量产生的误差显著下降。随着雷诺数的进一步减小,预测误差再次超过 5%,将与 Forchheimer 方程和 Iabash 方程相对应的临界雷诺数分别设定为 Re_w^F 和 Re_w^I。需要说明的是 Re_w^F、Re_w^I、Re_s^F 和 Re_s^I 的下标有具体的指代含义,"w"和"s"分别代表弱惯性和强惯性效应,这会在接下来进行讨论。对于非达西流动控制方程(Forchheimer 方程和 Iabash 方程)来说,在更低的雷诺数下预计会产生更大的误差,这是因为在惯性效应极小的时候流动更接近线性达西流动。因此对于雷诺数低于 Re_w^F 和 Re_w^I 时的流量数据直接使用线性达西定律来拟合更为合理。通过对线性达西定律误差的评估证实了这一点,如图 7-16 中的黑色和红色虚线所示。通过采用三段式拟合的方法,Forchheimer 方程和 Iabash 方程的预测误差都可以被控制在 5% 内。

上述提出的三段式拟合方法有着具体的物理意义,有研究认为在孔隙和裂隙介质中的流态可以被划分为两种(达西流和非达西流)或者 3 种状态(达西流、弱惯性流和强惯性流)(Zimmerman et al.,2004)。根据以往的流体流态划分经验,在 Forchheimer 方程框架下我们将流体流态划分为达西流($Re < Re_w^F$)、弱惯性流($Re_w^F \leqslant Re < Re_s^F$)和强惯性流($Re < Re_s^F$)3 种。类似地,用 Re_w^I 和 Re_s^I 分别取代 Re_w^F 和 Re_s^F 就可以实现在 Izbash 方程框架下的流态划分。同样以平均开度 $b_m = 0.5 \text{mm}$、分形维数 $D = 2.40$ 的粗糙岩石单裂隙为例,来展示基于我们提出的三段式拟合划分流态的概念,如图 7-17 所示。可以看到在 Forchheimer 方程框架下弱惯性和强惯性流动出现比在 Izbash 方程框架下稍晚。

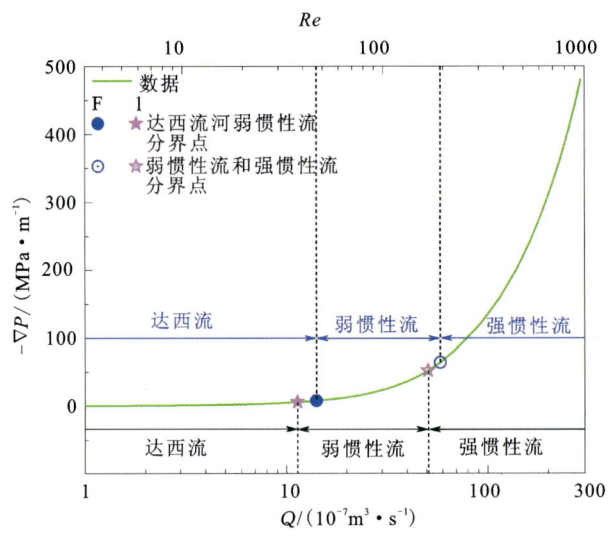

图 7-17　整个雷诺数范围内流体流态划分示意图

临界雷诺数(与 Forchheimer 方程相关的 Re_w^F 和 Re_s^F 及与 Izbash 方程相关的 Re_w^I 和 Re_s^I)对于流体流态划分至关重要,这关系到 Forchheimer 方程和 Izbash 方程的可应用性。关于这一点,我们研究分析了大量具有不同开度和表面粗糙度的粗糙岩石单裂隙的临界雷诺数并绘制成图,如图 7-18 所示。图中的蓝色球体和红色立方体分别代表着在 Forchheimer 方程和 Izbash 方程框架下确定的临界雷诺数。图 7-18(a)和图 7-18(b)分别展示的是划分达西流和

第7章 岩石裂隙渗流表征模型与流态划分方法

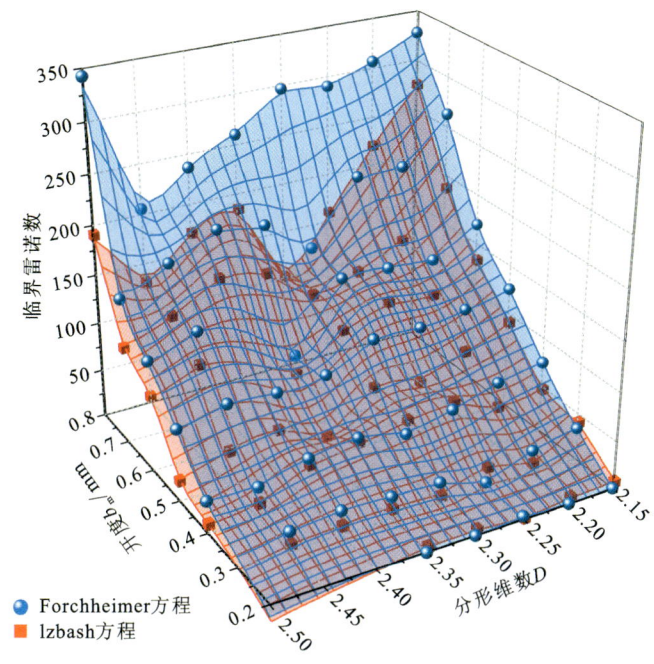

(a) 达西流和弱惯性流间的临界雷诺数(包括Re_w^F和Re_w^I)

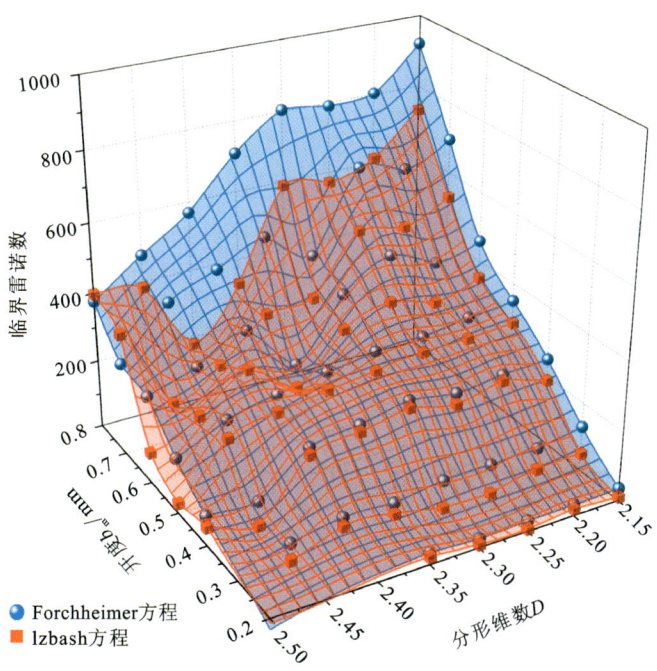

(b) 弱惯性流与强惯性流间的临界雷诺数(包括Re_s^F和Re_s^I)

图 7-18 划分流体流态的临界雷诺数与平均开度 b_m 和分形维数 D 的关系图

弱惯性流的临界雷诺数(包括 Re_w^F 和 Re_w^I),以及划分弱惯性流和强惯性流的临界雷诺数(包括 Re_s^F 和 Re_s^I)与开度和表面粗糙度之间的关系。可见划分流态的临界雷诺数与裂隙的平均开度 b_m 和分形维数 D 有着良好的相关性,这种关系可以用一个双参数方程来表征:

$$Re_c = \gamma b_m^\varepsilon (\eta - \delta D) \tag{7-27}$$

式中:γ、ε、δ、η 为拟合系数。图 7-18 中 4 个曲面拟合系数的值及相关系数的值见表 7-3。根据式(7-27),划分流态的临界雷诺数分别与开度和表面粗糙度呈正相关及负相关。

表 7-3 流态判别双参数模型[式(7-27)]拟合系数

临界雷诺数	系数 γ	系数 ε	系数 δ	系数 η	相关系数 R^2
预测 Re_w^F	39.28	1.96	55.05	154.65	0.965 5
预测 Re_s^F	14.95	2.34	23.32	85.73	0.899 8
预测 Re_w^I	44.01	1.92	42.42	114.68	0.858 2
预测 Re_s^I	15.74	2.21	21.11	68.03	0.766 3

主要参考文献

柴军瑞,仵彦卿,2000.变隙宽裂隙的渗流分析[J].勘察科学技术(3):39-41.

冯夏庭,丁梧秀,姚华彦,等,2010.岩石破裂过程的化学-应力耦合效应[M].北京:科学出版社.

冯夏庭,赖户政宏,2000.化学环境侵蚀下的岩石破裂特性——第一部分:试验研究[J].岩石力学与工程学报,19(4):403-407.

江涛,2006.基于细观力学的脆性岩石损伤—渗流耦合本构模型研究[D].南京:河海大学.

李广平,陶振宇,1995.真三轴条件下的岩石细观损伤力学模型[J].岩土工程学报,17(1):24-31.

凌建明,孙钧,1993.脆性岩石的细观裂纹损伤及其时效特征[J].岩石力学与工程学报,11(4):378-383.

钱春香,王育江,黄蓓,2009.水在混凝土裂缝中的渗流规律[J].硅酸盐学报,37(12):2078-2082.

速宝玉,詹美礼,张祝添,1994.充填裂隙渗流特性实验研究[J].岩土力学,15(4):46-51.

速宝玉,詹美礼,赵坚,1995.仿天然岩体裂隙渗流的实验研究[J].岩土工程学报,17(5):19-24.

汤连生,王思敬,2002.岩石水化学损伤的机理及量化方法探讨[J].岩石力学与工程学报,21(3):314-319.

王伟,李雪浩,朱其志,等,2017.水化学腐蚀对砂板岩力学性能影响的试验研究[J].岩土力学,38(9):2559-2566+2573.

王芝银,杨志法,李云鹏,等,2006.石窟顶板流变断裂过程的数值模拟与反演分析[J].岩石力学与工程学报,25(1):9-14.

吴俊,1993.煤微孔隙特征及其与油气运移储集关系的研究[J].中国科学(B辑)(1):77-84.

肖维民,夏才初,王伟,等,2011.考虑曲折效应的粗糙节理渗流计算新公式研究[J].岩石力学与工程学报,30(12):2416-2425.

中国文化遗产研究院,2017.川渝地区石窟岩体地质特征研究[R].北京:中国文化遗产研究院.

ABOU-CHARKA GUERY A,CORMERY F,SHAO J F,et al.,2008. A micromechanical model of elastoplastic and damage behaviour of a cohesive geomaterials[J]. International

Journal of Solids and Structures, 45(5):1406-1429.

AL-YAARUBI A, 2003. Numerical and experimental study of fluid flow in a rough-walled rock fracture[D]. London: Imperial College.

AMADEI B, ILLANGASEKARE T, 1994. A mathematical model for flow and solute transport in non-homogeneous rock fractures[J]. International Journal of Rock Mechanics and Mining Sciences and Geomechanics Abstracts, 31(6):719-731.

ATKINSON B K, MEREDITH P G, 1981. Stress corrosion cracking of quartz: A note on the infuence of chemical environment[J]. Tectonophysics, 77(1-2):T1-T11.

ATKINSON B K, MEREDITH P G, 1987a. The theory of subcritical crack growth with applications to minerals and rocks[M]//ATKINSON B K. Fracture mechanics of rock. London: Academic Press: 111-116.

ATKINSON B K, MEREDITH P G, 1987b. Experimental fracture mechanics data for rocks and minerals[M]//ATKINSON B K. Fracture mechanics of rock. London: Academic Press: 477-525.

AURIAULT J L, SANCHEZ-PALENCIA E, 1977. Etude du comportement macroscopique d'un milieu poreux saturé déformable[J]. Journal de Mécanique, 16:575-603.

AYLING M R, MEREDITH P G, MURRELL S A, 1995. Microcracking during triaxial deformation of porous rocks monitored by changes in rock physical properties, I. Elastic-wave propagation measurements on dry rocks[J]. Tectonophysics, 245(3/4):205-221.

BAHAT D, RABINOVITCH A, FRID V, 2005. Tensile fracturing in rocks: Tectonofractographic and electromagnetic radiation methods[M]. Berlin: Springer.

BANDIS S C, LUMSDEN A C, BARTON N R, 1983. Fundamentals of rock joint deformation[J]. International Journal of Rock Mechanics and Mining Sciences and Geomechanics Abstracts, 20(6):249-268.

BARTHELEMY J, DORMIEUX L, KONDO D, 2003. Détermination du comportement macroscopique d'un milieu à fissures frottantes[J]. Comptes Rendus Mécanique, 331:77-84.

BARTON N, BANDIS S C, BAKHTAR K, 1985. Strength, deformation and conductivity coupling of rock joints[J]. International Journal of Rock Mechanics and Mining Sciences and Geomechnics Abstracts, 22(3):121-140.

BASISTA M, GROSS D, 1998. The sliding crack model of brittle deformation: An internal variable approach[J]. International Journal of Solids and Structures, 35(5/6):487-509.

BAUD P, MEREDITH P G, 1997. Damage accumulation during triaxial creep of Darley Dale sandstone from pore volumometry and acoustic emission[J]. International Journal of Rock Mechanics and Mining Sciences and Geomechanics Abstracts, 34(3-4):1-8.

BAUD P, ZHU W, WONG T F, 2000. Failure mode and weakening effect of water on sandstone[J]. Journal of Geophysical Research, 105(B7):16 371-16 389.

BAZANT Z P, 1994. Nonlocal damage theory based on micromechanics of crack interactions[J]. Journal of Engineering Mechanics,120(3):593-617.

BECKER M W,MATTHEW P,MAZURCHUK R V,et al.,2003. Magnetic resonance imaging of dense and light non-aqueous phase liquid in a rock fracture[J]. Geophysical Research Letters,30(12):48(1-4).

BELL F G,1978. Petrographical factors relating to porosity and permeability in the cell sandstone[J]. Quarterly Jurnal of Engineering Gedogy,11(2):113-126.

BELL F G,CULSHAW M G,1998. Petrographic and engineering properties of sandstones from the Sneinton formation,Nottinghamshire,England[J]. Quarterly Jurnal of Engineering Gedogy,31(1):5-19.

BELL M L,NUR A,1978. Strength change due to reservoir induced pore pressure and stresses and application to Lake Oroville[J]. Journal of Geophysical Research,83(B9):4469-4483.

BEMER E,BOUTÉCA M,VINCKÉ O,et al.,2001. Poromechanics: from linear poroelasticity to non-linear poroelasticity and poroviscoelasticity[J]. Oil and Gas Science and Technology,56(6):531-544.

BENVENISTE Y,1986. On the Mori-Tanaka method in cracked bodies[J]. Mechanics Research Communications,13(4):193-201.

BERKOWITZ,BALBERG,1993. Percolation theory and its application to groundwater hydrology[J]. Water Resources Research,29(4):775-794.

BERRYMAN J G,1997. Generalization of eshelby's formula for a single ellipsoidal elastic inclusion to poroelasticity and thermoelasticity[J]. Physical Review Letters,79(6):1142-1145.

BERRYMAN J G,1998. Rocks as poroelastic composites [M]//THIMUS,et al. Poromechanics. Rotterdam:Balkema,11-16.

BIOT M A,1941. General theory of three-dimensional consolidation[J]. Journal of Applied Physics,12(2):155-164.

BIOT M A,1955. Theory of elasticity and consolidation for a porous anisotropic solid [J]. Journal of Applied Physics,26:182-185.

BIOT M A,1973. Nonlinear and semilinear rheology of porous solids[J]. Journal of Geophysical Research,78(23):4924-4937.

BOURGEOIS F,BURLION N,SHAO J F,2002. Modelling of elastoplastic damage in concrete due to desiccation shrinkage[J]. International Journal for Numerical and Analytical Methods in Geomechanics,26:759-774.

BOZKURTOGLU E,VARDAR M,SUNER F,et al.,2006. A new numerical approach to weathering and alteration in rock using a pilot area in the tuzla geothermal area,turkey [J]. Engineering Geology,87:33-47.

BRACE W,BOMBOLAKIS E,1963. A note on brittle crack growth in compression[J]. Journal of Geophysical Research,68(12):3709-3713.

BRANCICH A,GAMBAROTTA L,2001. Isotropic damage model with different tensilecompressive response for brittle materials[J]. International Journal of Solids and Structures, 38:5865-5892.

BRANTUT N,2015. Time-dependent recovery of microcrack damage and seismic wave speeds in deformed limestone[J]. Journal of Geophysical Research-Solid Earth, 120(12):8088-8109.

BRANTUT N,BAUD P,HEAP M J,et al.,2012. Micromechanics of brittle creep in rocks[J]. Journal of Geophysical Research,117,B08412(1-12).

BRANTUT N, HEAP M J, BAUD P, et al., 2014. Mechanisms of time-dependent deformation in porous limestone[J]. Journal of Geophysical Research-Solid Earth,119(7):5444-5463.

BRANTUT N, HEAP M J, MEREDITH P G, et al., 2013. Time-dependent cracking and brittle creep in crustal rocks:A review[J]. Journal of Structural Geology,52:17-43.

BROWNING J,MEREDITH P G,STUART C E,et al.,2017. Acoustic characterization of crack damage evolution in sandstone deformed under conventional and true triaxial loading [J]. Journal of Geophysical Research-Solid Earth,122:4395-4412.

BUDIANSKY B,O'CONNELL R,1976. Elastic moduli of a cracked solid[J]. International Journal of Solids and Structures,12:81-97.

CARDENAS M B,SLOTTKE D T,KETCHAM R A,et al.,2009. Effects of inertia and directionality on flow and transport in a rough asymmetric fracture[J]. Journal of Geophysical Research-Solid Earth,114:B06204(1-11).

CARROL M M,1979. An effective stress law for anisotropic elastic deformation[J]. Journal of Geophysical Research,84:7510-7512.

CHABOCHE J L,1992. Damage induced anisotropy:On the difficulties associated with the active/passive unilateral condition[J]. International Journal of Damage Mechanics,2:311-329.

CHABOCHE J L, KANOUTÉ P, ROOS A, 2005. On the capabilities of mean-field approaches for the description of plasticity in metal matrix composites[J]. International Journal of Plasticity,21(7):1409-1434.

CHARLES R J,1958. Static fatigue of glass. I[J]. Journal of Applied Physics,29(11):1549-1553.

CHATEAU X, DORMIEUX L, 2002. Micromechanics of saturated and unsaturated porous media[J]. International Journal of Numerical and Analytical Methods in Geomechanics,26:831-844.

CHEN X,HUANG J,2011. Stability analysis of bank slope under conditions of reservoir impounding and rapid draw down[J]. Joural of Rock Mechanics and geotechnical Engineering, 3:429-437.

CHENG A H-D,1997. Material coefficients of anisotropic poroelasticity[J]. International Journal of Rock Mechanics and Mining Science,34(2):199-205.

CHERUBINI C, GIASI C I, PASTORE N, 2012. Bench scale laboratory tests to analyze non-linear flow in fractured media[J]. Hydrology and Earth System Science Discussions, 16(8): 2511-2522.

CHIARELLI A, SHAO J, HOTEIT N, 2003. Modelling of elastoplastic damage behaviour of a claystone[J]. International Journal of Plasticity, 19: 23-45.

CHOW C, JUNE W, 1987. An anisotropic theory of elasticity for continuum damage mechanics[J]. International Journal of Fracture, 33: 3-16.

CIANTIA M O, CASTELLANZA R, CROSTA G B, et al., 2015. Effects of mineral suspension and dissolution on strength and compressibility of soft carbonate rocks[J]. Engineering Geology, 184: 1-18.

CONIL N, DJERAN-MAIGRE I, CABRILLAC R, et al., 2004. Poroplastic damage model for claystones[J]. Applied Clay Science, 26: 473-487.

CORMERY F, WELEMANE H, 2002. A critical review of some damage models with unilateral effect[J]. Mechanics Research Communications, 29: 391-395.

COUSSY O, 1995. Mechanics of Porous Continua[M]. New York: Wiley.

COUSSY O, 2004. Poromechanics[M]. England: John Wiley & Sons.

DAVID C, MENÉNDEZ B, DAROT M, 1999. Influence of stress-induced and thermal cracking on physical properties and microstructure of La Peyratte granite[J]. International Journal of Rock Mechanics and Mining Sciences, 36(4): 433-448.

DAVID C, MENÉNDEZ B, ZHU W, et al., 2001. Mechanical compaction, microstructures and permeability evolution in sandstones[J]. Physics and Chemistry of the Earth Part A-Solid Earth and Geodesy, 26(1-2): 45-51.

DE BUHAN P, CHATEAU X, DORMIEUX L, 1998. The constitutive equations of finite strain poroelasticity in the light of a micro-macro approach[J]. European Journal of Mechanics A-Solids, 17: 909-921.

DE BUHAN P, DORMIEUX L, 1996. On the validity of the effective stress concept for assessing the strength of saturated porous materials: A homogenization approach[J]. Journal of the Mechanics and Physics of Solids, 44(10): 1649-1667.

DETOURNAY E, CHENG A H-D, 1993. Fundamentals of poroelasticity[M]//FAIRHURST C. Comprehensive rock engineering: Principles, practice and projets. Oxford: Pergamon Press, 113-171.

DETWILER R L, PRINGLE S E, GLASS R J, 1999. Measurement of fracture aperture fields using transmitted light: An evaluation of measurement errors and their influence on simulations of flow and transport through a single fracture[J]. Water Resources Research, 35(9): 2605-2617.

DEUDÉ V, DORMIEUX L, KONDO D, 2002a. Micromechanical approach to non-linear poroelasticity: Application to cracked rocks[J]. Journal of Engineering Mechanics, 128(8): 848-855.

DEUDÉV,DORMIEUX L,KONDO D,2002b. Propriétés élastiques non linéaires d'un milieu mésofissuré[J]. Comptes Rendus Mécanique,330:587-592.

DIEDERICHS M S,KAISER P K,1999. Tensile strength and abutment relaxation as failure control mechanisms in underground excavations[J]. International Journal of Rock Mechanics and Mining Sciences,36(1):69-96.

DONG W,YANG D,ZHOU X,et al.,2017. Experimental and numerical investigations on fracture process zone of rock-concrete interface[J]. Fatigue and Fracture of Engineering Materials and Struturos,40(5):820-835.

DORMIEUX L,KONDO D,2007. Micromechanics of damage propagation in fluid saturated media[J]. Revue européenne de Génie Civil,11:945-962.

DORMIEUX L,KONDO D,2009. Stress-based estimates and bounds of effective elastic properties: The case of cracked media with unilateral effects[J]. Computational Materials Science,46:173-179.

DORMIEUX L,KONDO D,ULMC F-J,2006a. Microporomechanics[M]. UK:John Wiley & Sons.

DORMIEUX L,KONDO D,ULM F-J,2006b. A micromechanical analysis of damage propagation in fluid-saturated cracked media[J]. Comptes Rendus Mécanique,334:440-446.

DORMIEUX L,LEMARCHAND E,COUSSY O,2003. Macroscopic and micromechanical approaches to the modeling of the osmotic swelling in clays[J]. Transport in Porous Media,50:75-91.

DORMIEUX L,MOLINARI A,KONDO D,2002. Micromechanical approach to the behavior of poroelastic materials[J]. Journal of the Mechanics and Physics of Solids,50:2203-2231.

DOU Z,SLEEP B,ZHAN H,et al.,2019. Multiscale roughness influence on conservative solute transport in self-affine fractures[J]. International Journal of Heat and Mass Transfer,133:606-618.

DRAGON A,HALM D,DESOYER T H,2000. Anisotropic damage in quasi brittle solids:Modelling,computational issues and applications[J]. Computer Methods in Applied Mechanics and Engineering,18:331-352.

DYKE C G,DOBEREINER L,1991. Evaluating the strength and deformability of sandstones[J]. Quarterly Journal of Engineering Geology,24(1):123-134.

EBERHARDT E,STEAD D,STIMPSON B,1999. Quantifying progressive pre-peak brittle fracture damage in rock during uniaxial compression[J]. International Journal of Rock Mechanics and Mining Sciences,36(3):361-380.

ESHELBY J D,1957. The determination of the elastic field of an ellipsoidal inclusion and related problems[J]. Proceedings of the Royal Society of London,Series A,Mathematical and Physical Sciences,241(1226):376-396.

ESLAMI J,GRGIC D,HOXHA D,2010. Estimation of the damage of a porous limestone from continuous(P- and S-)wave velocity measurements under uniaxial loading and diferent hydrous conditions[J]. Geophysical Journal International,183:1362-1375.

FENG X T,DING W,2007. Experimental study of limestone microfracturing under a coupled stress, fluid flow and changing chemical environment[J]. International Journal of Rock Mechanics and Mining Sciences,44(3):437-448.

FORBES INSKIP N D, MEREDITH P G, CHANDLER M R, et al., 2018. Fracture properties of Nash Point shale as a function of orientation to bedding[J]. Journal of Geophysical Research-Solid Earth,123(10):8428-8444.

FORCHHEIMER P,1901. Wasserbewegung durch boden[J]. Zeitschrift des Vereins Deutscher Ingenieure,45:1782-1788.

FORTIN J,STANCHITS S,DRESEN G,et al.,2006. Acoustic emission and velocities associated with the formation of compaction bands[J]. Journal of Geophysical Research,111: B10203(1-16).

FORTIN J, STANCHITS S, DRESEN G, et al., 2009. Acoustic emissions monitoring during inelastic deformation of porous sandstone:Comparison of three modes of deformation [J]. Pure and Applied Geophysics,166:823-841.

FOURAR M S,BORIES R,LENORMAND,et al.,1993. Two-phaseflow in smooth and rough fractures: Measurement and correlation byporous-media and pipe-flow models[J]. Water Resources Research,29(11):3699-3708.

FRANCOIS M, ROYER-CARFAGNI G, 2005. Structured deformation of damaged continua with cohesive frictional sliding rough fractures[J]. European Journal of Mechanics A-Solids,24:644-660.

GAMBAROTTA L,LAGOMARSINO S,1993. A microcrack damage model for brittle materials[J]. International Journal of Solids and Structures,30(2):177-198.

GOLSHANI A, OKUI Y, ODA M, et al., 2006. A micromechanical model for brittle failure of rock and its relation to crack growth observed in triaxial compression tests of granite[J]. Mechanics of Materials,38(4):287-303.

GRGIC D, AMITRANO D, 2009. Creep of a porous rock and associated acoustic emission under different hydrous conditions[J]. Journal of Geophysical Research, 114: B10201(1-19).

GRGIC D,GIRAUD A,2014. The influence of different fluids on the static fatigue of a porous rock:Poro-mechanical coupling versus chemical effects[J]. Mechanics of Materials, 71:34-51.

GURSON A L, 1977. Continuum theory of ductile rupture by void nucleation and growth--Part I: Yield criteria and flow rules for porous ductile media[J]. ASME Journal of Engineering Materials and Technology,99:2-15.

GUÉGUEN Y,KACHANOV M,2011. Effective elastic properties of cracked rocks:an overview[M]//FRIEDRICH P, FRANZ G R, JEAN S. Mechanics of crustal rocks. New

York: Springer, 73-125.

HADIZADEH J, LAW R D, 1991. Water-weakening of sandstone and quartzite deformed at various stress and strain rates[J]. International Journal of Rock Mechanics and Mining Sciences, 28(5): 431-439.

HAKAMI E, LARSSON E, 1996. Aperture measurements and flow experiments on a single natural fracture[J]. International Journal of Rock Mechanics and Mining Sciences and Geomechanics Abstracts, 33(95): 395-404.

HALM D, DRAGON A, 1996. A model of anisotropic damage by mesocrack growth: Unilateral effect[J]. International Journal of Damage Mechanics, 5: 384-402.

HALM D, DRAGON A, 1998. An anisotropic model of damage and frictional sliding for brittle materials[J]. European Journal of Mechanics, A-Solids, 17(3): 439-460.

HAWKINS A B, MCCONNELL B J, 1992. Sensitivity of sandstone strength and deformability to changes in moisture content[J]. Quarterly Journal of Engineering Geology, 25(2): 115-130.

HAYAKAWA K, MURAKAMI S, 1997. Thermodynamical modeling of elastic-plastic damage and experimental validation of damage potential[J]. International Journal of Damage Mechanics, 6: 333-363.

HEAP M J, BAUD P, MEREDITH P G, et al., 2009. Time-dependent brittle creep in Darley Dale sandstone[J]. Journal of Geophysical Research, 114: B07203(1-22).

HEAP M J, BAUD P, MEREDITH P G, et al., 2011. Brittle creep in basalt and its application to time-dependent volcano deformation[J]. Earth and Planetary Science Letters, 307: 71-82.

HOEK E, BIENIAWSKI Z T, 1965. Brittle fracture propagation in rock under compression[J]. International Journal of Fracture Mechanics, 1: 137-155.

HORII H, NEMAT-NASSER S, 1985. Compression-induced microcrack growth in brittle solids: Axial splitting and shear failure[J]. Journal of Geophysical Research, 90(B4): 3105-3125.

HOU D, RONG G, YANG J, et al., 2016. A new shear strength criterion of rock joints based on cyclic shear experiment[J]. European Journal of Environmental and Civil Engineering, 20(2): 180-198.

HU D W, ZHOU H, ZHANG F, et al., 2010. Evolution of poroelastic properties and permeability in damaged sandstone[J]. International Journal of Rock Mechanics and Mining Sciences, 47(6): 962-973.

HUANG X, GUO F, DENG M, et al., 2020. Understanding the deformation mechanism and threshold reservoir level of the floating weight-reducing landslide in the Three Gorges Reservoir Area China[J]. Landslides, 17: 2879-2894.

INDRARATNA B, KUMARA C, ZHU S P, et al., 2015. Mathematical modeling and experimental verification of fluid flow through deformable rough rock Joints[J]. International

Journal of Geomechanics,15(4):04014065(1-11).

ISHIBASHI T, ELSWORTH D, FANG Y, et al., 2018. Friction-stability-permeability evolution of a fracture in granite[J]. Water Resources Research,54(12):9901-9918.

IZBASH S V,1931. O filtracii v kropnozernstom material[M]. Leningrad: USSR. (in Russian)

JAVADI M M, SHARIFZADEH, K SHAHRIAR, et al., 2014. Critical Reynoldsnumber for nonlinear flow throughrough-walled fractures: The role ofshear processes[J]. Water Resources Research,50:1789-1804.

JU J W, CHEN T M,1994. Effective elastic moduli of two-dimensional brittle solids with interacting microcracks, Part Ⅰ: Basic formulations, Part Ⅱ: Evolutionary damage models[J]. Journal of Applied Mechanics,61:349-366.

JU J,1989. On energy based coupled elastoplastic damage theories: constitutive modeling and computational aspects[J]. International Journal of Solids and Structures,25(7):803-833.

KACHANOV M,1992. Effective elastic properties of cracked solid: critical review of some basic concepts[J]. Applied Mechanics Reviews,45(8):304-335.

KANG P K, BROWN S, JUANES R, 2016. Emergence of anomalous transport in stressed rough fractures[J]. Earth and Planetary Science Letters,454:46-54.

KARAMI H,1998. Experimental investigation of poroelastic behaviour of a brittle rock [D]. Lille: University of Lille I. (in French)

KASIM M, SHAKOOR A,1996. An investigation of the relationship between uniaxial compressive strength and degradation for selected rock types[J]. Engineering Geology,44: 213-227.

KATAOKA M, OBARA Y, KURUPPU M,2015. Estimation of fracture toughness of anisotropic rocks by semi-circular bend(SCB) tests under water vapor pressure[J]. Rock Mechanics and Rock Engineering,48(4):1353-1367.

KETCHAM R A, SLOTTKE D T, SHARP J M,2010. Three-dimensional measurement of fractures in heterogeneous materials using high-resolution X-ray computed tomography [J]. Geosphere,6(5):499-514.

KHAZRAEI R,1995. Experimental study and modeling of anisotropic damage of brittle rocks[D]. Lille: University of Lille I. (in French)

KIM J, KWON S, SANCHEZ M, et al.,2011. Geological storage of high level nuclear waste[J]. KSCE Journal of Civil Engineering,15:721-737.

KLEIN E, BAUD P, REUSCHLÉ T, et al., 2001. Mechanical behaviour and failure mode of Bentheim sandstone under triaxial compression[J]. Physics and Chemistry of the Earth Part A-Solid Earth and Geodesy,26(1-2):21-25.

KO T Y, KEMENY J,2013. Determination of the subcritical crack growth parameters in rocks using the constant stress-rate test[J]. International Journal of Rock Mechanics and Mining Sciences,59:166-178.

KOZISEK F, 2005. Health risks from drinking demineralised water[J]. Nutr Drink Water, 1(1): 148-163.

KRAMAROV V, PARRIKAR P N, MOKHTARI M, 2020. Evaluation of fracture toughness of sandstone and shale using digital image correlation[J]. Rock Mechanics and Rock Engineering, 53(9): 4231-4250.

KRANZ, R L, 1983. Microcracks in rocks: a review[J]. Tectonophysics, 100: 449-480.

KUHL D, BANGERT F, MESCHKE G, 2004. Coupled chemo-mechanical deterioration of cementitious materials, Part I: Modeling[J]. International Journal of Solids and Structures, 41: 15-40.

KURUPPU M D, OBARA Y, AYATOLLAHI M R, et al., 2014. ISRM-suggested method for determining the mode I static fracture toughness using semi-circular bend specimen[J]. Rock Mechanics and Rock Engineering, 47(1): 267-274.

LAJTAI E Z, SCHMIDTKE R H, BIELUS L P, 1987. The effect of water on the time-dependent deformation and fracture of a granite[J]. International Journal of Rock Mechanics and Mining Sciences, 24: 247-255.

LEE S H, LEE K K, YEO I W, 2014. Assessment of the validity of Stokes and Reynolds equations for fluid flow through a rough-walled fracture with flow imaging[J]. Geophysical Research Letters, 41: 4578-4585.

LEE X, JU J W, 1991. Micromechanical damage models for brittle solids, II. compressive loadings[J]. Journal of Applied Mechanics, 117(7): 1515-1536.

LI Y P, CHEN L Z, WANG Y H, 2005. Experimental research on pre-cracked marble under compression[J]. International Journal of Solids and Structures, 42: 2505-2516.

LIM I L, JOHNSTON I W, CHOI S K, et al., 1994a. Fracture testing of a soft rock with semi-circular specimens under three-point bending. Part 1—mode I[J]. International Journal of Rock Mechanics and Mining Sciences, 31(3): 185-197.

LIM I L, JOHNSTON I W, CHOI S K, et al., 1994b. Fracture testing of a soft rock with semi-circular specimens under three-point bending. Part II—mixed-mode[J]. International Journal of Rock Mechanics and Mining Sciences, 31(3): 199-212.

LIN M, JENG F S, TSAI L S, et al., 2005. Wetting weakening of tertiary sandstones-microscopic mechanism[J]. Environmental Earth Sciences, 48(2): 265-275.

LIU R, JIANG Y, LI B, 2016a. Effects of intersection and dead-end of fractures on nonlinear flow and particle transport in rock fracture networks[J]. Geosciences Journal, 20(3): 415-426.

LIU R C, LI B, JIANG Y J, 2016b. A fractal model based on a new governing equation of fluid flow in fractures for characterizing hydraulic properties of rock fracture networks[J]. Computers Geotechnics, 75: 57-68.

LOMIZE G M, 1951. Flow in fractured rock[M]. Moscow: Gosemergoizdat. (in Russian)

LOUIS C, 1969. A study of groundwater flow in jointed rock and its influence on the stability of rock masses[J]. Rock Mechanics Research Report,10:1-90.

LUBARDA V A,KRAJCINOVIC D,1993. Damage tensor and the crack density distribution[J]. International Journal of Solids and Structures,30(20):2859-2877.

LYDZBA D,SHAO J F,2002. Stress equivalence principle for saturated porous media [J]. Comptes Rendus Mécanique,330:297-303.

MAI Y W,1991. Failure characterisation of fibre-reinforced cement composites with R-curve characteristics[M]//SHAH S P. Toughening mechanisms in Quasi-Brittle Materials. New-York:Kluwer Publisher,489-527.

MALEKI K,POUYA A,2010. Numerical simulation of damage-permeability relationship in brittle geomaterials[J]. Computers and Geotechnics,37(5):619-628.

MALLET C,FORTIN J,GUÉGUEN Y,et al.,2015a. Role of the pore fuid in crack propagation in glass[J]. Mech Time Depend Mater,19:117-133.

MALLET C,FORTIN J,GUÉGUEN Y,et al.,2015b. Brittle creep and subcritical crack propagation in glass submitted to triaxial conditions[J]. Journal of Geophysical Research Solid Earth,120:879-893.

MANDELBROT B B,WHEELER J A,1983. The Fractal Geometry of Nature[J]. The Quarterly Review of Biology,147(58):468.

MARMIER R,JEANNIN L,BARTHÉLÉMY J F,2007. Homogenized constitutive laws for rocks with elastoplastic fractures[J]. International Journal for Numerical and Analytical Methods in Geomechanics,31:1217-1237.

MENENDEZ B,ZHU W,WONG T,1996. Micromechanics of brittle faulting and cataclastic fow in Berea sandstone[J]. Journal of Structural Geology,18(1):1-16.

MILLER R J,LOW P F,1963. Threshold gradient for water flow in clay systems[J]. Soil Science Society of America Journal,27(6):606-609.

MORI T,TANAKA K,1973. Averages stress in matrix and average elastic energy of materials with misfitting inclusions[J]. Acta Metallurgica,21:571-574.

MOYNE C,MURAD M A,2002. Electro-chemo-mechanical couplings in swelling clays derived by homogenization[J]. International Journal of Solids and Structures,39:6159-6190.

MUGHIEDA O,ALZO'UBI A K,2004. Fracture mechanics of offset rock joints:A laboratory investigation[J]. Geotechnical and Geological Engineering,22:545-562.

MURA T,1987. Micromechanics of defects in solids[M]. 2nd ed. The Hague,Boston: Martinus Nijhoff Publishers.

MURAKAMI S,KAMIYA K,1996. Constitutive and damage evolution equations of elastic brittle materials based on irreversible thermodynamics[J]. International Journal of Mechanical Sciences,39(4):473-486.

NARA Y,MORIMOTO K,HIROYOSHI N,et al.,2012. Influence of relative humidity on fracture toughness of rock:Implications for subcritical crack growth[J]. Internationd Journal of Solids and Structures,49(18):2471-2481.

NEMAT-NASSER S,HORI M,1993. Micromechanics:Overall properties of heterogeneous Materials[M]. New York:Elsevier.

NOWAMOOZ A G,RADILLA M,FOURAR,2009. Non-Darcian two-phase flow in a transparent replica of a rough-walledrock fracture[J]. Water Resources Research,45:W07406(1-9).

OGILVIE S R,ISAKOV E,GLOVER P W J,2006. Fluid flow through rough fractures in rocks. II:A new matching model for rough rock fractures[J]. Earth and Planetary Science Letters,241(3-4):454-465.

OLSSON R,BARTON N,2001. An improved model for hydromechanical coupling during shearing of rock joints[J]. International Journal of Rock Mechanics and Mining Sciences,38:317-329.

OUYANG C S,BARZIN M,SURENDRA P S,1990. An R-curve approach for fracture of quasi brittle materials[J]. Engineering Fracture Mechanics,37:901-913.

PASSELÈGUE F X,BRANTUT N,MITCHELL T M,2018. Fault reactivation by fluid injection:Controls from stress state and injection rate[J]. Geophysical Research Letters,45(23):12837-12846.

PATIR N,CHENG H,1978. An average flow model for determining effects of three-dimensional roughness on partial hydrodynamic lubrication [J]. Journal of Lubrication Technology,100(1):12-17.

PELLEGRINO A,PRESTININZI A,2007. Impact of weathering on the geomechanical properties of rocks along thermal-metamorphic contact belts and morpho-evolutionary processes: The deep-seated gravitational slope deformations of Mt. Granieri-Salincriti (Calabria-Italy) [J]. Geomorphology,87:176-195.

PENSÉE V,KONDO D,DORMIEUX L,2002. Micromechanical analysis of anisotropic damage in brittle materials[J]. Journal of Engineering Mechanics,128(8):889-897.

PIETRUSZCZAK S,LYDZBA D,SHAO J F,2006. Modelling of deformation response and chemo-mechanical coupling in chalk[J]. International Journal for Numerical and Analytical Methods in Geomechanics,30:997-1018.

POKROVSKY O S,GOLUBEV S V,SCHOTT J,2005. Dissolution kinetics of calcite, dolomite and magnesite at 25℃ and 0 to 50 atm $p CO_2$ [J]. Chemical Geology,217(3-4): 239-255.

PONTE-CASTANEDA P,WILLIS J R,1995. The effect of spatial distribution on the behavior of composite materials and cracked media[J]. Journal of the Mechanics and Physics of Solids,43:1919-1951.

POUTET J, MANZONIA D, HAGE-CHEHADE F, et al., 1996. The effective mechanical properties of random porous media[J]. Journal of the Mechanics and Physics of Solids,44(10):1587-1620.

QUINN P M,CHERRY J A,PARKER B L,2011. Quantification of non-Darcian flow observed during packer testing in fractured sedimentary rock[J]. Water Resources Research,

47:W09533(1-15).

RANJITH P G, VIETE D R, 2011. Applicability of the 'cubic law' for non-Darcian fracture flow[J]. Journal of Petroleum Science and Engineering, 78(2):321-327.

RASOULI V, HOSSEINIAN A, 2011. Correlations developed for estimation of hydraulic parameters of rough fractures through the simulation of JRC flow channels[J]. Rock Mechanics and Rock Engineering, 44(4):447-461.

REHBINDER P, 1928. About influence of changing surface on cleavage hardness and other crystal properties[C]//Proceedings of 6th Physical Congress, Moscow.

RENSHAW C E, 1995. On the relationship between mechanical and hydraulic apertures in rough-walled fractures[J]. Journal of Geophysical Research — Solid Earth, 100(B12): 24629-24636.

REVIRON N, REUSCHLE T, BERNARD J D, 2009. The brittle deformation regime of water-saturated siliceous sandstones[J]. Geophysical Journal International, 178(3):1766-1778.

RICE J R, CLEARY M P, 1976. Some basic stress diffusion solutions for fluid saturated elastic porous media with compressible constituents[J]. Reviews of Geophysics and Space Physics, 14:227-241.

ROBERTS T M, TALEBZADEH M, 2003. Acoustic emission monitoring of fatigue crack propagation[J]. Journal of Constructional Steel Research, 59(6):695-712.

RUTTER E H, 1972. The influence of interstitial water on the rheological behaviour of calcite rocks[J]. Tectonophysics 14:13-33.

RUTTER E H, 1974. The influence of temperature, strain rate and interstitial water in the experimental deformation of calcite rocks[J]. Tectonophysics, 22(3-4):311-334.

RUTTER E H, MAINPRICE D H, 1978. The effect of water on stress relaxation of faulted and unfaulted sandstone[J]. Pure and Applied Geophysics, 116:634-654.

RÜCK M, RAHNER R, SONE H, et al., 2017. Initiation and propagation of mixed mode fractures in granite and sandstone[J]. Tectonophysics 717:270-283.

SAROUT J, GUÉGUEN Y, 2008. Anisotropy of elastic wave velocities in deformed shales: part 1 — experimental results[J]. Geophysics, 73(5):D75-D89.

SAYERS C M, VAN MUNSTER J G, KING M S, 1990. Stress induced ultrasonic anisotropy in Berea sandstone[J]. International Journal of Rock Mechanics and Mining Sciences, 27:429-436.

SCHUBNEL A, THOMPSON B D, FORTIN J, et al., 2007. Fluid-induced rupture experiment on Fontainebleau sandstone: Premonitory activity, rupture propagation, and aftershocks[J]. Geophysical Research Letters, 34(19):L19307(1-5).

SELVADURAI A P S, 2004. Stationary damage modelling of poroelastic contact[J]. International Journal of Solids and Structures, 41:2043-2064.

SHAKOOR A, BAREFIELD E H, 2009. Relationship between unconfined compressive strength and degree of saturation for selected sandstones[J]. Environmental and Engineering

Geoscience,15(1):29-40.

SHAO J F,1998. Poroelastic behaviour of brittle rock materials with anisotropic damage[J]. Mechanics of Materials,30:41-53.

SHAO J F,JIA Y,KONDO D,et al.,2006. A coupled elastoplastic damage model for semi-brittle materials and extension to unsaturated conditions[J]. Mechanics of Materials,38(3):218-232.

SHAO J F,LU Y F,LYDZBA D,2004. Damage modeling of saturated rocks in drained and undrained conditions[J]. Journal of Engineering Mechanics,130(6):733-740.

SHAO J F,RUDNICKI J W,2000. A microcrack-based continuous damage model for brittle geomaterials[J]. Mechanics of Materials,32:607-619.

SIMPSON D W,NARASIMHAN T N,1990. Inhomogeneities in rock properties and their influence on reservoir-induced seismicity[J]. Gerlands Beitrage zur Geophysik,99(10):205-219.

SINGURINDY O,BERKOWITZ B,2003. Flow, dissolution, and precipitation in dolomite[J]. Water Resources Research,39(6):1143.

SUFIAN A,RUSSELL A R,2013. Microstructural pore changes and energy dissipation in Gosford sandstone during pre-failure loading using X-ray CT[J]. International Journal of Rock Mechanics and Mining Sciences,57:119-131.

TALWANI P,ACREE S,1985. Pore pressure diffusion and the mechanism of reservoir-induced seismicity[J]. Pure and Application Geophysics,122(6):947-965.

TERZAGHI K,1925. Principles of soil mechanics, Ⅳ-Settlement and consolidation of clay[J]. Engineering News-Record,95(3):874-878.

TERZAGHI K,1943. Theoretical soil mechanics[M]. New Jersey:John Wiley & Son.

THOMPSON M,WILLIS J R,1991. A reformulation of the equations of anisotropic poroelasticity[J]. Journal of Applied Mechanics,58:612-616.

TRIPPETTA F,COLLETINI C,BARCHI M R,et al.,2013. A multidisciplinary study of a natural example of a CO_2 geological reservoir in central Italy[J]. International Journal of Greenhouse Gas Conttol,12:72-83.

TUGRUL A,2004. The effect of weathering on pore geometry and compressive strength of selected rock types from turkey[J]. Engineering Geology,75:215-227.

VÁSÁRHELYI B,VÁN P,2006. Infuence of water content on the strength of rock[J]. Engineering Geology,84(1):70-74.

WALSH J,1981. Effect of pore pressure and confining pressure on fracture permeability[J]. International Journal of Rock Mechanics and Mining Sciences and Geomechanics Abstracts,18(5):429-435.

WASANTHA P L,RANJITH P G,2014a. Water-weakening behavior of Hawkesbury sandstone in brittle regime[J]. Engineering Geology,178:91-101.

WASANTHA P L,RANJITH P G,SHAO S S,2014b. Energy monitoring and analysis during deformation of bedded-sandstone:use of acoustic emission[J]. Ultrasonics,54(1):

217-226.

WAWERSIK W,BRACE W,1971. Post-failure behavior of a granite and diabase[J]. Rock Mechanics and Rock Engineering,3(2):61-85.

WAZA T,KURITA K,MIZUTANI H,1980. The efect of water on the subcritical crack growth in silicate rocks[J]. Tectonophysics,67(1-2):25-34.

WELEMANE H,CORMERY F,2002. Some remarks on the damage unilateral effect modelling for microcracked materials[J]. International Journal of Damage Mechanics,11:65-86.

WELEMANE H,CORMERY F,2003. An alternative 3D model for damage induced anisotropy and unilateral effect in microcracked materials[J]. Journal de Physique Ⅳ,105:329-338.

WIEDERHORN S M,FREIMAN S W,FULLER E R,et al.,1982. Effects of water and other dielectrics on crack growth[J]. Journal of Materials Science,17(12):3460-3478.

WIEDERHORN S M, JOHNSON H, 1972. Effect of electrolyte pH on crack propagation in glass[J]. Journal of the American Ceramic Society Society,56:192-197.

WITHERSPOON P A,WANG J S Y,IWAI K,et al.,1980. Validity of cubic law for fluid flow in a deformable rock fracture[J]. Water Resources Research,16(6):1016-1024.

WONG L N,EINSTEIN H H,2009. Using high speed video imaging in the study of cracking processes in rock[J]. Geotechnical Testing Journal,32(2):164-180.

WONG T,1982. Micromechanics of faulting in westerly granite[J]. International Journal of Rock Mechanics and Mining Sciences,19:49-56.

XIE L Z,GAO C,REN L,et al.,2015. Numerical investigation of geometrical and hydraulic properties in a single rock fracture during shear displacement with the Navier-Stokes equations[J]. Environmental Earth Sciences,73(11),7061-7074.

XING H Z,ZHANG Q B,BRAITHWAITE C H,et al.,2017. Highspeed photography and digital optical measurement techniques for geomaterials:Fundamentals and applications [J]. Rock Mechanics and Rock Engineering,50(6):1611-1659.

YANG S Q,HUANG Y H,RANJITH P G,2018. Failure mechanical and acoustic behavior of brine saturated-sandstone containing two pre-existing faws under diferent confning pressures[J]. Engineering Fracture Mechanics,193:108-121.

YAO W,LI C,ZUO Q,et al.,2019. Spatiotemporal deformation characteristics and triggering factors of Baijiabao landslidein Three Gorges Reservoir region,China[J]. Geomorphology,343:34-47.

YAVUZ H,DEMIRDAGA S,CARANB S,2010. Thermal effect on the physical properties of carbonate rocks[J]. International Journal of Rock Mechanics and Mining Sciences,47(1):94-103.

YIN Y,HUANG B,WANG W,et al.,2016. Reservoir-induced landslides and risk control in Three Gorges Project on Yangtze River,China[J]. Journal of Rock Mechanics and Geotechnical Engineering,8(5):577-595.

YOU M,2010. Mechanical characteristics of the exponential strength criterion under conventional triaxial stresses[J]. International Journal of Rock Mechanics and Mining Sciences,47(2):195-204.

ZANG A,WAGNER C F,DRESEN G,1996. Acoustic emission,microstructure, and damage model of dry and wet sandstone stressed to failure[J]. Journal of Geophysical Research,101(B8):17507-17521.

ZHANG J,STANDIFIRD W B,ROEGIERS J-C,et al.,2007. Stress-dependent fluid flow and permeability in fractured media:From lab experiments to engineering applications [J]. Rock Mechanics and Rock Engineering,40(1):3-21.

ZHANG M,MCSAVENEY M J,2018. Is air pollution causing landslides in China? [J]. Earth and Planetary Science Letters,481:284-289.

ZHANG R,HU S,ZHANG X,et al.,2007. Dissolution kinetics of dolomite in water at elevated temperatures[J]. Aquatic Geochemistry,13(4):309-338.

ZHANG X,SPIERS C J,2005. Effects of phosphate ions on intergranular pressure solution in calcite:An experimental study[J]. Geochimica et Cosmochimica Acta,69(24): 5681-5691.

ZHANG Z,NEMCIK J,2013a. Friction factor of water flow throughrough rock fractures[J]. Rock Mechanics and Rock Enginnering,46(5):1125-1134.

ZHANG Z,NEMCIK J,2013b. Fluid flow regimes and nonlinear flowcharacteristics in deformable rock fractures[J]. Journal of Hydrology,477(16):139-151.

ZHANG Z,NEMCIK J,MA S,2013. Micro-and macro-behaviour of fluid flow through rock fractures:An experimental study[J]. Hydrogeology Journal,21(8):717-1729.

ZHAO Y,1998. Crack pattern evolution and a fractal damage constitutive model for rock[J]. International Journal of Rock Mechanics and Mining Sciences,35(3):349-366.

ZHOU J Q,WANG L,CHEN Y F,et al.,2019. Mass transfer between recirculation and main flow zones:Is physically based parameterization possible? [J]. Water Resources Research,55(1):345-362.

ZHU Q Z,2006. Applications des approches d'homogénéisation à la modélisation tridimensionnelle de l'endommagement des matériaux quasi fragiles:formulations,validations et implémentations numériques[D]. Lille:University of Lille I. (in French)

ZHU Q Z,SHAO J F,KONDO D,2008a. A micromechanics-based non-local anisotropic model for unilateral damage in brittle materials[J]. Comptes Rendus Mécanique, 336: 320-328.

ZHU Q Z,KONDO D,SHAO J F,2008b. Micromechanical analysis of coupling between anisotropic damage and friction in quasi brittle materials:Role of the homogenization scheme [J]. International Journal of Solids and Structures,45:1385-1405.

ZHU Q Z,KONDO D,SHAO J F,et al.,2008c. Micromechanical modelling of anisotropic damage in brittle rocks and application[J]. International Journal of Rock Mechanics and Mining

Sciences,45:467-477.

ZHU Q Z,KONDO D,SHAO J F,2009. Homogenization-based analysis of anisotropic damage in brittle materials with unilateral effect and interactions between microcracks[J]. International Journal of Numerical and Analytical Methods in Geomechanics,33:749-772.

ZHU Q Z, SHAO J F, KONDO D, 2011. A micromechanics-based thermodynamic formulation of isotropic damage with unilateral and friction effects[J]. European Journal of Mechanics A-Solids,30(3):316-325.

ZHU W,WONG T,1997. Shear-enhanced compaction in sandstone under nominally dry and water-saturated conditions[J]. International Journal of Rock Mechanics and Mining Sciences,34:3-4.

ZIENKIEWICZ O C,SHIOMI T,1984. Dynamic behavior of saturated porous media: The generalized Biot formulation and its numerical solution[J]. International Journal for Numerical and Analytical Methods in Geomechanics,8:71-96.

ZIMMERMAN R W,AL-YAARUBI A,PAIN C C,et al.,2004. Non-linear regimes of fluid flow in rock fractures[J]. International Journal of Rock Mechanics and Mining Science,41(S1):163-169.

ZIMMERMANN R W,1991. Compressibility of sandstones[M]. Amsterdam:Elsevier.

ZOU L C,JING L R,CVETKOVIC V,2017. Shear-enhanced nonlinear flow in rough-walled rock fractures[J]. International Journal of Rock Mechanics and Mining Sciences,97:33-45.

ZUBTSOV S,RENARD F,GRATIER J P,et al.,2004. Experimental pressure solution creep of polymineralic aggregates[J]. Tectonophysics,385:45-57.

附　录

张量符号

x　　零阶张量（标量）
$\underline{x}$　　一阶张量（矢量）
$\boldsymbol{x}$　　二阶张量
$\mathbb{X}$　　四阶张量

张量运算

$\underline{x} \cdot \underline{y} = x_i y_i$

$\boldsymbol{x} : \boldsymbol{y} = x_{ij} y_{ij}$

$(\underline{x} \otimes \underline{y})_{ij} = x_i y_j$

$\mathrm{tr}(\boldsymbol{x}) = x_{ii}$

$(\boldsymbol{x} \cdot \boldsymbol{y})_{ik} = x_{ij} y_{jk}$

$(\mathbb{X} : \boldsymbol{y})_{ijkl} = X_{ijkl} y_{kl}$

$(\boldsymbol{x} \otimes \boldsymbol{y})_{ijkl} = x_{ij} y_{kl}$